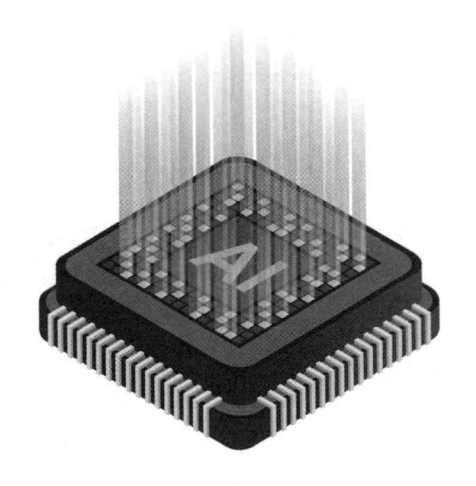

Formal Verification for Chips
Principles, Methods, and Practices

芯片形式化验证

原理、方法与实战

王亮 谭永亮 编著

机械工业出版社
CHINA MACHINE PRESS

图书在版编目（CIP）数据

芯片形式化验证原理、方法与实战 / 王亮，谭永亮编著． -- 北京：机械工业出版社，2025. 5. --（集成电路技术丛书）． -- ISBN 978-7-111-78268-1

Ⅰ．TN43

中国国家版本馆 CIP 数据核字第 2025TL5679 号

机械工业出版社（北京市百万庄大街 22 号　邮政编码 100037）

策划编辑：朱　劼　　　　　　　　责任编辑：朱　劼　王　荣

责任校对：赵玉鑫　张雨霏　景　飞　责任印制：任维东

北京科信印刷有限公司印刷

2025 年 7 月第 1 版第 1 次印刷

186mm×240mm・18.75 印张・299 千字

标准书号：ISBN 978-7-111-78268-1

定价：99.00 元

电话服务　　　　　　　　网络服务

客服电话：010-88361066　　机　工　官　网：www.cmpbook.com

　　　　　010-88379833　　机　工　官　博：weibo.com/cmp1952

　　　　　010-68326294　　金　书　网：www.golden-book.com

封底无防伪标均为盗版　　机工教育服务网：www.cmpedu.com

推荐序

形式化验证是芯片验证流程中一个极其重要的部分,也是半导体设计专业人才急缺的一个领域,因此急需一本能将形式化验证理论、实际应用、工具使用与案例完备结合的书,来帮助广大工程师全面学习相关知识并尽快上手使用形式化验证工具来解决验证中遇到的问题。

本书对形式化验证领域进行了深入挖掘,包括其基础知识、现状以及发展趋势,同时揭示了其在商业上的潜在价值和广阔前景。阅读此书,读者可以迅速获得关于形式化验证的全面认识。

作为从事这一领域相关工作多年的工程师,作者在书中毫无保留地将其掌握的知识、经验和技术传授给读者。首先,作者通过定时器实例引出形式化验证的"三板斧"——工具、语言和设计,并通过精心设计的实例帮助读者快速掌握形式化验证所必需的 TCL 和 SVA 语言。然后,作者选取了目前广泛使用的 RISC-V 架构作为案例,并辅以业界领先的新思科技形式化验证工具 VC Formal,深入浅出地讲解了各种形式化验证的应用流程、使用方法以及常见陷阱,帮助读者迅速提升形式化验证技能。最后,作者探讨了简化、签核和加速等关键形式化验证技术。阅读本书并配合实验,可使读者的形式化验证水平有飞跃式的提升。

无论你是芯片设计的管理者还是工程师,无论你是电子工程专业的学生还是从事相关研究的学者,我相信本书将成为你书架上不可或缺的一部作品。

非常感谢作者多年来的倾心付出,通过学习本书广大读者可以掌握形式化验证这项顶尖技术,继而为中国的芯片设计和验证贡献力量。

张劲博士
新思科技 VC Formal 产品总监

前 言

我在 2008 年获得计算机系统结构硕士学位后,加入集成电路(Integrated Circuit,IC)公司参与芯片设计工作,也是从那时候开始,芯片验证就始终伴随着我的工作,这也印证了芯片行业内的共识——设计验证不分家。验证技术目前有两种主流方式:动态验证(Dynamic Verification)和形式化验证(Formal Verification,FV)。动态验证主要包括 EDA 仿真、硬件加速器仿真和 FPGA 原型验证三种方式,目前阐述动态验证的书籍已经琳琅满目,但是有关形式化验证的书籍却凤毛麟角,国内出版的参考书更几乎是空白。所以,我通过市场调研,萌发了总结归纳自己在芯片行业十几年的工作经验和技术积累的想法,并通过编著成书的形式分享给读者,方便读者快速入门、学习参考。

在我十几年的从业经历中,接触过很多验证方法学和验证语言。从最早的基于 Verilog 硬件描述语言搭建的验证平台,到后来的基于验证方法指南(Verification Methodology Manual,VMM)的验证平台,直到三大电子设计自动化(Electronic Design Automation,EDA)厂商对芯片验证统一采用通用验证方法学(Universal Verification Methodology,UVM);从基于 C 语言参考模型打印输出和寄存器传输级(Register Transaction Level,RTL)仿真打印输出的非实时对比,到使用 SystemVerilog 语言的直接编程语言接口(Direct Programming Interface,DPI)进行实时动态激励对比;从基于属性规范语言(Property Specification Language,PSL)到基于 SystemVerilog 断言(SystemVerilog Assertion,SVA),验证语言、方法和技术一直在更新演进。奈何几乎在我参与的每个项目中都有或大或小的缺陷,所以芯片验证其实很难说有"验证完毕"的时候,业内也有"验证无止境"的说法,即验证是项目进度和资源的平衡。

动态验证已经在工程中被广泛应用,但是它无法遍历所有的合法状态空间,可能会漏掉一些测试场景,导致缺陷未能被发现,而形式化验证以其独有的原理和策略,对动态验证做了很好的补充。它利用数学分析方法,对目标电路建立模型,然后通过算法引擎对待测设计的状态空间进行穷尽式的验证。相比于动态验证，形式化验证属于静态验证（Static Verification），它主要有以下优势：

1）能覆盖待测设计的完整状态空间，不会漏掉边角场景（业内称为 Corner Case）。

2）无须产生复杂的验证平台（Test Bench，TB），只需要约束和断言即可，因此建立 TB 的速度快。

3）运行时间短，有利于尽早尽快地改正设计中的缺陷，缩短验证周期。

目前，形式化验证已经广泛用于各大 IC 公司，如 Intel、AMD 和 NVIDIA 等，但在行业内，这方面的参考书籍还很缺乏。我在形式化验证的实践过程中，只能硬着头皮查手册，花费大量时间尝试不同方法，内心忐忑地请教其他组的同事，一路上磕磕碰碰，问题一个接一个地出现，就像是翻不完的山、趟不完的河，一路上记录问题并寻找解决方法，最终按照项目节点完成了一个个验证任务。

我常常想，如果当初有一本书能把形式化验证的方方面面展示出来，那么我也就不需要走那么多弯路了。但是长期以来，市面上也没有这样的中文书籍。我不知道此时此刻有多少 IC 工程师被 FV 的问题卡住，我觉得我应该做些什么。我一直热爱分享，渴望把自己的经验分享给大家，如果能够让大家少走弯路，提高验证效率和质量，我将会倍感幸福，也会觉得做了一件有意义的事情。

本书分成三个部分：

1）基础篇（第 1～6 章）。

2）实战篇（第 7～13 章）。

3）进阶篇（第 14～17 章）。

读者可以根据自己的水平来选择相应的章节阅读。对于学生或者入门者，由于没有太多经验，建议从头到尾阅读；对于芯片设计或者验证工程师，由于有项目经验，但没有接触过形式化验证，可以首先阅读基础篇的第 1～6 章，然后跳到实战篇开始用实际例子学习；对于已经有一定的形式化验证基础，想要提高验证工作质量和效率的读者，可以直接阅读本书的进阶篇。

在我萌生编著本书的想法之后，多亏了教研室师兄安建峰帮我牵线机械工业出版社。所以首先感谢安建峰师兄和机械工业出版社给予我的帮助，没有他们的帮助就没有本书的出版。

衷心感谢新思科技在技术和形式化验证工具的使用上提供的大力支持。新思科技 VC Formal 产品总监张劲博士审阅了书稿，细心纠错，并提出了很多宝贵的建议；高级工程师 Sai Karthik Madabhushi 审阅和修订了书中相关的形式化验证脚本；高级工程师 Siddarth Papineni 和 R&D 工程师 Luke Hassell 耐心地帮我解决烦琐的 IT 问题。他们的专业和敬业精神令人感动和敬佩。

感谢我在上海工作时的领导和同事，尤其是 Jeffrey Wang，在我做形式化验证工作遇到困难的时候，他总是热情地解答我的问题，三言两语点醒"梦中人"；感谢 Wenmin Lin、Chris Liu、Zhiwei Li 和 Yin Huang 等，谢谢他们对我的验证工作的支持；感谢 Prosper Chen 审阅书稿，使得本书得以通过公司的保密审核流程；感谢郭向东在休假期间也耐心地解答我的技术问题。

最后还要感谢我的家人。感谢母亲，她的拼搏、勤劳、刚强、克勤克俭的精神时刻影响着我，让我这个平凡的人也有了出书的勇气；感谢公公婆婆做好了所有的后勤工作；感谢我志同道合的爱人谭永亮和我共同完成了此书；感谢我的儿女们，他们永远是我快乐的源泉和奋斗的动力！

热切希望本书能够帮助广大读者掌握形式化验证技术。随书附赠的代码包中的示例代码都经过了验证，读者可以通过访问 https://solvnetplus.synopsys.com/s/article/VC-Formal-examples-for-the-book-Formal-Verification-for-IC-Designs-Principles-and-Practice 来下载学习。本书附录给出了该代码包的目录结构和内容说明。由于作者水平有限，书中的疏漏之处在所难免，敬请广大读者批评指正（联系邮箱：fv_book@163.com）。

王亮

目 录

推荐序
前言

基础篇

第1章 芯片验证 ……………… 2
- 1.1 什么是芯片验证 …………… 2
- 1.2 芯片验证的种类和过程 ……… 3
- 1.3 验证的现状 ………………… 5
- 1.4 本章小结 …………………… 7

第2章 验证策略概述 …………… 8
- 2.1 动态验证 …………………… 9
  - 2.1.1 EDA 仿真 ……………… 9
  - 2.1.2 硬件仿真 ……………… 11
  - 2.1.3 FPGA 原型验证 ………… 13
  - 2.1.4 三种动态验证方式的比较 …… 14
- 2.2 静态检查 …………………… 15
  - 2.2.1 语法语义检查 …………… 15
  - 2.2.2 形式化验证 ……………… 15
- 2.3 形式化验证和动态验证的优缺点对比 ………………… 19
- 2.4 形式化验证的现状和商业价值 …… 21
- 2.5 学习形式化验证能做什么 …… 26
- 2.6 本章小结 …………………… 27

第3章 形式化验证基本原理和算法 …… 28
- 3.1 形式化验证概述 ……………… 28
  - 3.1.1 等价性验证 ……………… 28
  - 3.1.2 模型检查 ………………… 32
  - 3.1.3 定理证明 ………………… 32
- 3.2 硬件电路的形式化验证原理 …… 33
- 3.3 二叉决策图概述 ……………… 34
  - 3.3.1 二叉决策图原理 ………… 34
  - 3.3.2 有序二叉决策图 ………… 36
  - 3.3.3 精简有序二叉决策图 …… 36
  - 3.3.4 BDD 的不足 ……………… 38
- 3.4 基于 SAT 的形式化验证 ……… 38
  - 3.4.1 SAT 原理 ………………… 38
  - 3.4.2 有界模型检查问题 ……… 40
- 3.5 BDD 和 SAT 的比较 …………… 42
- 3.6 本章小结 …………………… 42

第4章 形式化验证的流程和方法 …… 43
- 4.1 形式化验证"三板斧"
  ——语言、工具和设计 …… 43

4.1.1 语言 ··············· 44
   4.1.2 工具 ··············· 44
   4.1.3 设计 ··············· 44
  4.2 形式化验证相关的重要概念 ········ 45
   4.2.1 安全属性和活性属性 ········· 45
   4.2.2 断言的反例 ············ 45
   4.2.3 有界证明和有界证明深度 ······ 45
   4.2.4 过约束与欠约束 ·········· 46
   4.2.5 假成功 ·············· 46
   4.2.6 简化 ··············· 47
  4.3 形式化验证规划 ············· 48
   4.3.1 形式化验证工具的适用场景 ···· 48
   4.3.2 时序等价性检查的适用场景 ···· 49
   4.3.3 不可达检查的适用场景 ······ 50
   4.3.4 连接性检查的适用场景 ······ 50
   4.3.5 X态传播检查的适用场景 ····· 50
  4.4 形式化验证流程 ············· 51
   4.4.1 验证计划 ············· 52
   4.4.2 搭建验证平台 ··········· 53
   4.4.3 调试迭代 ············· 54
   4.4.4 收集覆盖率和断言证出率 ····· 55
   4.4.5 签核 ··············· 55
  4.5 形式化验证示例——定时器 ······· 55
   4.5.1 定时器设计概述 ·········· 56
   4.5.2 定时器验证计划 ·········· 59
   4.5.3 定时器形式化验证过程 ······ 60
   4.5.4 定时器形式化验证小结 ······ 67
  4.6 本章小结 ················ 68

第5章 形式化验证断言语言 ········· 69
  5.1 断言概述 ················ 69
   5.1.1 什么是断言 ············ 69
   5.1.2 为什么用断言 ··········· 69
   5.1.3 如何实现断言 ··········· 70
  5.2 断言语言SVA ·············· 73
   5.2.1 断言结构及分类 ·········· 73
   5.2.2 序列 ··············· 76
   5.2.3 蕴含操作符 ············ 76
   5.2.4 延时 ··············· 78
   5.2.5 SVA系统函数 ··········· 79
   5.2.6 重复操作符 ············ 80
   5.2.7 disable iff ············· 82
   5.2.8 s_eventually ············ 82
   5.2.9 序列操作符 ············ 83
   5.2.10 参数化 ·············· 86
   5.2.11 局部变量 ············· 86
   5.2.12 合入断言的方式 ········· 87
   5.2.13 多时钟 ·············· 88
  5.3 基于断言的设计 ············· 88
   5.3.1 X态检查 ············· 89
   5.3.2 独热码检查 ············ 89
   5.3.3 格雷码检查 ············ 90
   5.3.4 计数器溢出检查 ·········· 90
   5.3.5 仲裁器检查 ············ 90
   5.3.6 先进先出队列 ··········· 91
   5.3.7 数据完整性检查 ·········· 92

5.3.8　死锁检查 …………………… 92
　5.4　对形式化验证友好的 SVA 代码
　　　风格 …………………………………… 92
　5.5　本章小结 …………………………… 93

第 6 章　形式化验证工具命令语言 ……… 94
　6.1　TCL 简介及其在 IC 中的应用 …… 94
　6.2　TCL 高频语法 ……………………… 95
　　　6.2.1　TCL 例程 …………………… 96
　　　6.2.2　TCL 数据类型和基础操作 …… 97
　　　6.2.3　TCL 分支和循环等控制流
　　　　　　操作 …………………………… 107
　　　6.2.4　TCL 子程序、命名空间 …… 109
　　　6.2.5　TCL 文件操作 ……………… 111
　　　6.2.6　TCL 正则表达式 …………… 113
　6.3　本章小结 …………………………… 115

实战篇

第 7 章　形式化验证工具介绍 ………… 118
　7.1　概述 ………………………………… 118
　7.2　新思科技的 VC Formal ………… 119
　7.3　楷登电子的 JasperGold ………… 120
　7.4　西门子的 Questa Formal ……… 121
　7.5　工具的对标比较 …………………… 121
　7.6　本章小结 …………………………… 124

第 8 章　形式化属性验证——FPV …… 125
　8.1　基于 RISC-V 的微型 SoC ……… 125
　　　8.1.1　RISC-V SoC 的特性列表 …… 125
　　　8.1.2　RISC-V SoC 的设计框图 …… 126
　　　8.1.3　RISC-V SoC 的顶层接口 …… 127
　　　8.1.4　RISC-V SoC 的地址映射 …… 127
　　　8.1.5　RISC-V SoC 概述 …………… 128
　　　8.1.6　Wishbone 总线概述 ………… 131
　　　8.1.7　RISC-V SoC 各个子模块的
　　　　　　功能 …………………………… 134
　8.2　RISC-V SoC 的 FPV 验证
　　　计划 …………………………………… 137
　　　8.2.1　验证策略和验证对象功能
　　　　　　规范 …………………………… 137
　　　8.2.2　形式化验证平台描述 ………… 137
　　　8.2.3　验证对象的断言规则描述 …… 138
　8.3　FPV 和 RISC-V SoC 验证平台 … 144
　8.4　验证平台搭建和常见问题集锦 …… 146
　　　8.4.1　常见问题一：TCL 脚本中没有
　　　　　　指定正确的复位信号 ………… 146
　　　8.4.2　常见问题二：错误的约束导致
　　　　　　前置条件不成立 ……………… 147
　　　8.4.3　常见问题三：个别标准单元
　　　　　　没有 Verilog 模型，导致被黑
　　　　　　盒化，功能和预期不符 ……… 148
　　　8.4.4　常见问题四：约束有冲突，
　　　　　　导致运行终止并报错 ………… 149
　　　8.4.5　常见问题五：内部子模块使用的
　　　　　　复位信号不是顶层指定的复位信
　　　　　　号，导致断言失败 …………… 150

8.4.6 常见问题六：约束的 SVA 语法有误，导致约束"不符合预期" …… 150
8.4.7 其他常见问题 …… 151
8.5 RISC-V SoC 的验证过程和结果 …… 152
    8.5.1 形式化验证重要建议——加入覆盖属性 …… 152
    8.5.2 RISC-V SoC 形式化验证发现的 RTL 缺陷和断言缺陷 …… 154
    8.5.3 形式化验证只能发现 RTL 缺陷吗 …… 161
    8.5.4 约束、断言和覆盖属性的实现方式 …… 162
8.6 本章小结 …… 163

第 9 章 时序等价性检查 …… 164

9.1 时序等价性检查应用场景 …… 165
    9.1.1 门控时钟插入验证 …… 165
    9.1.2 不改变功能的功耗优化验证 …… 166
    9.1.3 重新切割流水线和时序优化验证 …… 167
    9.1.4 删除某个不需要的特性或者删除一些冗余代码 …… 167
    9.1.5 新增功能不影响原有功能 …… 168
    9.1.6 工程变更命令相关验证 …… 168
    9.1.7 硬编码到参数化的设计改动验证 …… 168
    9.1.8 寄存器从带复位的改成不带复位的 …… 169
    9.1.9 在可测性设计使能扫描模式下，确保 X 态不会传播到下游逻辑 …… 169
9.2 验证环境和脚本流程 …… 170
9.3 时序面积优化验证示例 …… 172
    9.3.1 流水线级数不变的多位数据按位异或设计 …… 172
    9.3.2 32 位加法器从一级增加到两级流水线 …… 174
9.4 RISC-V SoC 门控时钟案例 …… 175
9.5 使用 SEQ 工具验证的常见问题 …… 178
    9.5.1 使用 SystemVerilog 语法中的 bind 操作错误 …… 178
    9.5.2 真正的设计缺陷 …… 179
9.6 简化和签核 …… 181
9.7 本章小结 …… 184

第 10 章 不可达检查 …… 187

10.1 什么是不可达检查 …… 187
10.2 常见的代码覆盖率的种类 …… 188
10.3 常见的不可达的场景 …… 188
    10.3.1 信号值固定 …… 189
    10.3.2 某些功能的禁用导致不可达 …… 189
    10.3.3 RTL 存在冗余代码 …… 190
    10.3.4 RTL 中信号存在多余位 …… 190
    10.3.5 信号之间存在依赖关系导致不可达 …… 191

10.3.6 RTL 代码本身存在缺陷导致不可达·············191
10.4 不可达检查流程·············192
10.5 不可达检查的使用阶段·············193
　10.5.1 早期验证阶段·············193
　10.5.2 动态仿真测试平台可用阶段···193
　10.5.3 动态仿真测试平台成熟阶段···194
10.6 不可达检查实例·············194
　10.6.1 不读入覆盖率数据库的 RISC-V SoC 的不可达检查·············194
　10.6.2 动态仿真的覆盖率结果·······195
　10.6.3 读入覆盖率数据库文件的不可达检查·············196
　10.6.4 动态仿真和形式化验证合并的覆盖率结果·············196
　10.6.5 子模块的不可达检查结果合并·············197
10.7 本章小结·············197

第 11 章　连接性检查·············198
11.1 连接性检查概述·············198
11.2 连接性检查方法学·············200
11.3 基本流程示例·············202
11.4 实例——RISC-V SoC 的连接性检查·············202
　11.4.1 RISC-V SoC 的设计规范······202
　11.4.2 连接规范对应的电路·········203
　11.4.3 表格形式的连接规范·········205

11.4.4 检查结果·············206
11.5 本章小结·············207

第 12 章　X 态传播检查·············208
12.1 什么是 X 态传播·············208
12.2 形式化 X 态传播检查工具的用途·············210
12.3 实例——RISC-V SoC 的 X 态传播检查·············211
　12.3.1 RISC-V SoC 的 X 态传播分析·············211
　12.3.2 RISC-V SoC 的 X 态传播检查流程·············213
　12.3.3 RISC-V SoC 的 TCL 脚本及运行结果·············213
12.4 本章小结·············214

第 13 章　事务级等价性检查·············215
13.1 为什么使用事务级等价性检查····217
13.2 DPV 流程和示例·············217
13.3 DPV 实践·············219
13.4 本章小结·············220

进阶篇

第 14 章　形式化验证关键技术——简化·············222
14.1 形式化验证的复杂度问题·······224
14.2 复杂度简化策略·············225

14.2.1 初始值简化 ······ 225
14.2.2 合理的过约束 ······ 226
14.2.3 断开设计中的某个信号 ······ 227
14.2.4 黑盒化 ······ 228
14.2.5 压缩设计单元大小 ······ 229
14.2.6 分治法 ······ 231
14.2.7 使用简化模型 ······ 232
14.2.8 使用符号变量、局部变量或者加辅助代码 ······ 233
14.3 常见单元的简化示例 ······ 237
14.3.1 计数器的简化 ······ 237
14.3.2 存储器的简化 ······ 242
14.4 本章小结 ······ 243

第15章 形式化验证签核 ······ 244

15.1 形式化验证签核概述 ······ 244
15.2 形式化验证签核的要素 ······ 246
15.2.1 断言 ······ 246
15.2.2 约束 ······ 246
15.2.3 复杂度 ······ 247
15.2.4 覆盖率 ······ 248
15.3 形式化验证签核的流程 ······ 251
15.3.1 计划阶段 ······ 251
15.3.2 验证平台编写阶段 ······ 252
15.3.3 回归阶段 ······ 253
15.3.4 签核阶段 ······ 255
15.4 形式化验证签核的挑战 ······ 255
15.5 本章小结 ······ 256

第16章 形式化验证加速 ······ 257

16.1 复用 AIP 或断言库 ······ 258
16.1.1 使用 EDA 厂商提供的 AIP ······ 259
16.1.2 自研 AIP——Valid-Ready 协议 ······ 260
16.1.3 断言库 ······ 264
16.2 开发自动化脚本 ······ 265
16.3 最大化利用机器资源 ······ 266
16.3.1 使用形式化验证工具提供的拆分任务的命令 ······ 266
16.3.2 使用形式化验证工具提供的 AI 加速命令 ······ 266
16.3.3 选择引擎 ······ 267
16.4 本章小结 ······ 267

第17章 形式化验证的道与术 ······ 268

17.1 形式化验证的道、法、术、器 ······ 268
17.1.1 道 ······ 269
17.1.2 法 ······ 269
17.1.3 术 ······ 269
17.1.4 器 ······ 270
17.2 形式化验证与动态仿真融合 ······ 270
17.2.1 区分形式化验证和动态仿真的模块 ······ 270
17.2.2 合理规划形式化验证的应用程序 ······ 271
17.2.3 复用断言和约束 ······ 271

17.2.4 动态仿真和形式化验证融合，
　　　　加速覆盖率收敛 ·················· 272
17.2.5 回片后的调试 ····················· 274
17.3 如何解决形式化验证遇到的问题 ··· 275
　17.3.1 不理解设计 ······················· 275
　17.3.2 工具使用问题 ····················· 276
　17.3.3 断言语法问题 ····················· 276
　17.3.4 不确定断言是否生效 ··········· 276

17.3.5 运行结果与预期不一致 ········ 277
17.3.6 无法完全证明 ····················· 277
17.4 形式化验证的三重境界 ················ 277
17.5 本章小结 ······························· 278

附录　代码包的目录及说明 ············· 280
技术术语表 ······································ 281
参考文献 ··· 285

基础篇

第 1 章

芯片验证

1.1 什么是芯片验证

芯片的生命周期如图 1-1 所示。通常首先根据市场需求确定芯片的规格和功能，然后芯片架构师会详细列出一份芯片设计规范，之后前端工程师会根据芯片设计规范进行逻辑设计和验证，最后由后端工程师使用 EDA 工具进行芯片的物理实现，并输出版图数据文件，交付工厂流片（Tape Out，TO），最终经过封装测试成为芯片产品。

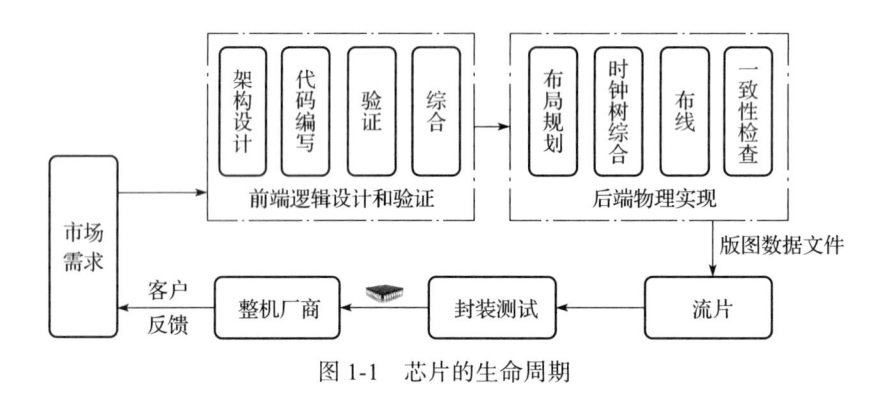

图 1-1 芯片的生命周期

这里的**前端逻辑设计和验证**包含架构设计、代码编写、验证和综合等环节。而验证这个环节旨在确保设计符合芯片设计规范。这个环节极其重要，因为 IC 行业存在技术门槛高、投入资金大、回报周期长和失败风险高的特点，且芯片流片费用高昂，如果由于设计缺陷导致重新流片，不仅需要投入额外的巨额费用，还会将芯片的上市时间延后至少半年。更糟糕的是，如果客户在使用过程中发现了芯片的缺陷，那么后果将极其严重，会直接影响芯片的销售和企业的声誉，如果需要召回芯片，那么也将带来巨大的经济损失。

既然验证这个环节如此关键，那么如何保证验证是完备的呢？或者说，如何保证"设计一定符合芯片设计规范"呢？从理论上说，只要遍历待测设计的所有合法激励，同时有一个绝对正确的参考模型，就可以 100% 保证设计正确。但实际情况是，随着芯片规模的增大，待测设计的合法状态空间呈指数级增长，现有的验证技术无法在有限的时间内遍历所有的合法状态空间。所以在芯片行业里，有"验证无止境"之说。

那么该如何解决这个问题呢？只能在合法状态空间中尽可能验证更多的场景，保证在芯片的验证周期内可以发现并解决所有错误。为了实现这一目标，验证工程师需要使出浑身解数：研读各个设计文档、与芯片架构师和设计师讨论设计细节、构造尽可能多的测试用例来覆盖更多合法场景、不断进行调试迭代等。在图 1-1 中的前端逻辑设计和验证的子框图内，只是简单地展示了前端逻辑设计和验证有哪些组成部分，并不能真实反映实际的操作步骤和不同的工程师做了哪些工作。实际上，前端逻辑设计和验证并不是简单的串行或从属关系，而是并行和平等关系。图 1-2 更好地展示了芯片前端逻辑设计和验证中的详细操作步骤。

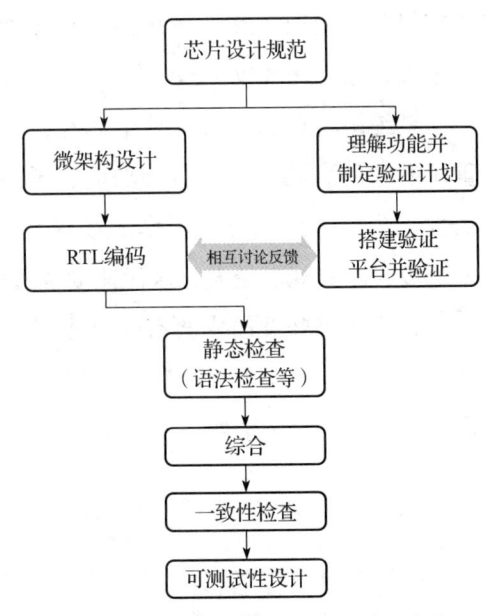

图 1-2 芯片前端逻辑设计和验证中的详细操作步骤

1.2 芯片验证的种类和过程

芯片验证的内容主要包括：
1）验证前端代码是否符合芯片设计规范。
2）验证综合后的网表是否和 RTL 一致。

3）后端物理实现之后的门级仿真。

4）流片之后的硅后测试。

一个芯片通常由很多模块组成，所以芯片验证通常是分层次的，包括模块级验证、子系统级验证和系统级验证，如图 1-3 所示。

虽然三者都是为了实现验证目标，但是它们在工作内容和方法上有很大区别。

模块级验证侧重验证模块具体功能的正确性，它以模块覆盖率收敛为导向。模块级的设计规模最小，因此迭代速度最快，可以在模块级对内部设计细节进行较为完善的验证。

子系统级验证侧重验证子系统内各个模块之间信号连接的正确性，可覆盖更多真实场景，同时关注子系统内各个模块协同工作的场景。子系统级的设计规模比模块级大，迭代速度较慢。

系统级验证的对象为整个芯片，需要确保整个芯片功能正常。系统级验证更侧重于芯片的启动过程、引脚功能、子系统之间的连线的正确性、电源管理功能的正确性、多个子系统协同工作的场景、软硬件的协同工作以及系统级的性能测试等。系统级验证的规模最大，迭代速度也最慢。

芯片项目开发通常会有一个项目节点计划表，不同企业制定的项目节点计划表会有所不同，图 1-4 所示为一种项目节点计划表，该计划表规定了项目的关键节点，每个节点都包含一系列要求和质量活动。

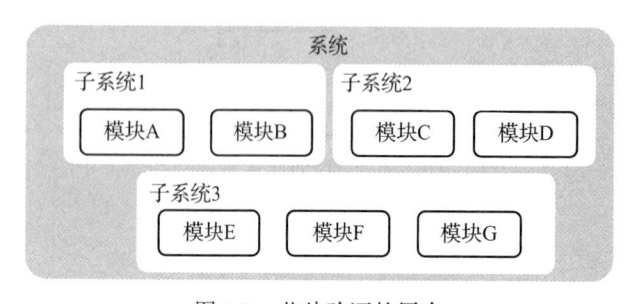

图 1-3　芯片验证的层次

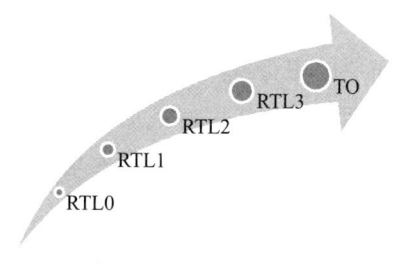

图 1-4　项目节点计划表

图 1-4 中各个节点的描述如下：

1）RTL0：芯片架构和模块功能定义完成，同时验证策略制定完成。

2）RTL1：模块和子系统的信号定义完成，接口和电路行为都已经明确。完成测试平台的搭建，并已经完成 20% 的测试用例。

3）RTL2：完成所有模块设计的 95%。完成所有模块和子系统 80% 以上的验证。

4）RTL3：完成 100% 的芯片设计。完成全芯片验证且覆盖率达标。

5）TO：最终流片阶段。

在图 1-4 所示的项目节点计划表中，验证工程师需要完成的重要流程和步骤如下：

1）研究芯片架构文档和设计文档，并与芯片架构师和设计师达成一致。

2）梳理验证计划，提出验证功能点和测试用例方案，并与芯片设计师沟通讨论，达成共识。

3）搭建验证平台，实现各个测试用例。

4）收集功能覆盖率和代码覆盖率。

5）与芯片设计师讨论哪些覆盖点可以忽略。

6）达成最终项目组的验证目标。

1.3　验证的现状

西门子 EDA 供应商和威尔逊团队联合撰写的芯片验证白皮书——《2022 年芯片验证趋势》认为，芯片验证占据整个项目周期平均投入的将近 70%，如图 1-5 所示。

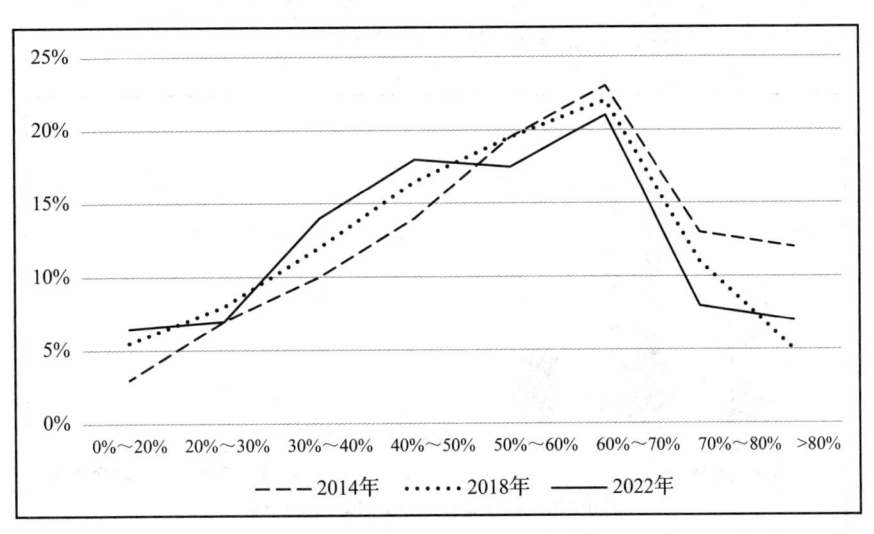

图 1-5　芯片验证平均投入比例

那么，如此高的芯片验证投入是否能让芯片验证保质保量并且按时完成呢？答案是否定的，相关调查结果显示，只有25%的芯片项目可以按时或者提前完成，大部分芯片项目或多或少会落后于计划，如图1-6所示。

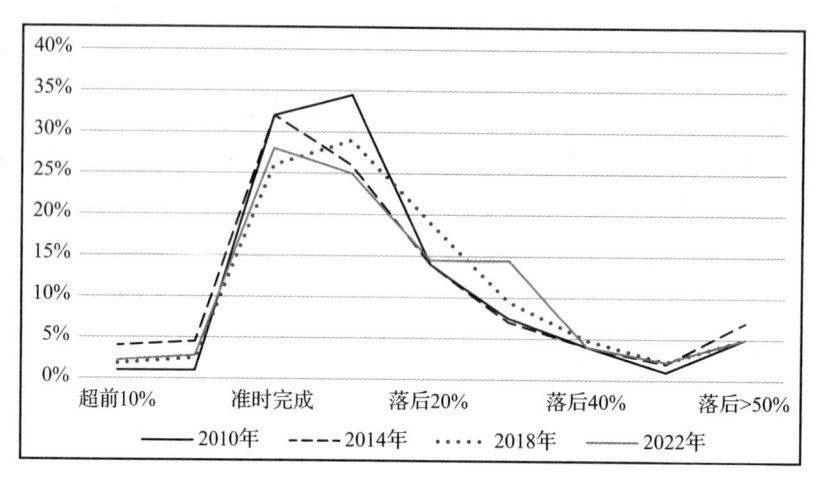

图1-6 芯片项目进度情况

更严重的是，只有不到30%的芯片可以一次流片成功，70%的芯片需要两次甚至多次流片才能成功，如图1-7所示。从图1-7中可以看到，首次流片的成功率在逐年下降，从2014年的32%左右递减到2022年的24%左右。昂贵的重新流片费用加上损失的上市时间，往往会给芯片公司带来巨大损失。

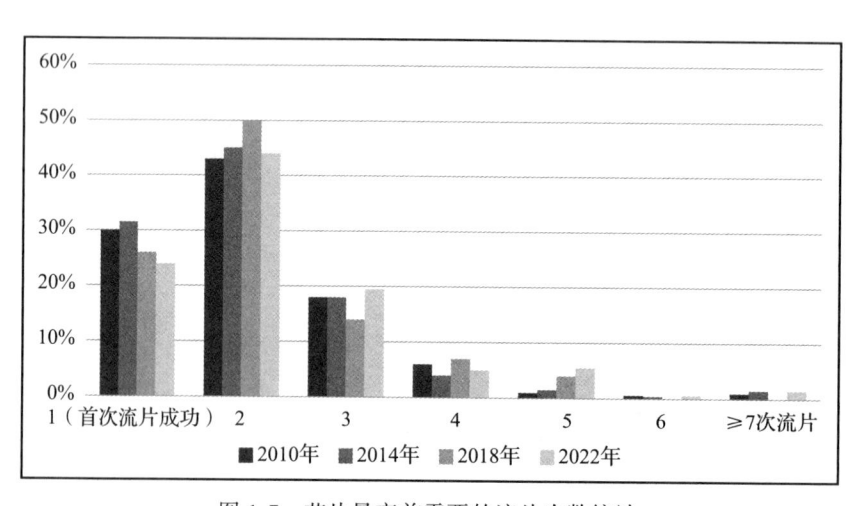

图1-7 芯片量产前需要的流片次数统计

目前，逻辑和功能错误仍然是流片失败的第一大原因，尽管过去几十年间验证策略和验证方法学层出不穷，但仍然没有彻底解决芯片验证的难题，芯片验证还充满挑战。

1.4 本章小结

本章通过介绍芯片的开发流程，引出了芯片验证的概念，并分别阐述了芯片验证的流程和层次。同时，本章结合芯片行业的调研数据，说明当前的芯片验证领域还充满挑战，引发读者思考目前都有哪些芯片验证方法，以及它们为何未能彻底解决芯片验证的难题。

第 2 章

验证策略概述

从如何施加激励的角度来说，验证策略包含两大类：动态验证和静态检查。动态验证会给待测设计加入激励，然后观察待测设计的响应，检查是否满足设计规范的要求；静态检查不需要激励，而是直接人工检视或者用 EDA 工具去扫描 RTL 代码来完成检查。

本书将基于 EDA 软件（如 VCS、xrun、QuestaSim 等）仿真的验证策略称为 EDA 仿真（EDA Simulation），简称仿真；将基于硬件加速器（Emulator）的验证策略称为硬件仿真（Emulation）。

动态验证根据加入激励的方式不同，可细分成 EDA 仿真、硬件仿真和现场可编程门阵列（Field Programmable Gate Array，FPGA）原型验证三种；静态检查根据检查方式的不同可细分成语法语义检查和形式化验证。验证策略的分类如图 2-1 所示。

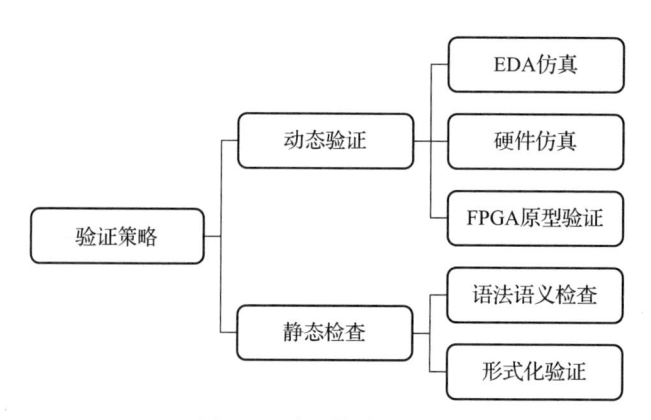

图 2-1 验证策略的分类

2.1 动态验证

动态验证的实施需要一个验证平台,典型的验证平台如图 2-2 所示,验证平台产生测试激励,一份发给待测设计(Design under Test,DUT),一份发给参考模型,检查单元会收集两者的输出并比较结果是否一致。

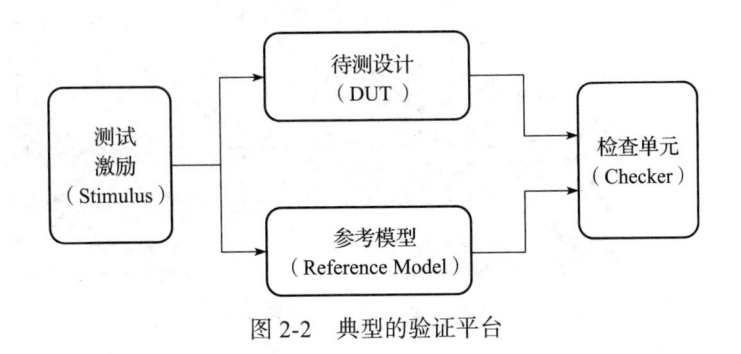

图 2-2 典型的验证平台

如果设计规模不大,那么 EDA 仿真就可以处理,但随着设计复杂度的增加,EDA 仿真时间会越来越长,因此硬件仿真和 FPGA 原型验证应运而生。

2.1.1 EDA 仿真

EDA 仿真是最普遍的验证方式,它基于 EDA 仿真软件进行验证。工程师会使用各种验证语言来搭建验证平台和测试用例,并给待测设计加入激励,然后观测输出结果是否正确。EDA 仿真需要解决以下问题:

1)验证平台用什么语言实现?
2)设计和验证的语言是否要统一?
3)如何加入激励?
4)何时观测结果?是实时收集比较还是仿真结束后再收集比较?
5)通过哪些功能部件来收集和比较结果?
6)如何证明结果的正确性?

为了追寻这些问题的正解,在过去的几十年间,技术人员和研究者一直在探索验证方法学,最后人们发现,分层验证平台可以最大化地实现平台的可重用性和健壮性。图 2-3 所示为分层验证平台的基本组成和原理。

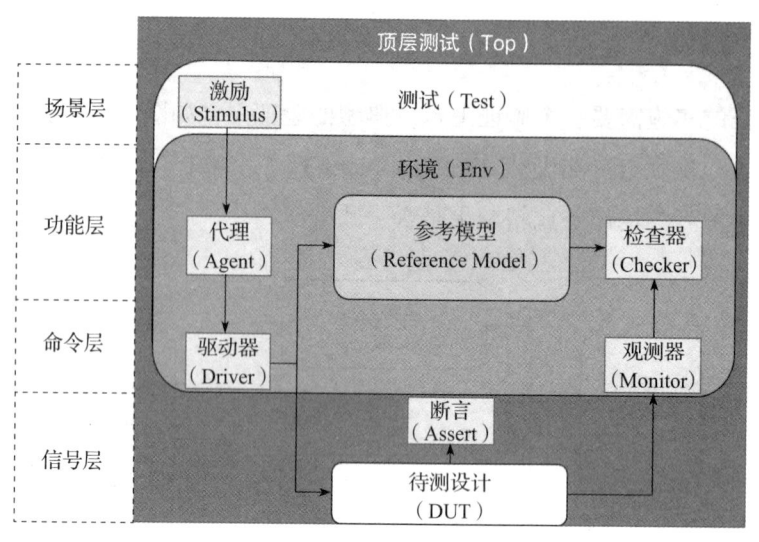

图 2-3　分层验证平台的基本组成和原理

虽然整体结构类似,但是每个 EDA 厂商甚至一些公司都建立了自己的分层验证平台,这些分层验证平台采用不同的语言和不同的分层结构,形成了不同的方法学,这给验证人员带来了巨大的负担,而且也不利于行业的技术交流。渐渐地,这些方法学开始融合,首先从语言上统一,然后从结构上统一,2010 年,三大 EDA 厂商联合推出了 UVM,到目前为止,UVM 以绝对优势主导着芯片验证。图 2-4 所示为三大 EDA 厂商的验证方法学的发展历程。

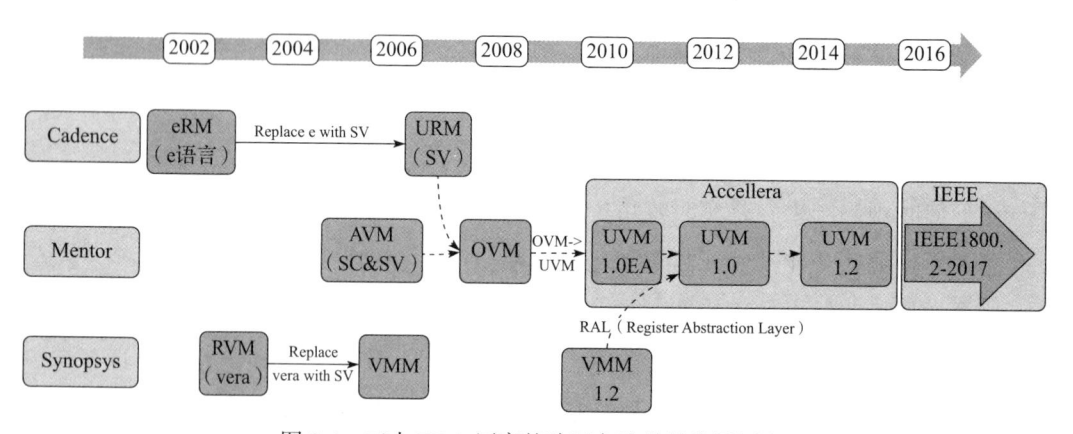

图 2-4　三大 EDA 厂商的验证方法学的发展历程

2002 年，Verisity 公司（后被 Cadence 收购）公布了基于 e 语言的 e 可重用方法学（e Reusable Methodology，eRM）。

2003 年，Synopsys 公司公布了基于 vera 语言的可参考验证方法学（Reference Verification Methodology，RVM）。

2006 年，Mentor 公司公布了高级验证方法学（Advanced Verification Methodology，AVM）。这个方法学主要采用了 SystemC 的事务级建模（Transaction Level Model，TLM）标准。

2006 年，Synopsys 公司推出了验证方法学手册（Verification Methodology Manual，VMM），这是 RVM 从 vera 语言过渡到 SystemVerilog（SV）后的方法学。

2007 年，Cadence 公司推出了通用可重用验证方法学（Universal Reuse Methodology，URM）。

2008 年，Cadence 公司和 Mentor 公司共同推出了开放验证方法学（Open Verification Methodology，OVM），它是基于 SV 开发的。

2010 年，Accellera（Accellera 是 EDA、IC 设计和制造领域的标准组织）以 OVM 作为基础，把以 \`OVM 开头的宏定义批量替换成以 \`UVM 开头，同时引入了 VMM 的回调函数的概念，推出了 UVM 早期版。

同样是在 2010 年，Synopsys 公司推出了 VMM1.2，它基本上沿用了 OVM 的 TLM 通信机制，并采用了 TLM2.0，同时将验证流程继续细化，引入工厂模式替换机制。

2012 年，Accellera 联合三大 EDA 厂商，吸收 Synopsys 的寄存器抽象层（Register Abstraction Layer，RAL），形成了第一个正式的 UVM 版本，即 UVM1.0，同年又推出了 UVM1.1。

2012—2018 年，UVM 主要完成了版本迭代，包括增加/删除特性、修复缺陷和标准化。目前，UVM 已经被电气与电子工程师协会（Institute of Electrical and Electronics Engineers，IEEE）标准化。

2.1.2 硬件仿真

硬件加速器在芯片行业内通常称为 Emulator，简称 EMU。本书将基于硬件加速器的仿真称为硬件仿真。硬件仿真旨在解决 EDA 仿真速度慢的问题，硬件加速器可以把待测设计映射到硬件加速器内部的物理元器件上，速度比 EDA 仿真快很多，同时它也可以像 EDA 仿真一样抓取全部信号的波形，并可以通过波形调试软件来观察分析，具有较好的可调试性。硬件加速器可以承载的 IC 规模已经达到了百亿门级，且仿真速度可以达到 EDA 仿真的数十倍至数百倍不等。硬件加速器是一个物理设备，其资源可以方便地被多人共享。如果一家公司有多个研发基地，比如在上海、北京和成都等，则这些研发基地都可以远程访问。因为硬件加速器具有上述优点，所以硬件仿真已经成为芯片验证的重要手段。

三大 EDA 厂商都有自己的硬件加速器产品：

1）Cadence 公司的帕拉丁（Palladium）产品包含数量巨大的简单处理器。每个处理器可以仿真一小部分的逻辑设计，然后将运算结果在处理器之间传递。

2）Synopsys 公司的 Zebu 产品由多个商用 FPGA 互联实现，这些互联的 FPGA 可以实现完整的芯片功能。

3）西门子 EDA 的 Veloce 产品通过多片定制的可编程单元及其互联来实现硬件加速器的功能。

硬件加速器的典型使用方式有如下五种：

1）在线仿真（In Circuit Emulation，ICE）：待测设计被映射进硬件加速器，并且可以和外部的真实外设互联，比如 PCIE 接口电路、以太网接口电路等，其通过桥接器来解决真实硬件和硬件加速器的速度差问题。

2）嵌入式软件加速（Embedded Software Acceleration，ESA）：TB（要求可综合）和 DUT 都被编译进硬件加速器中，同时软件也被编译并加载进硬件加速器里，且直接在硬件加速器所装载的待测设计里运行软件，模拟真实芯片的行为。

3）待测设计加速（Design Acceleration，DA）：将待测设计映射到硬件加速器中，验证平台复用原始的、周期级的软硬件协同仿真。这种方式在五种方式中加速最少，典型的加速倍数是 2～10 倍，但它的优点是可以完全复用原始仿真平台，不需要额外的开发资源投入。

4）仿真平台加速（Simulation Testbench Acceleration，STA）：复用原始仿真平台，但要给仿真平台加速，通常可以比原始仿真方式提速 50 倍以上，代价是需要在原始的 TB 和 DUT 连接的地方加入一些辅助单元来给 TB 加速，而它的优点是可以复用原始仿真平台,减小了开发资源投入。

5)事务级加速(Transaction Based Acceleration,TBA):待测设计在硬件加速器中,TB 运行在服务器端,两者通过一套物理通道、软件和驱动连接,可以很好地用 SystemVerilog、SystemC 和 C++ 等硬件验证语言(Hardware Verification Language,HVL)模拟真实的电路系统。

在上述的五种方式中,后三种方式的共同特点是把 DUT 硬件化到硬件加速器里,而 TB 仍运行在服务器端。其中,待测设计加速方式完全复用 EDA 仿真的 TB,不用做任何修改,但其提速也最小;仿真平台加速方式复用 EDA 仿真的 TB,并且在 TB 和 DUT 之间加了一些辅助单元来给 TB 加速;事务级加速方式使用硬件验证语言来重新建立 TB,并通过一套接口实现 TB 与 DUT 的交互。

2.1.3 FPGA 原型验证

FPGA 内部主要包括可配置逻辑模块(Configurable Logic Block,CLB)、输入输出模块(Input Output Block,IOB)和内部互连三大部分。CLB 内部包含查找表和寄存器,对查找表进行不同的配置可以获得不同的逻辑电路。用户的 RTL 代码可经过 FPGA 厂商提供的 EDA 工具综合成网表,并自动映射到目标 FPGA 上,从而使得该 FPGA 实现待测设计的行为。

如果用户的最终产品使用 FPGA,那么它就是基于 FPGA 开发的商业产品,而如果用户的最终产品是专用集成电路(Application Specific Integrated Circuit,ASIC),仅仅用 FPGA 来做流片之前的测试和验证,那么这种形式就是 **FPGA 原型验证**。

多家 EDA 厂商都有自己的 FPGA 原型验证产品,例如 Cadence 公司的 Protium 和 Synposys 公司的 HAPS 等。

FPGA 原型验证的优点主要包括:

1)FPGA 原型验证的速度比硬件加速器更快。

2)FPGA 原型验证的性价比相对于硬件加速器有优势。

3)软件工程师可以直接在 FPGA 原型验证平台上进行开发和测试。

4)FPGA 内部可以生成真实电路,并且可以对接真实的硬件子卡,因此可以发现更多的缺陷。

FPGA 原型验证也有缺点，主要包括：

1）存在规模限制。对于大型的设计，一块 FPGA 往往容纳不下，需要将多块 FPGA 互联才能验证整个设计，因此需要对 DUT 进行分区（Partition），分区引入的 I/O 需求激增和时序优化等问题有时难以解决。

2）迭代速度慢。FPGA 原型验证平台的布局布线和时序优化过程耗时较长。

3）调试困难。FPGA 需要借助内嵌的逻辑分析仪来抓取信号并排查问题，内嵌的逻辑分析仪受到 FPGA 内部资源和时序等影响，其抓取的信号不能太多，并且抓取新的信号时需要重新布局布线，而 FPGA 的布局布线耗时冗长，效率低。

2.1.4 三种动态验证方式的比较

了解三种动态验证方式后，下面来比较一下它们的优缺点。

EDA 仿真可以看到完整的波形，不同人员可以各自运行 EDA 仿真，且待测设计和 TB 版本更换也比较容易。由于可以看到完整的波形，并且不用设置触发条件进行触发，因此定位问题更为容易。同时，EDA 仿真所需的服务器和软件成本相对较低。EDA 仿真的缺点是对于大型的设计，其仿真速度比硬件仿真和 FPGA 原型验证慢很多。

硬件加速器一般很昂贵，不同人员往往共用一套设备，在调试之前首先要获取机时，因此资源不足是常见的问题。而且定位问题时一般要设置触发条件进行触发，并且只能捕获一定深度的波形。在存储波形时，选择的信号越多，波形的抓取速度越慢，波形占用的空间也越大。触发条件需要根据问题进行分析定位，然后才能设置，但实际中的有些问题难以设置触发条件，例如总线死锁、中央处理器（Central Processing Unit，CPU）的程序指令计数器（Program Counter，PC）异常和反压异常等事件，它们可能是偶发行为，需要进行大量的分析才能设置有效的触发条件。硬件仿真的优势是仿真速度比 EDA 仿真快，可以进行软件的开发和验证，它能容纳多达百亿门级。

FPGA 原型验证更接近真实设备，它也可以大幅提高仿真速度，是三种动态验证方式中速度最快的，并且可以配合软件开发者来进行软件的开发和验证。当然，FPGA 原型验证的缺点也是很明显的，它需要开发人员耗费大量时间将 DUT 映射到目标系统，同时由于其只能观测有限的信号波形，导致定位非常困难。

如果从仿真速度和可调试性两个维度去比较这三种动态验证方式，则如图 2-5 所示。

三种动态验证方式都有各自的特点，EDA 仿真是最常用的验证方式，硬件仿真和 FPGA 原型验证是 EDA 仿真的有效补充。对于大型设计，通常用 EDA 仿真做模块级、子系统级和系统级验证；用硬件仿真做子系统级和系统级验证，以便加

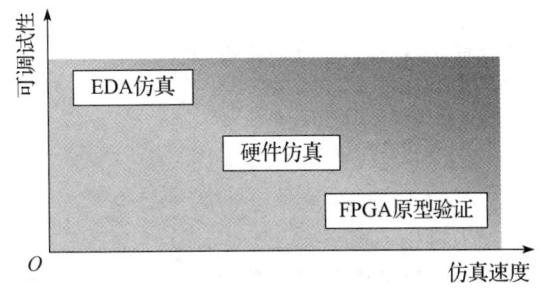

图 2-5　三种动态验证方式的比较

速仿真，全面验证芯片的功能和性能；FPGA 原型验证搭建平台耗时最长，通常在项目后期使用，它接近真实的芯片运行环境，并且运行速度最快，所以它可以发现更多的隐蔽缺陷，也可以作为软件调试的平台，加快芯片的上市。

2.2　静态检查

2.2.1　语法语义检查

语法语义检查是通过直接分析 DUT 进行检查的一种方式，包括代码规范检查、跨时钟域（Clock Domain Crossing，CDC）检查、跨复位域（Reset Domain Crossing，RDC）检查和人工代码检视等。

2.2.2　形式化验证

形式化验证是一种基于数学分析的穷尽式验证方法。形式化验证工具会根据待测设计和断言的描述来构建数学模型，并组合使用各种算法来证明设计是否满足断言规范。如果满足，则表明该断言在任何合法输入的情况下都满足；如果不满足，它会给出反例（Counter Example，CEX），并通过波形展示断言是在何种情况下失败的。

下面用一个简单的例子来初步对比一下动态验证和形式化验证。这里以一个 4 输入固定优先级仲裁器的设计为例，它的核心 Verilog 代码如代码 2-1 所示。

代码 2-1　4 输入固定优先级仲裁器代码示例　ch02/arbiter_formal/arbiter.sv

```
  input        [15:0] data0,data1,data2,data3;
  output reg [3:0]    grant;
  output reg [15:0] data_out;
  always_ff @(posedge clk or negedge rst_n)
    if(~rst_n) begin
      grant<='h0;
      data_out<='h0;
    end else
    begin
      if(req[0]) begin
        grant[0]<=1'b1;
        data_out<=data0[15:0];
      end else if(req[1]) begin
        grant[1]<=1'b1;
        data_out<=data1[15:0];
      end else if(req[2]) begin
        grant[2]<=1'b1;
        data_out<=data2[15:0];
      end else if(req[3]&(data3 != 'h2)) begin
        grant[3]<=1'b1;
        data_out<=data3[15:0];
      end else begin
        grant<=4'h0;
      end
    end
```

在代码 2-1 的加黑处，有一个故意注入的缺陷（Bug），当输入信号 req[3] 为高电平且 data3 为 2 的时候，正确的行为是进入 "grant[3] <= 1'b1" 的分支，但由于这里多加了 "(data3 != 'h2)" 的条件，导致其进入了最后一个 "else" 的分支。

对于代码 2-1 中的 RTL 设计，若使用动态验证的策略去验证，则采用 UVM 方法学搭建如图 2-6 所示的 UVM 平台，其包括顶层（top）、测试用例（arb_random_test）、代理（arb_agent 和 arb_out_agent）、驱动器（arb_driver）、观测器（arb_out_mon）、参考模型（arb_refmodel）和检查器（arb_scb）等，总的代码量在 700 行左右，即使是一个资深验证工程师也需要 1～3 天来搭建和调试。

对于该设计，只有当输入信号 req[3] 为高电平，且 data3[15:0] 为 2 的时候，这个缺陷才会暴露，它出现的概率是 $1/2^{17}=1/131072$，所以采用随机激励的 EDA 仿真难以发现。在修复该缺陷后，再次运行，则测试用例可以通过，并确认了 req[3] 为高电平，且 data3 为 2 的情况出现过。但是这样做即可保证设计完全正确吗？会不会还有其他缺陷？

首先来分析一下总计有多少种输入组合。输入信号包括 4 位的 req 信号和 4 个 16 位的 data 信号，即输入信号一共有 68 位，因此输入信号可能有 2^{68} 种组合，仿真平台如果想遍历所有组合，至少需要 2^{68} 个周期。这里使用的仿真器对 100 万个输入激励的运行时间是 518s，则 2^{68} 个输入需要 $2^{68}/[(1000000/518) \times 3600 \times 24 \times 365] =$ 4848002755 年，这显然是不现实的。所以，运行的随机测试用例只能覆盖合法激励全集中的子集，对于这个例子，总计测试了 100 万个随机输入，这个子集约占全集的 $10^6/2^{68}=1/295147905179353$，可见这是极其微小的一部分。

如果使用形式化验证来验证该设计，那么构建的验证平台如图 2-7 所示。

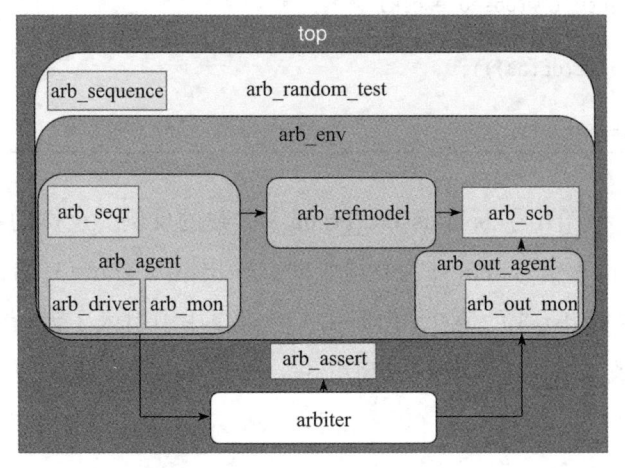

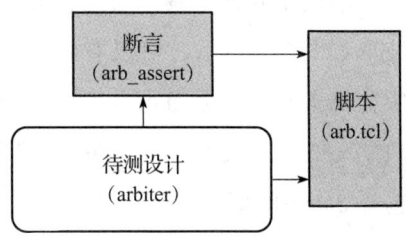

图 2-6　搭建的 UVM 平台　　　　图 2-7　形式化验证的验证平台

因为本例中的输入信号没有限制，所以形式化验证的验证平台不需要增加约束。根据 4 输入固定优先级仲裁器的行为规则，可以建立如代码 2-2 所示的断言。第 5 章会详细介绍断言语言，这里只给出初步展示。然后建立工具命令语言（Tool Command Language，TCL）脚本，用于形式化验证工具的运行，这里的形式化验证工具采用新思科技的 VC Formal。TCL 脚本位于代码包 ch02/arbiter_formal/arb_assert.sv 中，有效代码只有短短的 7 行。TCL 脚本中读入了待测设计和代码 2-2 的断言,通过运行"vcf -f arb.tcl -gui",即可启动 VC Formal。

代码 2-2　4 输入固定优先级仲裁器的断言代码　ch02/arbiter_formal/arb_assert.sv

```
module arb_assert(
  input clk,
  input rst_n,
  input [15:0] data0,data1,data2,data3,
  input [3:0] req,grant,
  input [15:0] data_out);
    assert_grant_0: assert property ( @(posedge clk)
        (req[0]) |-> ##1 grant[0]&(data_out==$past(data0)));
    assert_grant_1: assert property ( @(posedge clk)
        ~(|req[0:0])&(req[1]) |-> ##1
        grant[1]&(data_out==$past(data1)));
    assert_grant_2: assert property ( @(posedge clk)
        ~(|req[1:0])&(req[2]) |-> ##1
        grant[2]&(data_out==$past(data2)));
    assert_grant_3: assert property ( @(posedge clk)
        ~(|req[2:0])&(req[3]) |-> ##1
        grant[3]&(data_out==$past(data3)));
endmodule
bind arbiter arb_assert u_arb_assert(.*);
```

形式化验证工具只需运行 3s,就给出了断言 assert_grant_3 失败的反例。反例的波形如图 2-8 所示,可以看到,在请求信号 req[3] 为高电平时,输出结果 grant[3] 希望为高电平,并且 data_out 希望选择 data3 的值 2,但是由于代码 2-1 中引入了设计缺陷(见代码 2-1 的加黑处),导致 grant[3] 没有变成高电平,而且 data_out 也没有选择 data3 的值 2。

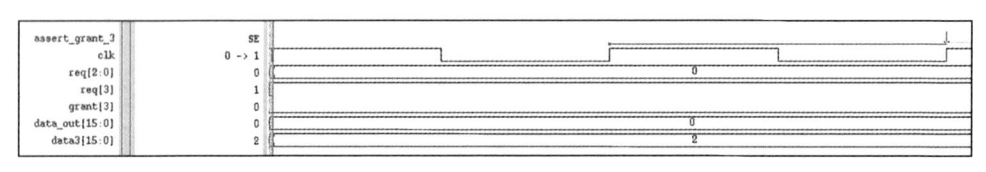

图 2-8　反例的波形

修改了相应的设计缺陷之后,重新进行形式化验证,这次在仅仅 19s 后就给出了验证通过的结果。

2.3 形式化验证和动态验证的优缺点对比

通过观察 2.2.2 节中对同一个 DUT 分别实施形式化验证和动态验证的例子，可以清楚地看到形式化验证有如下优势：

1）**验证平台建立更快**：在 2.2.2 节的例子中，形式化验证的环境只需要三部分，即 DUT、断言和形式化验证工具需要的脚本，且验证部分的代码量总计只有 25 行。动态验证除了需要 DUT 之外，还需要激励部分（包括测试用例、代理和驱动器等）、参考模型、收集结果和计分板比较部分，其总代码量约 700 行。在这个例子中，建立形式化验证平台花费了 0.5h，而建立基于 UVM 的动态验证平台则花费了 **2 天**，是前者的 **96 倍**。文献 [2, 3] 都介绍了形式化验证的这一优势。

2）**完全覆盖**：形式化验证用数学的方法进行完备的分析，一旦断言被证明通过，就是 100% 通过，表明所有的输入组合和状态空间都没有违反该断言的情况，即不存在动态验证中遗漏边角场景的情况。而在动态验证中，即使加大仿真周期到 100 万个，且都没有报错，也只能证明针对这 100 万个随机输入而言 DUT 是正确的，但是无法确认 DUT 对所有的合法激励都没有缺陷。动态验证只能覆盖合法状态空间的子集，所以动态验证本质上是概率性的。图 2-9 所示为形式化验证和动态验证的区别，形式化验证可以遍历所有状态，所以两个缺陷都可以被成功捕捉，而动态验证只覆盖了其中的三条路径，虽然捕捉了一个缺陷，却遗漏了另一个缺陷。

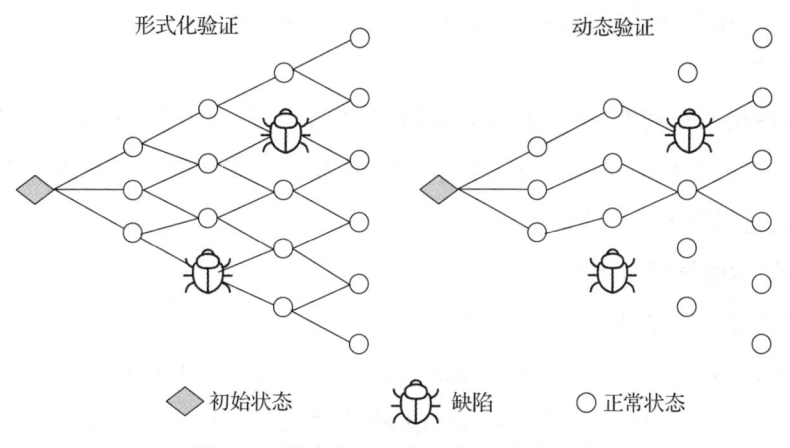

图 2-9 形式化验证和动态验证的区别

3）**更快收敛**：对于 2.2.2 节中的例子，形式化验证工具运行了 3s 就找到了缺陷，而动态验证则运行了 518s。修改了设计缺陷后，形式化验证工具仅仅运行了 19s 即证明对于所有的 2^{68} 种输入，设计都是正确的。通常在实际项目中，形式化验证发现的缺陷数目在项目的初始阶段比较多，然后迅速收敛，比动态验证收敛得更早、更快。

4）**不需要构造测试用例**：形式化验证通过断言定义需要检查的功能，通过约束指定合法激励，通过数学方法找出违反断言规则的场景。而动态验证需要工程师思考和构造测试用例来覆盖各种场景，不仅要花费大量的时间精力，而且很容易漏掉边角场景。而流片失败的第一因素——逻辑设计缺陷，往往是因为遗漏了边角场景导致的。

5）**定位问题更容易**：

①动态验证的测试用例报错在某个检查点，但其根本原因往往并不在此，需要不断跟踪 TB 和 DUT 代码才能找到根本原因。而形式化验证的某个断言报错给出的反例波形可以直接定位到根本原因，而且波形周期通常很短，所以很容易找到根本原因。

②动态验证的验证平台通常是用 SystemVerilog 或者 C/C++ 搭建的，这些验证平台里的变量值在波形里是没有的，往往需要添加打印或者使用额外的调试工具。而形式化验证的所有信号都在波形里，包括断言和辅助代码的信号，因此可观测性极好，定位问题更容易。

那么形式化验证是不是很完美且超过了动态验证呢？事实并非如此，形式化验证也有如下局限性：

1）**存在状态空间爆炸问题**：随着设计规模的增长，状态空间也呈指数级增长。因此，随着设计规模的增加，状态空间会达到计算机无法处理的程度。所以形式化验证一般只适用于中小规模的模块级验证。

2）**不适合验证模拟电路**。

3）**不适合验证电路的时延和功耗**。

以上便是形式化验证和动态验证的策略，在运行速度和可调试性上，形式化验证相比动态验证没有明显优势，但是如果将激励完备性这个维度加入比较，则动态验证无法与形式化验证相媲美。如图 2-10 所示。

每一种验证策略都有自己的优势和不足，形式化验证无法完全替代动态验证，目前业内的常用做法是将形式化验证作为动态验证的补充。形式化验证在芯片前端设计中的位置如图 2-11 所示，它和动态验证是并列的。

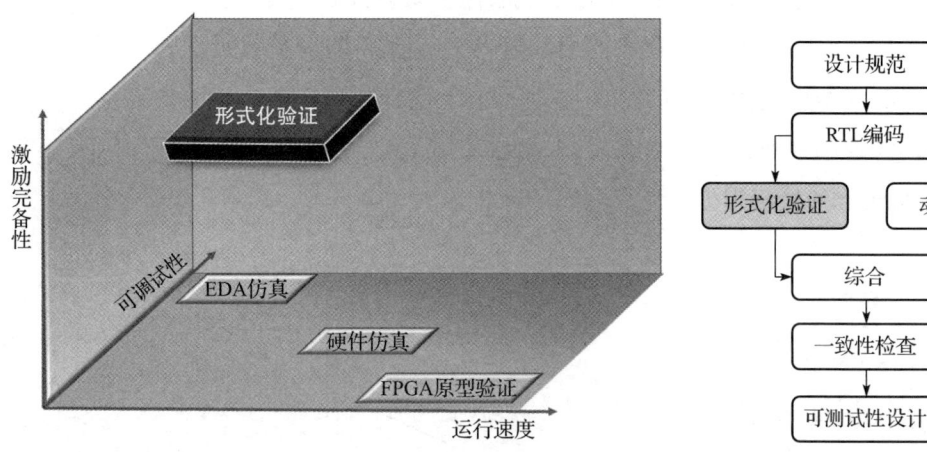

图 2-10　形式化验证和动态验证的对比

图 2-11　形式化验证在芯片前端设计中的位置

2.4　形式化验证的现状和商业价值

1994 年 6 月，Intel 公司推出了奔腾处理器。在该处理器芯片推出的前几天，Intel 公司的技术人员在做测试的时候发现，奔腾处理器芯片的除法运算会发生某种偏差，但该问题在 90 亿次除法运算中才可能出现 1 次，因此 Intel 公司的测试人员认为会被这种运算错误影响的人极少，决定按原计划推出奔腾处理器芯片。但是 Thomas Nicely 还是在极低概率中找到了这个错误并将其公之于众。这引发了当时使用奔腾处理器用户的极大反应，最终 Intel 公司只好实施了芯片回收等补救措施，而这一次事件让 Intel 公司惨遭 **4.75 亿美元**的损失。

后来的调查发现，这个错误是 Intel 公司为了在 i486 处理器基础上提高除法器的性能，使用新算法替代传统算法时引入的，在实现新算法时，相关开发者引入了一个硬件查找表，但这个硬件查找表存在输入错误，从而引发了这个问题。如果完全随机验证，撞到这个错误的概率大约是 90 亿分之一，这绝对可以称为 IC 验证领域的边角场景。这种场景通过传统的动态验证很难捕捉到，需要使用可以覆盖全集的形式化验证策略。此后 Intel 公司引进了支持高阶逻辑（Higher Order Logic，HOL）的定理证明器，将形式化验证方法引入了验证流程。现在 Intel 公司内部有很多验证工作都在用形式化验证的方法进行，而且在一定程度上取代了动态验证。

修复芯片缺陷的成本在流片之前会随着芯片设计周期呈指数级增长，而流片之后修复缺陷的成本更会激增，如图 2-12 所示。上述奔腾处理器芯片的缺陷是一个极端的案例，该缺陷在量产之后才被发现，此时产品已经上市了，所以损失巨大，不光是 4.75 亿美元的经济损失，还有公司的声誉损失。

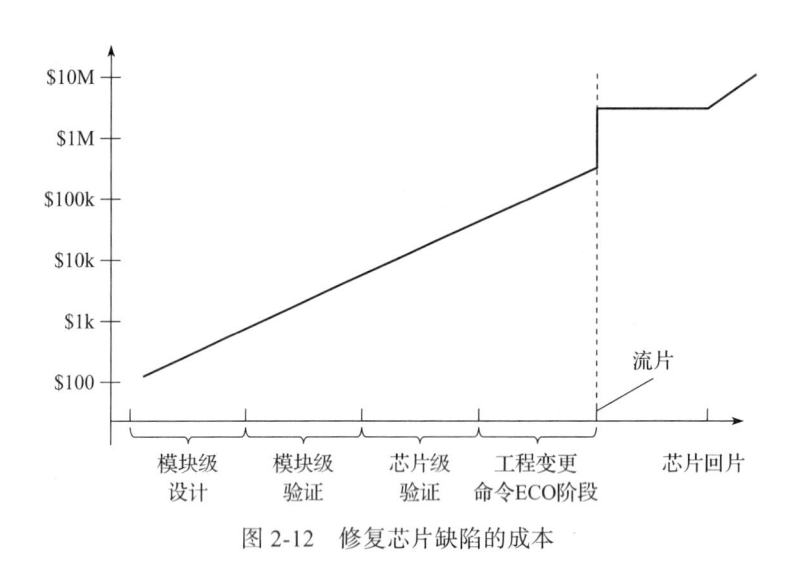

图 2-12 修复芯片缺陷的成本

从图 2-12 中可以看出，缺陷越早被发现越好，且最好是在流片之前被发现，因为流片之后的成本又上升了一个台阶。在芯片验证领域流行一个词语，叫作左移（Shift-Left），意思是尽早发现缺陷。而引入形式化验证无疑是实现这一目标的最可行方案，主要原因包括：

1）在一些控制密集型功能验证领域（例如微处理器中的指令乱序发射、超标量和 Cache 一致性等），动态仿真需要人工构建各种场景，因此很容易遗漏边角场景，造成在芯片开发后期甚至流片之后才发现缺陷，而如果使用形式化验证，这些缺陷会暴露在芯片开发周期的早期，实现左移。

2）在很多特定的功能验证领域，形式化验证可以完全代替动态验证，因为它不仅是完备的验证，而且运行的时间更短，可以轻松实现左移。例如芯片设计中的各种连接性检查、数据路径的验证和门控时钟的验证等。

3）在动态仿真的后期，形式化验证工具可以帮助动态仿真提早达到签核的目标，例如形式化验证不可达分析工具可以自动分析提取不可达的代码覆盖点，从而帮助动态仿真实现提前签核。

由此可见，形式化验证可以帮助缩短芯片验证周期，加快芯片的上市时间，如图 2-13 所示。

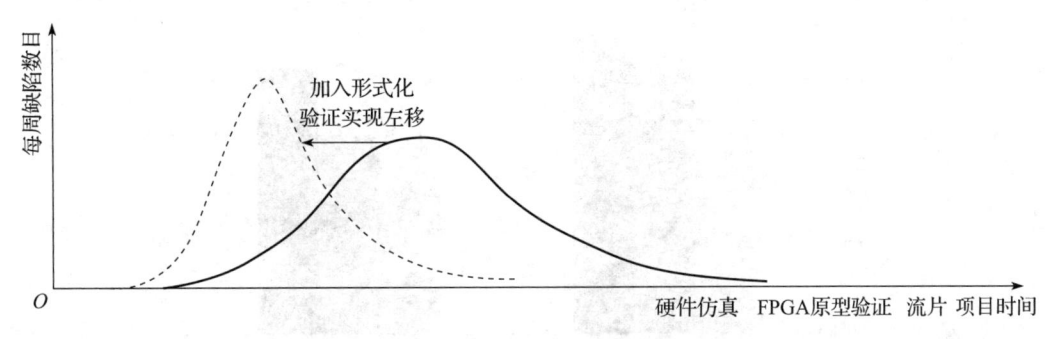

图 2-13　在芯片开发中加入形式化验证的效果

不仅如此，形式化验证还具有很高的投资回报率（Return on Investment，ROI）。在芯片验证阶段，投入的成本主要是工程师成本和服务器成本，而回报的体现是发现缺陷的数量以及覆盖率的达标情况等。在 Intel 公司的一次实际统计（见表 2-1）中，形式化验证在 4 种类目中的投资回报率分别比动态验证提高了 6.3 倍、9.4 倍、2.8 倍和 4.2 倍。

表 2-1　形式化验证和动态验证的投资回报率对比

编号	类目	形式化验证	动态验证	形式化验证的优势
1	工程师成本	0.57	1.43	
2	服务器成本	0.15	0.57	
ROI#1	缺陷 / 工程师成本	125.13	19.95	6.3 倍
ROI#2	缺陷 / 服务器成本	467.73	49.72	9.4 倍
ROI#3	覆盖率 / 工程师成本	0.25	0.09	2.8 倍
ROI#4	覆盖率 / 服务器成本	0.92	0.22	4.2 倍

基于形式化验证的这些优势,全球规模较大的 IC 企业,如 Quadcomm、Broadcom、NVIDIA、AMD、Media Tek、Intel 和 Apple 等都已经在使用形式化验证工具,而且很多公司还不只使用一家厂商的形式化验证工具。

对于一些中小规模的公司,由于需要额外的软件费用和人员投入,可能还没有全面使用形式化验证工具,但是随着形式化验证工具的成熟和成本降低,不少中小规模的公司也在陆续引入形式化验证。如图 2-14 所示,芯片项目使用形式化验证的比例从 2014 年到 2022 年呈现稳步上升的趋势。

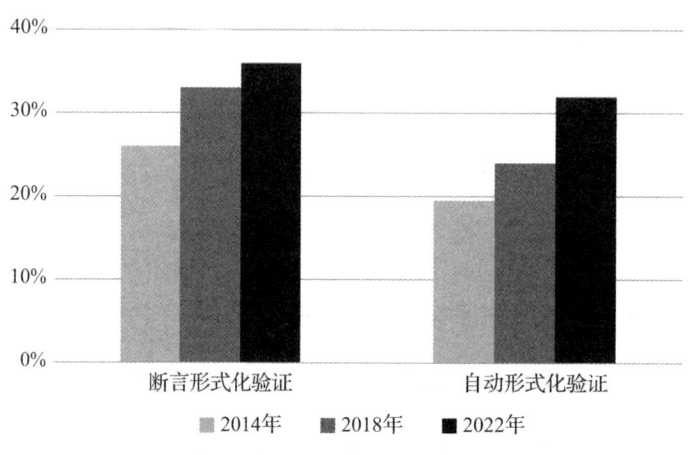

图 2-14 芯片项目使用形式化验证的比例

芯片项目中因为引入形式化验证而提高效率的例子不胜枚举。参考文献 [8] 同时使用形式化验证和动态验证对芯片的错误处理模块进行验证,其结果表明,尽管建立形式化验证的测试环境晚于动态验证,但形式化验证却发现了 75% 的缺陷,而动态验证只发现了 25% 的缺陷。同时,形式化验证只需要花费 13 人周,而动态验证却要花费将近 60 人周,如图 2-15 所示。

参考文献 [2] 通过统计若干个基于形式化验证和动态验证的模块的规模、人力投入和代码行数等,得出了形式化验证的验证质量明显高于动态验证的结论,而且形式化验证没有损失验证效率。参考文献 [9] 使用形式化验证的时序等价性检查工具进行验证,对比基于动态验证的回归测试,A、B 和 C 三个模块运行时序等价性检查所需要的时间分别为 12、35 和 8 个时间单位,而对应的动态验证回归测试的时间则分别为 240、356 和 280 个时间单位,所以三个模块的动态验证回归测试的时间是时序等价性检查的时间的(240+356+280)/(12+35+8) ≈ 16 倍,如图 2-16 所示。形式化验证的效率显然更高,不仅如此,形式化验证还覆盖了全集激励,因此是完备的验证,而动态验证回归测试只是合法激励的一个子集。

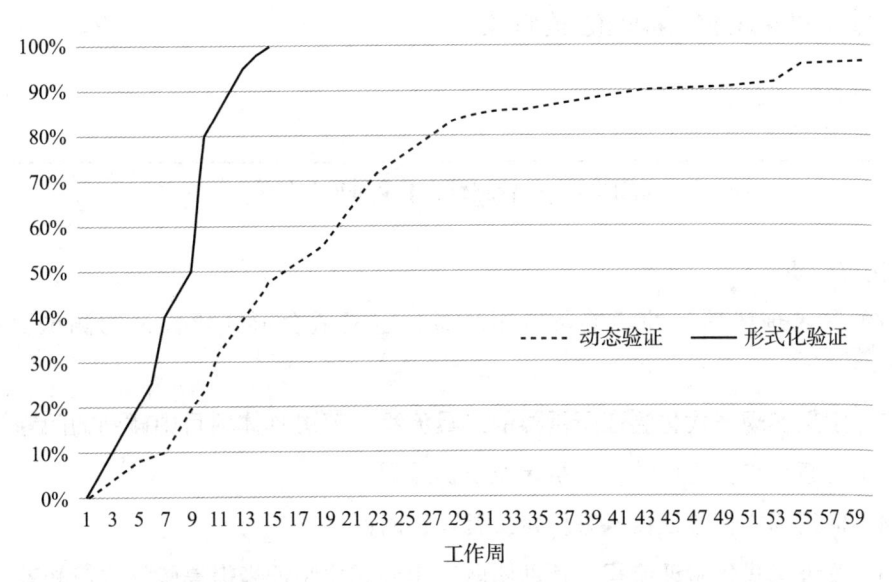

图 2-15 对芯片的错误处理模块使用形式化验证和动态验证的验证周期对比

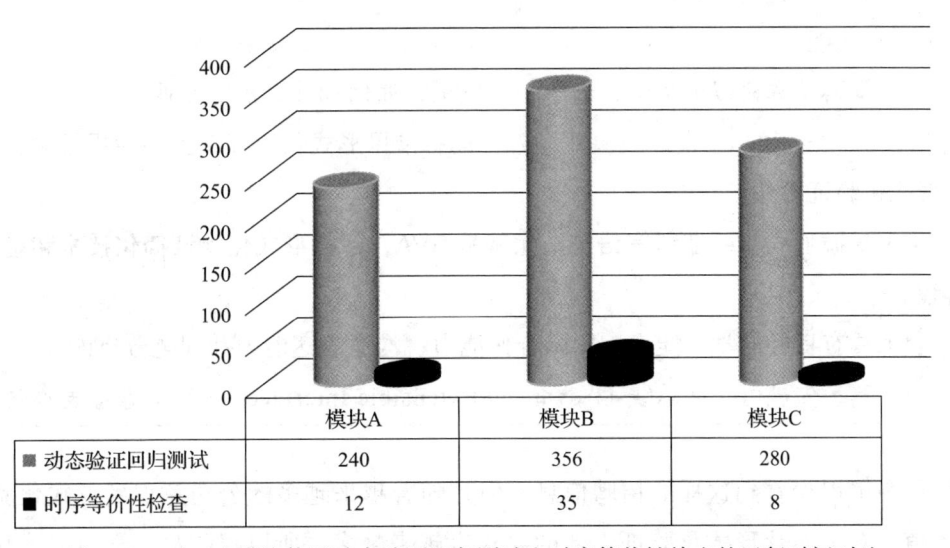

	模块A	模块B	模块C
■ 动态验证回归测试	240	356	280
■ 时序等价性检查	12	35	8

图 2-16 对三个模块使用动态验证回归测试和时序等价性检查的运行时间对比

文献 [10] 同时使用形式化验证中的时序等价性检查工具和连接性检查工具对切换工艺和少量代码改动的片上系统（System on Chip，SoC）进行验证，结果验证周期缩短了 60%，节约了 6 人月的验证投入，在加快上市速度的同时节约了成本。

2.5 学习形式化验证能做什么

首先看如下招聘信息：

招聘形式化验证工程师/专家

岗位职责：

1）深入理解项目的功能及应用场景，定义适合形式化验证的测试目标和需求。

2）**定义实现形式化验证所需要的工具流程**，解决具体项目中碰到的问题。

3）**写断言来验证设计**，分析定位反例原因。

4）使用形式化验证技术来优化工程运行时间。

5）**改进形式化验证流程**，帮助团队应用形式化验证来**提高验证质量和效率**。

6）收集工程进度并报告。

要求技能：

1）本科及本科以上学历，微电子、电子、通信和计算机等专业。

2）3～5 年的 IC 设计或验证经验，**具有常见形式化验证工具的使用经验，了解形式化验证算法**。

3）**掌握形式化验证断言语言，尤其是 SVA，掌握形式化验证简化技术和签核流程**。

4）具有良好的学习能力、团队合作能力、沟通表达能力和问题分析能力。

5）熟悉先进可扩展总线（Advanced Extensible Interface，AXI）等总线协议。

早些年很少看到这样的招聘信息，但是随着越来越多的公司意识到形式化验证的价值，有关芯片形式化验证人才的要求也越来越多。所以很明显，学习形式化验

证就可以直接**应聘形式化验证工程师**。

形式化验证不仅限于专门负责形式化验证的工程师使用，芯片设计工程师、动态验证工程师和管理者也可以使用。

对于**芯片设计工程师**，学习形式化验证可以：

1）使用形式化断言提取工具来"扫描"自己设计的代码，以便去除一些基本缺陷，比如数组越界、计数器溢出和状态机死锁等。

2）使用形式化断言验证工具来验证自己负责的模块，及早发现代码缺陷并修改，由此减少问题单。

3）使用形式化数据路径等价性验证工具来验证 RTL 与 C/C++ 模型的一致性。

4）使用形式化验证中的时序等价性检查来验证一些小的设计改动，比如不改变功能的低功耗设计或时序优化等。

对于**动态验证工程师**，学习形式化验证可以：

1）引入形式化验证中的不可达检查流程来加速代码覆盖率收敛。

2）借助形式化验证工具的覆盖属性来帮助构建测试用例。

3）使用形式化验证中的连接性检查工具来验证设计的连接性。

4）构建小模块的形式化断言验证平台来检查新改动的设计是否符合规范。

对于**管理者**，了解形式化验证技术和工具可以：

1）与设计、验证人员沟通，选择正确的验证策略。

2）合理地分配人力和服务器资源，获取更高的投资回报率。

3）制定合理的计划和节点。

2.6 本章小结

本章详细介绍了验证策略，分析了多种验证策略的特点和优缺点，着重对比了形式化验证和动态验证，得到了形式化验证是动态验证的强有力补充的结论。本章随后进一步引用实例和数据展示了形式化验证可以提高验证质量，缩短验证周期，且具有更高的投资回报率。本章最后介绍了对工程师和管理者来说，学习形式化验证的现实意义。

第 3 章

形式化验证基本原理和算法

3.1 形式化验证概述

形式化验证会对系统建模，然后用数学方法完备地证明目标系统是否满足规范。

形式化验证的方法通常可以分为三类：等价性验证（Equivalent Checking，EC）、模型检查（Model Checking，MC）和定理证明（Theorem Proving）。

3.1.1 等价性验证

等价性验证用于比较两个电路的等价性，通常将待比较的两个电路称为参考设计和实际设计。等价性验证通过数学建模的方法来对两个电路建模，然后通过计算机的 EDA 软件进行完备的检查，判断两者的一致性。

等价性验证通常包括组合等价性检查（Combinational Equivalence Check，CEC）、时序等价性检查（Sequential Equivalence Check，SEC）和事务级等价性检查（Transactional Equivalence Checking，TEC），组合等价性检查的实现相对简单，无需考虑状态迁移，其参考设计可以是 RTL 或网表，实际设计也可以是 RTL 或网表。由于组合等价性检查只需要比较寄存器节点之间的组合逻辑等价性，其复杂度相对较低，即使对于大型设计，也可以应用组合等价性检查。组合等价性检查的技术已经非常成熟，是 IC 设计环节中不可或缺的一部分。各大 EDA 厂商都有自己的相关产品，如新思科技的 Formality、楷登电子的 Conformal Equivalence Checker、西门子

EDA 公司的 FormalPro。

组合等价性检查可以用于比较：

1）RTL 和 RTL。例如在原始的 RTL 的部分单元需要替换为目标制造工艺下的标准库单元时，可以通过组合等价性检查来证明替换的正确性。

2）RTL 和门级网表。例如为了保证综合结果和 RTL 的一致性，可进行 RTL 和综合后的网表的等价性验证。

3）门级网表和门级网表。即保证网表处理后不会改变电路的功能。

图 3-1 所示为两张电路图，这两张电路图的区别仅为点画线框里的部分，不难看出，上方电路图中的**与门**和下方电路图中的**与非门 + 非门**是组合逻辑等价的。对于组合等价性检查，它不需要考虑状态迁移，只需要关心影响锥（Cone of Influence，COI）是否等价即可，组合等价性检查的影响锥是指所有影响一个路径终点的组合逻辑，例如图 3-1 中 E 点的影响锥是寄存器 r_1、r_2 的输出和 C、D 点到 E 点之间的组合逻辑，如图 3-1 中的点画线框所示。对于组合等价性检查，它要验证的路径终点包括寄存器的输入（例如图 3-1 中的 E 点）和模块的输出（例如图 3-1 中的 F 点），它要验证的路径起点包括模块的输入（例如图 3-1 中的 A、B 两点）和寄存器的输出（例如图 3-1 中的 C、D 两点），图 3-1 中包括四条路径：

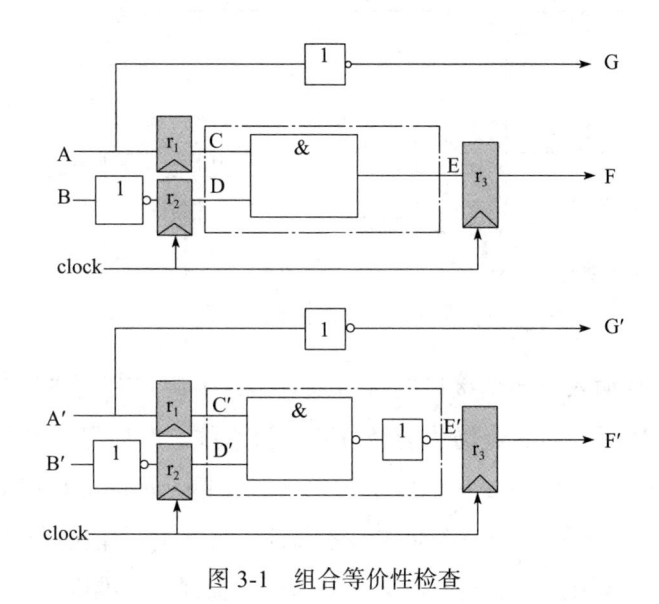

图 3-1 组合等价性检查

1)输入到寄存器:A 到寄存器 r_1、B 到寄存器 r_2。

2)寄存器到寄存器:C、D 到寄存器 r_3。

3)寄存器到输出:寄存器 r_3 到 F。

4)输入到输出:A 到 G。

显然,这两个电路的这些路径都是组合逻辑等价的,因此整体判定这两个电路是组合逻辑等价的。

时序等价性检查的原理和组合等价性检查有所区别。观察图 3-2 所示的两个电路,它们之间的区别已用点画线框标出,下方电路图把**与非门**和 E 点之间的**非门**挪到了寄存器 r_3 之后。在 IC 设计中,人们经常会为了优化时序而做出此类调整。在这种情况下,显然两个电路 C、D 点到 E 点之间的路径不再满足组合逻辑等价,如果用组合等价性检查对比这两个设计,其结果必然是无法通过的。

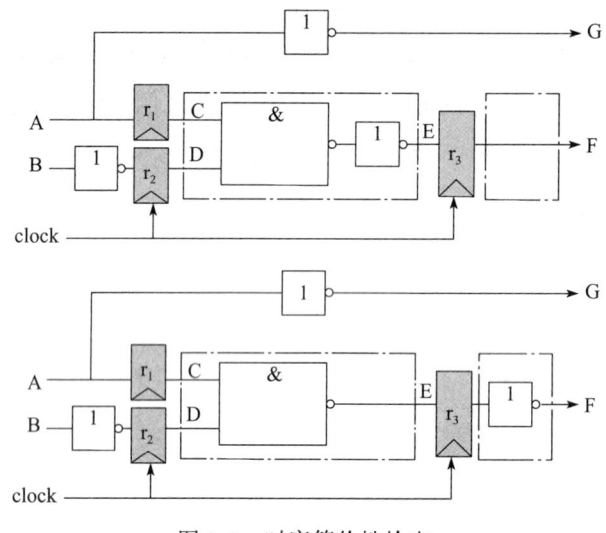

图 3-2 时序等价性检查

然而,如果从输入、输出接口的行为来看,这个调整对电路的功能是没有影响的,数据从 A、B 两点到 F 点仍然会经过两级流水线。时序等价性检查工具不同于组合等价性检查工具,它不要求电路中的每个时序单元都能够精确地匹配,而是会对两个电路设计(一般把其中一个叫作参考设计,另一个叫作实际设计)的每一拍施加同样的激励,只要求最终输出的数据一致即可。根据这个准则,图 3-2 中的两个电路显然是周期精确等价（Cycle-accurate Equivalence）的，也就是时序等价的。时序等价性检查工具需要检查的是参考设计和实际设计在每个时钟周期的输出是否相等，所以它的影响锥要比组合等价性检查的影响锥要长，且复杂度更高，图 3-2 中 F 点的影响锥如图 3-3 中的点画线框所示，它要一直追溯到 A、B 点处，而组合等价性检查只需追溯到前一个寄存器 r_3 即可。

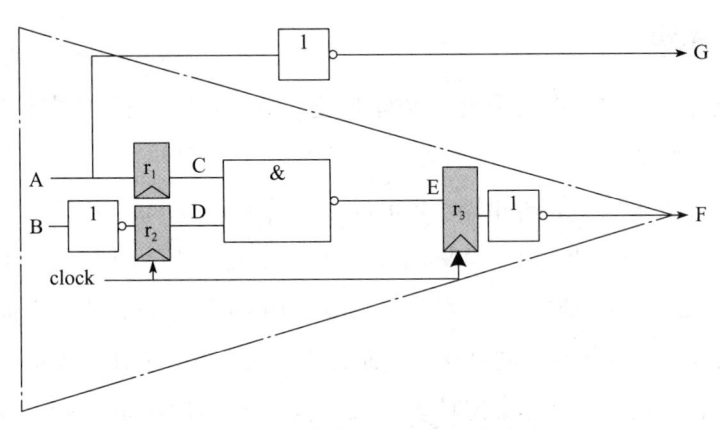

图 3-3　时序等价性检查的影响锥

图 3-4 所示为时序等价性检查的基本原理，在输入一致的前提下，看输出是否一致，如果一致则通过，否则工具会给出反例。时序等价性检查会受到设计复杂度的限制，如果设计复杂度太高，则工具将无法完全证明等价性，只能给出有界深度的证明。

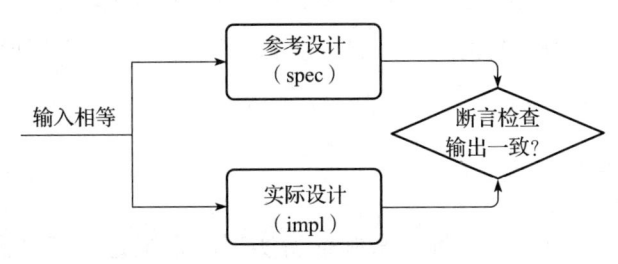

图 3-4　时序等价性检查的基本原理

各大 EDA 厂商都提供了时序等价性检查工具，如新思科技的 VC Formal SEQ、楷登电子的 Jasper SEC、西门子 EDA 的 Questa SLEC 等。

传输级等价性检查一般用于验证数据路径，它会比较参考模型和 RTL 实现的等价性，确保 RTL 行为和参考模型一致。参考模型可以是 C 语言的，也可以是 RTL 的。由于 C 语言等参考模型没有时序概念，所以它是基于传输（Transaction）级的比较，即比较 RTL 的每一个输出是否和参考模型的输出一致，相比时序等价性检查，它是一种更为宽松的等价性验证。

3.1.2 模型检查

模型检查是一种对目标电路建立数学模型，并检测待验证的属性在该模型中是否正确的形式化验证方法。

模型检查一般采用二叉决策图（Binary Decision Diagram，BDD）或布尔可满足性问题（Boolean Satisfiability Problem，SAT）等方法。由于 BDD 存在状态空间爆炸等问题，对于状态空间规模不大的设计，可以应用 BDD 进行检查，但如果状态空间规模过大，最终会导致状态空间爆炸，进而无法完成求解。SAT 是对布尔表达式进行求解的方式，它已被证明是非确定性多项式完全问题（NP-complete Problem），没有算法能够对所有的布尔表达式进行有效求解。求解 SAT 依赖于 SAT 求解器，目前已有多种性能优秀的 SAT 求解器，使得求解 SAT 在模型检查中有了更为广泛的应用。

有界模型检查（Bounded Model Checking，BMC）技术可在给定的时钟周期内进行模型检查，这避免了模型检查超时导致无法收敛的问题。对于形式化验证来说，由于其具有完备特性，即使是在有限的时钟周期内给出证明，也已经完备验证了有限时钟周期内的所有情况，这也是很有意义的。同时，根据具体设计，可以使用计算或其他分析方法得到所需的边界的具体数值。因此，有界模型检查在工程中被广泛应用。

3.1.3 定理证明

定理证明是一种使用数学推理来验证所实现的系统是否满足设计规范的方法。定理证明使用定理证明器来验证电路的设计是否符合规范。定理证明的优点是它可以处理非常复杂的系统。但是使用定理证明需要专业的数学知识，而且难以实现完全自动化，因此在芯片研发中应用较少。

3.2 硬件电路的形式化验证原理

硬件电路的形式化验证指的是针对电路功能的形式化验证，其原理基于模型检查。模型检查的示意如图 3-5 所示。首先对电路进行建模，然后结合属性进行形式化验证的算法分析，最后给出属性的验证结果。结果分为"成功""失败"和"无法证明"三种，"成功"表示验证通过，"失败"表示验证不通过，"无法证明"表示在已有的验证过程中没有发现反例，但是这一过程没有遍历所有状态空间，因此无法给出验证结果。

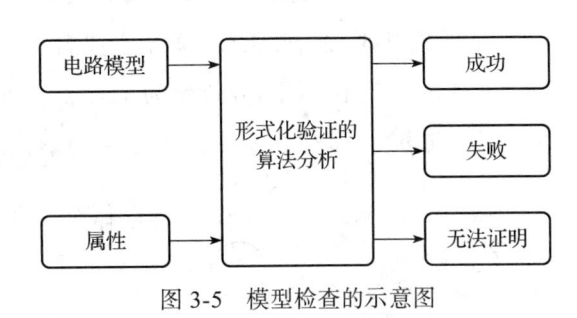

图 3-5 模型检查的示意图

电路模型可以用克里普克结构（Kripke Structure）表示，简称 K 结构。

一个 K 结构的模型 M 由一个四元组 $M=(S, I, R, L)$ 构成，其中：

1) S 表示状态的集合。

2) I 表示初始状态的集合，$I \in S$。

3) R 表示状态跳转，$R \subseteq S \times S$，例如 (s_1, s_2) 和 (s_2, s_3)。

4) $L: S \rightarrow 2^{AP}$。其中 AP 是一组原子命题，原子命题是指不能再细分的一种命题，也是一种最小的命题方式。L 是标记函数，它将每个状态与一组原子命题相关联。

给定一个电路的 K 结构模型 M、一个初始状态 I、一个时序逻辑公式 f，则模型检查问题即转变为判断 M 是否为 f 的模型，即是否满足 f。如果找到了反例，则证明 M 不满足 f，反之，则证明 M 满足 f。时序逻辑主要有两类：线性时间逻辑（Linear Temporal Logic，LTL）和计算树逻辑（Computation Tree Logic，CTL）。LTL 只表达一条路径的不确定性；CTL 以当前时间为根向未来分叉，表达多条路径的不确定性。

LTL 和 CTL 表达式由两部分组成：路径量词和时间特征符。

路径量词包括：

1) **A**——全部路径。

2) **E**——存在一条路径。

时间特征符包括：

1）**F**——将来某个状态。

2）**G**——将来所有状态。

3）**X**——下一个状态。

4）**U**——"一直到",比如 $a\,\mathbf{U}\,b$ 表示 a 一直为真,直到 b 为真。

在形式化验证中,LTL 隐含了包含的所有路径,LTL 的两个示例如图 3-6 和图 3-7 所示。其中,图 3-6 所示为"**G** p",即对于所有状态,属性 p 都成立。图 3-7 所示为"**F** p",即对于将来某个状态,属性 p 成立。

图 3-6 LTL 的"**G** p"示例

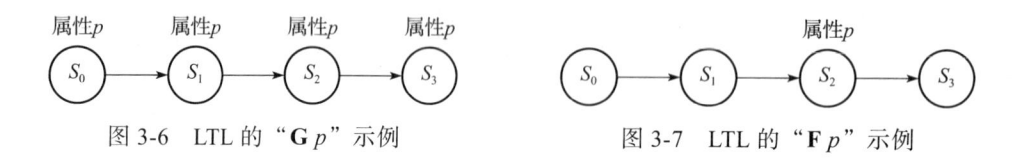

图 3-7 LTL 的"**F** p"示例

CTL 比 LTL 要复杂,CTL 的路径存在分支,会展开成树形。CTL 的两个示例如图 3-8 和图 3-9 所示。图 3-8 所示为"**AG** p",即对于所有路径,p 都为真。图 3-9 所示为"**AF** p",即对于所有路径,p 至少有一次为真。

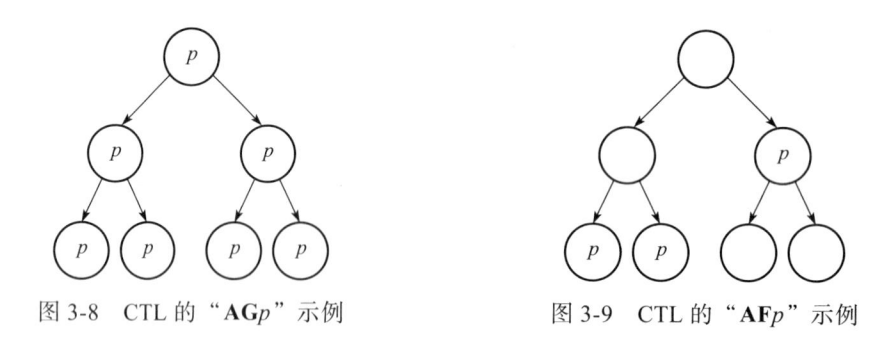

图 3-8 CTL 的"**AG** p"示例

图 3-9 CTL 的"**AF** p"示例

3.3 二叉决策图概述

3.3.1 二叉决策图原理

在数字电路中,对于一个有 n 个输入变量的布尔表达式,其真值表大小是 2^n,随着电路规模的增长,真值表会呈指数级增长。这在工程应用上是无法承受的,因此业界引入了 BDD 方法。BDD 的前身是二叉决策树（Binary Decision Tree，BDT），BDT 并不简洁，其大小和真值表相当，且可能存在大量冗余，BDD 提供了一种简洁的方法来表示 BDT，且 BDD 可以在保证功能的同时删除冗余部分，从而大大简化了形式化验证的分析过程。

对于同一个布尔函数，如果 BDD 的变量顺序不一致，则 BDD 的呈现也会不一致。因此，业界又引入了有序二叉决策图（Ordered Binary Decision Diagram，OBDD）的表示方法，OBDD 是一种要求从源节点到终端节点的变量顺序保持一致的 BDD。针对 OBDD，可以用已经被证明的方法进行简化，简化后的 BDD 称为精简有序二叉决策图（Reduced Ordered Binary Decision Diagram，ROBDD）。ROBDD 的优点在于它对特定设计和变量顺序是唯一的，如果两个电路的 ROBDD 相同，那么这两个电路等价。这也是 BDD 成功应用到形式化验证工具中的重要原因之一。

从真值表到 ROBDD 的转化过程如图 3-10 所示。

BDD 是一个具有有限个节点的有向、无环图。其终端节点用包含 0 或 1 的矩形框表示，即表示布尔函数的最终结果。非终端节点用含有变量的圆圈表示。一般 0 边用虚线表示，1 边用实线表示。

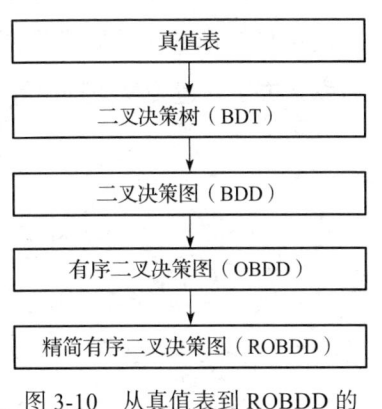

图 3-10 从真值表到 ROBDD 的转化过程

这里采用离散数学中的符号"∧""∨""¬"和"⊕"表示布尔运算，其中有：

1）合取（逻辑与），即"∧"。
2）析取（逻辑或），即"∨"。
3）否定（逻辑非），即"¬"。
4）异或（逻辑异或），即"⊕"。

每一个布尔函数都可以用 BDD 表示。BDD 的数学原理基于香农展开（Shannon's Expansion），香农展开是对布尔函数的一种变换方式。对于给定的布尔函数 $f(x_1,\cdots,x_n)$，有 n 个变量，分别为 $x_1 \sim x_n$。香农展开可以将任意布尔函数表达为其中任何一个变量乘以一个子函数，加上这个变量的反变量乘以另一个子函数，即

$$f = (x_i \wedge f|_{x_i \leftarrow 1}) \vee (\overline{x_i} \wedge f|_{x_i \leftarrow 0}) \qquad (3\text{-}1)$$

式中，$(f|_{x_i \leftarrow 1})$ 和 $(f|_{x_i \leftarrow 0})$ 为函数 f 的余因子。

通过香农展开，可以得到布尔函数的 BDD。例如对于 $f = a \vee (b \wedge c)$，其 BDD 示意如图 3-11 所示，这里的变量顺序为 $a \to b \to c$。

3.3.2 有序二叉决策图

对于一个布尔表达式，将每个变量按顺序排布，即得到 OBDD。例如图 3-11 所示为按照 $a \to b \to c$ 的顺序排布。如果按照 $b \to a \to c$ 的顺序排布，会得到不同的 OBDD，如图 3-12 所示。在实际应用中，变量的顺序对 BDD 的规模会有较大影响，因此选择变量顺序是非常重要的。目前已有一些方法可用于选择变量的顺序，比如启发式方法、遗传算法排序等。

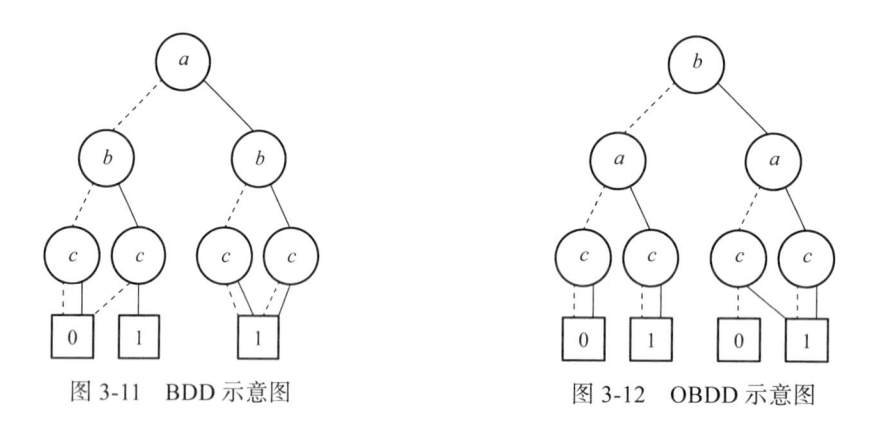

图 3-11　BDD 示意图

图 3-12　OBDD 示意图

3.3.3 精简有序二叉决策图

ROBDD 是 BDD 的简化，如果对原始的 BDD 加入一些简化规则，然后逐步消除冗余项，即得到简化之后的 ROBDD。对布尔函数来说，在特定的变量顺序下，ROBDD 是唯一的。因此，通过比较两个电路的 ROBDD 是否相同，即可判断两个电路的功能是否相同。对 BDD 的简化，主要有以下方法：

1）合并等效的终端节点，如图 3-13 所示。

图 3-13 BDD 简化方法 1

2）如果内部节点中有相同的子节点，可以合并，如图 3-14 所示。

3）去除冗余节点。如果 0 边和 1 边指向相同的内部节点，那么可以去掉这个内部节点，如图 3-15 所示。

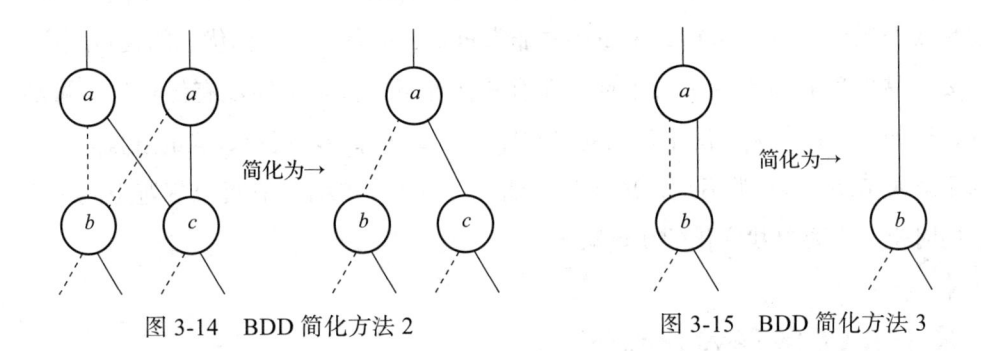

图 3-14 BDD 简化方法 2   图 3-15 BDD 简化方法 3

对于布尔函数 $f = a \vee (b \wedge c)$，按照 $a \to b \to c$ 的顺序，其 BDD 可简化为如图 3-16 所示的 ROBDD。

对于同样的布尔函数 $f = a \vee (b \wedge c)$，按照 $b \to a \to c$ 的顺序，其 BDD 可简化为如图 3-17 所示的 ROBDD。

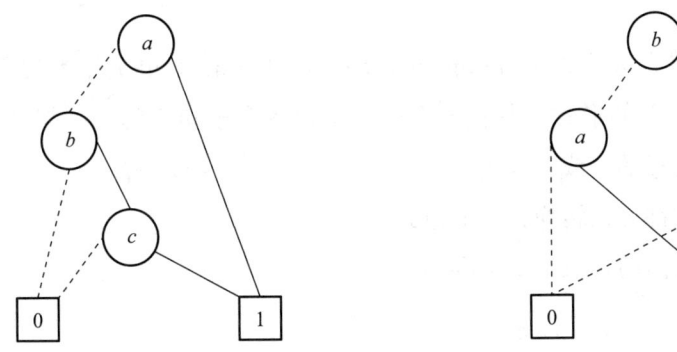

图 3-16 $a \to b \to c$ 顺序的 BDD 简化结果   图 3-17 $b \to a \to c$ 顺序的 BDD 简化结果

由图 3-16 和图 3-17 可知，BDD 中的变量顺序不同，最终的 ROBDD 结果也有所不同，且 ROBDD 的复杂度也不同。对于一些布尔函数，变量顺序的不同会对最终 ROBDD 的规模有很大的影响，因此，寻找优化的顺序对 ROBDD 也是非常重要的。

3.3.4 BDD 的不足

BDD 最大的不足是容易导致空间爆炸。BDD 虽然可以简化，但 BDD 与输入变量的个数呈指数级关系，即使在简化后，BDD 也常常会很大。此外，对于同样的电路，要想获得规模更小的 BDD，变量顺序非常重要，但是为了得到优化的变量顺序，往往需要花费时间查找或者手动干预，在有些情况下，甚至可能没有优化的变量顺序存在，比如乘法器，无论使用什么变量顺序，其最终都会呈现指数级的规模。

为了解决 BDD 的此类不足，形式化验证方法引入了 SAT，它可以规避空间爆炸问题，同时也不需要寻找优化的变量顺序。

3.4 基于 SAT 的形式化验证

3.4.1 SAT 原理

SAT 问题是布尔表达式的可满足性问题。如果给定一个布尔表达式，则可满足性问题即为判断是否存在一组变量赋值，使得该布尔表达式被满足，或者证明不存在这样的变量赋值。

SAT 问题大多以合取范式（Conjunctive Normal Form，CNF）作为其标准输入。合取范式为"和之积"的形式，其包含多个子句，各个子句之间为"与"逻辑，子句内部为变量或反变量的"或"逻辑。

所有的逻辑公式都可以转换为合取范式。

以与门为例，与门的合取范式推导为

$$\begin{aligned}
&c = a \wedge b \\
&\equiv (c \to a \wedge b) \wedge (a \wedge b \to c) \\
&\equiv [\neg c \vee (a \wedge b)] \wedge [\neg(a \wedge b) \vee c] \\
&\equiv (\neg c \vee a) \wedge (\neg c \vee b) \wedge (\neg a \vee \neg b \vee c)
\end{aligned}$$

式中，≡ 为等价。

常用逻辑电路及其合取范式见表 3-1。

表 3-1　常用逻辑电路及其合取范式

逻辑电路	逻辑表达式	合取范式
与门	$c=a \cdot b$	$(\neg c \vee a) \wedge (\neg c \vee b) \wedge (\neg a \vee \neg b \vee c)$
或门	$c=a+b$	$(c \vee \neg a) \wedge (c \vee \neg b) \wedge (a \vee b \vee \neg c)$
非门	$c=\bar{a}$	$(\neg c \vee \neg a) \wedge (c \vee a)$
异或门	$c=a \oplus b$	$(c \vee \neg b \vee a) \wedge (c \vee b \vee \neg a) \wedge (a \vee b \vee \neg c) \wedge (\neg a \vee \neg b \vee \neg c)$

大多数 SAT 解算器基于戴维斯 – 普特南 – 洛格曼 – 洛夫兰（Davis–Putnam–Logemann–Loveland，DPLL）算法，它在 1962 年由马丁·戴维斯、希拉里·普特南、乔治·洛格曼和多纳·洛夫兰共同提出。DPLL 算法采用基于回溯的分支搜索方法，并采用深度优先搜索策略，当找到反例后，通过回溯状态空间，就可以快速找到反例的路径，并提供给用户分析调试。

DPLL 算法通过对布尔表达式进行简化，降低了 SAT 算法的复杂度。

例如，对于布尔表达式 $(a \vee b \vee d) \wedge (\neg d \vee c)$，如果 $d=0$，那么当 $(a \vee b)$ 成立时，布尔表达式的结果为 1；如果 $d=1$，那么当 c 成立时，布尔表达式的结果为 1。因此，该布尔表达式可以简化成 $(a \vee b \vee c)$。

此外，对于合取范式的子句，假设一个子句为 $(a \vee \neg b \vee c)$，那么如果 $a=1$，则该子句必然为 1。同理，如果 $b=0$，那么该子句必然为 1。

对于合取范式，如果希望最终结果为 1，那么任意一个子句为 0，最终结果一定是不满足的。通过上述规则，可以对合取范式进行简化，从而加速 SAT 分析。

寻找单子句也是重要的简化方法。单子句指只有一个变量的子句，例如对于布尔表达式 $a \vee b \wedge (e \vee \neg c) \wedge c$，存在单子句 c，如果表达式结果为 1，那么 c 一定为 1，因此该表达式可以简化为 $(a \vee b \wedge e)$，此时又出现了新的单子句 e，则由此继续简化为 $(a \vee b)$。

3.4.2 有界模型检查问题

由于无界模型检查存在容易超时导致无法证明的问题,业界引入了 BMC 的方法,BMC 的主要思想是:在限定的步数 k 内考察系统的运行情况,确定是否有反例,若不能确定,则提高 k 值,继续检验。在每一个检验周期内,有界模型检查问题会被转化成 SAT 问题或 BDD 问题求解。

设 $I(s_0)$ 表示初始状态,s_0、s_1、s_2、$\cdots$ 表示各个状态,$T(s_i,s_{i+1})$ 表示状态的跳转,p 表示属性,如果希望步数 k 内属性 p 都满足,那么 BMC 问题可以表示为式(3-2)是否可满足,k 为边界值,即

$$I(s_0) \wedge \wedge_{i=0}^{k-1} T(s_i,s_{i+1}) \wedge \vee_{i=0}^{k-1} \neg p(s_i) \qquad (3\text{-}2)$$

如果式(3-2)可满足,即最终结果为真,那么表明至少在某一个状态,存在 $p(s_i)=0$,即找到了属性 p 的反例。

如果式(3-2)不满足,可以增加 k 值,继续验证,直到完全证明通过,或在某一处找到反例。

以二进制计数器为例,假设初始状态为 s_0,此时计数值为 0;第二个周期状态为 s_1,计数值为 1;第三个周期状态为 s_2,计数值为 2;第四个周期状态为 s_3,计数值为 3;第五个周期状态回到 s_0,则该计数器的状态转移图如图 3-18 所示,其状态集合共有 4 个状态,即 s_0、s_1、s_2、s_3。状态跳转包括(s_0,s_1)、(s_1,s_2)、(s_2,s_3)和(s_3,s_0)。

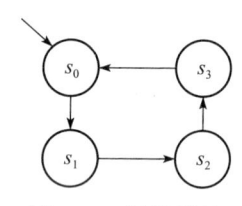

图 3-18 计数器的状态转移图

假设期望验证的属性 p 是"计数值不等于 2"。这里期望验证对于所有状态,都满足属性 p。

假设计数器高位为 b,低位为 a,那么状态转换表见表 3-2。

表 3-2 计数器状态转换表

b(当前状态)	a(当前状态)	b'(下一状态)	a'(下一状态)
0	0	0	1
0	1	1	0
1	0	1	1
1	1	0	0

由此可以得出状态转换条件为

$$a' = \neg a$$
$$b' = a \oplus b$$

这里以 a_0 和 b_0 表示 s_0 状态计数器的 2 个位的值，以 a_1 和 b_1 表示 s_1 状态计数器的 2 个位的值，以 a_2 和 b_2 表示 s_2 状态计数器的 2 个位的值。

希望判断属性 p "计数值不等于 2" 是否成立，即 $p = \neg(b \wedge \neg a)$。

定义初始状态 $I(s_0)$ 为 a_0、b_0 都为 0，BMC 的边界值为 k，当 $k=2$ 时，$I(s_0)$ 为

$$(\neg b_0 \wedge \neg a_0)$$

$T(s_0, s_1)$ 为

$$(a_1 = \neg a_0) \wedge (b_1 = a_0 \oplus b_0) \equiv (\neg a_1 \vee \neg a_0)(a_1 \vee a_0)(b_1 \vee \neg b_0 \vee a_0)(b_1 \vee b_0 \vee \neg a_0)$$
$$\wedge (a_0 \vee b_0 \vee \neg b_1) \wedge (\neg a_0 \vee \neg b_0 \vee \neg b_1)$$

$T(s_1, s_2)$ 为

$$(a_2 = \neg a_1) \wedge (b_2 = a_1 \oplus b_1) \equiv (\neg a_2 \vee \neg a_1)(a_2 \vee a_1)(b_2 \vee \neg b_1 \vee a_1)(b_2 \vee b_1 \vee \neg a_1)$$
$$\wedge (a_1 \vee b_1 \vee \neg b_2) \wedge (\neg a_1 \vee \neg b_1 \vee \neg b_2)$$

$\neg p(s_0)$ 为

$$b_0 \wedge \neg a_0$$

$\neg p(s_1)$ 为

$$b_1 \wedge \neg a_1$$

$\neg p(s_2)$ 为

$$b_2 \wedge \neg a_2$$

$T(s_0, s_1)$ 和 $T(s_1, s_2)$ 的运算过程见表 3-1 中非门和异或门的合取范式。

通过上述描述，结合式（3-2），可以建立 $k=1$ 和 $k=2$ 的布尔表达式。

当 $k=1$ 时，求解式（3-3），即

$$I(s_0) \wedge T(s_0, s_1) \wedge [\neg p(s_0) \vee \neg p(s_1)] = 1 \qquad (3\text{-}3)$$

式（3-3）没有解，因此 $k=1$ 时，属性 p 总是成立的。

当 $k=2$ 时，求解式（3-4），即

$$I(s_0) \wedge T(s_0, s_1) \wedge T(s_1, s_2) \wedge [\neg p(s_0) \vee \neg p(s_1) \vee \neg p(s_2)] = 1 \qquad (3\text{-}4)$$

可以找到式（3-4）的解为（$a_0=0$, $b_0=0$, $a_1=1$, $b_1=0$, $a_2=0$, $b_2=1$）。

因此，$k=2$ 时，找到了属性 p 的反例。

3.5 BDD 和 SAT 的比较

与 BDD 相比，SAT 的优点包括：

1）SAT 的状态空间爆炸问题没有 BDD 那么严重，可以用于更大的设计规模。

2）SAT 不需要类似 BDD 的排序，且不需要寻找优化的排序。寻找优化的变量顺序通常是一个复杂的过程。特别是有一些电路无论采用何种排序，BDD 都呈现指数级大小。

SAT 的缺点是算法容易超时，有时只能给出有界证明的结果。

因为 BDD 和 SAT 各自有其优势和不足，所以也有学者在研究 BDD 与 SAT 的结合方式。比如设置一个 BDD 大小的阈值，不超过阈值则采用 BDD，超过阈值则采用 SAT。通过各种优秀的算法，形式化验证也正不断向前推进。

3.6 本章小结

本章首先介绍了形式化验证的分类，然后描述了形式化验证模型检查的基本原理，最后介绍了基于 BDD 和 SAT 的形式化验证的基本原理和算法。

第 4 章

形式化验证的流程和方法

在前面的章节中,已经介绍了形式化验证"是什么"和"为什么",那么本章就来介绍形式化验证"怎么做"。

形式化验证的输入包括电路模型和属性,这里的电路模型是指待测设计,属性是指通过断言语言实现的断言、约束和覆盖点。形式化验证算法是通过形式化验证工具来实现的。因此,本章首先介绍上述形式化验证的三大组成部分:语言、工具和设计,然后介绍形式化验证中的几个重要概念,接下来介绍形式化验证的适用场景和流程,最后用实例展示了形式化验证的工程应用。

4.1 形式化验证"三板斧"——语言、工具和设计

想要做好形式化验证,必须要掌握其"三板斧"——语言、工具和设计。语言是指形式化验证需要的语言,包括断言语言和 TCL 等;工具是指各个 EDA 厂商提供的各种形式化验证的工具软件;设计是指待测设计,形式化验证工程师需要对待测设计有充分的理解。这三者相辅相成,缺一不可,共同决定了形式化验证的水平。图 4-1 所示

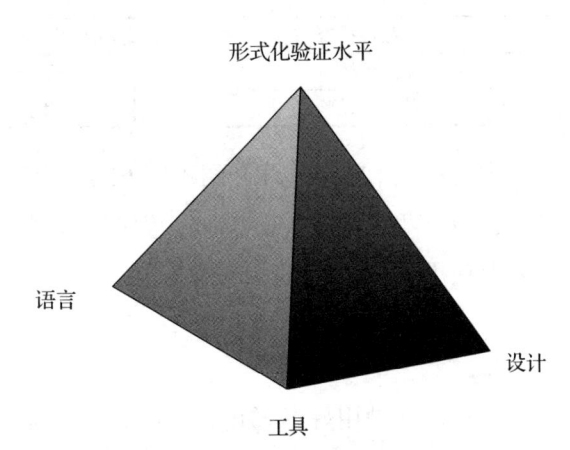

图 4-1 语言、工具和设计与形式化验证水平的关系

的"金字塔"模型展示了语言、工具和设计与形式化验证水平的关系。

4.1.1 语言

形式化验证是基于断言语言的。断言语言主要包括 PSL、SVA 等。目前，SVA 已经成为主流的断言语言，本书第 5 章将会详细介绍 SVA。

TCL 则是运行各种形式化验证工具时必不可少的语言，本书第 6 章将会结合若干实例详细介绍 TCL 的语法。同时，在第 8～13 章中，本书介绍各种形式化验证 APP 工具的使用过程时，代码包也包含了相应的 TCL 脚本。

4.1.2 工具

古语有云："工欲善其事，必先利其器"，这里的"器"指的就是工具。EDA 厂商提供了多种形式化验证工具，每种工具都有其独特的功能，适用于不同的场景。

表 4-1 初步给出了部分形式化验证工具的类型及功能。

表 4-1 部分形式化验证工具的类型及功能

形式化验证工具的类型	功能
形式化属性验证	根据断言验证 DUT 的正确性，这也是最有价值的形式化验证工具
自动属性提取	自动从 RTL 中提取断言，检查代码质量
时序等价性检查	比较两个设计之间的等价性。例如增加门控时钟之前和之后的两个设计的比较
不可达检查	分析设计中不可达的覆盖点，减少覆盖率的迭代时间
连接性检查	检查信号之间的连接性是否正确
X 态传播检查	检查设计中是否存在不希望的 X 态传播
数据路径验证	主要用于检查 DUT 和 C/C++ 语言的参考模型是否行为一致

本书第 7 章将会整体介绍不同 EDA 厂商提供的各类形式化验证工具，第 8～13 章将会以新思科技的 VC Formal 为例，详细给出几种常用的形式化验证工具的应用场景及使用方法。

4.1.3 设计

理解设计是用好形式化验证的重要保证，也是形式化验证的难点之一。传统的动态仿真验证是类似"灰盒"的测试，它基于 DUT 的顶层信号给出激励，确认 DUT

的响应是否正确,验证工程师不需要过多关注 DUT 的内部设计细节。但形式化验证是类似"白盒"的测试,断言涉及 DUT 的内部信号及内部逻辑功能,因此需要对设计细节有比较深入的理解。如果不理解设计,那么就难以写出高质量的断言,且难以独立调试,最终导致迭代速度慢,影响验证效率。

4.2 形式化验证相关的重要概念

本节介绍一些形式化验证相关的重要概念,作为后续章节的基础。

4.2.1 安全属性和活性属性

断言的属性可以分为安全属性(Safety Property)和活性属性(Liveness Property)。

安全属性是描述"坏事永远不会发生"的属性。例如计数器永远不会溢出;状态机永远不会死锁等。

活性属性是描述"好事总会发生"的属性。例如总线请求一定会收到应答;CPU 中执行一条加法指令,那么运算结果必然正确;网络的包转发模块如果有数据帧进入,那么该数据帧一定会输出等。

所以对于一份待测设计,主要就是从这两个角度出发来提出断言,正向描述待测设计行为的断言就是活性属性断言,逆向描述待测设计行为的断言就是安全属性断言。

4.2.2 断言的反例

断言的反例是形式化验证中常常会提到的概念。它指的是找到了不满足断言的场景。例如在断言中描述信号 sig 永远为高电平,那么找到了该断言的反例就意味着找到了 sig 为低电平的场景。对于已经找到反例的断言,形式化验证工具会提供反例的波形,用户通过查看波形,可以追踪关心的信号,最终定位问题。

4.2.3 有界证明和有界证明深度

形式化验证的运行结果是按周期逐步递增的,运行的周期越多,覆盖的状态空间就越大。有些断言最终能得到完全证明,即遍历了所有的状态空间,都没有找到断言的反例。但遗憾的是，对于复杂的设计或者复杂的断言，由于其复杂度过高，形式化验证的运行结果只能给出在 N 个周期内没有发现反例的结论，这也称为有界证明（Bounded Proof），此时 N 即称为有界证明深度（Bounded Proof Depth）。不过，即使只是有界证明，也是很有意义的。一方面，形式化验证针对已经证明的深度是完备的，这通常已经比动态仿真覆盖了更多的场景。另一方面，可以根据具体设计分析计算得到实际需要的有界证明深度，一旦达到了该深度，那么也可以认为验证通过。

4.2.4 过约束与欠约束

对 DUT 施加约束是形式化验证的常用手段。比如 DUT 有 4 位的输入信号 mode_in，它表示操作模式，理论上可以支持 0~15 共 16 种模式，但实际上只有两种可能的输入，即 0 和 1，那么约束该信号为 0 和 1 可以大大减少状态空间。约束通常采用断言语言施加，比如 SVA 中的 Assume Property 语法。

如果约束不准确，那么会导致两类问题，即过约束和欠约束，如图 4-2 所示。

过约束是指过度约束，它会导致无法覆盖所有的合法状态空间。过约束会导致错过发现缺陷的机会，因此不符合预期的过约束是需要避免的，但有些简化场景也需要过约束来加速形式化验证收敛。

欠约束是指约束过于宽松，导致多出了实际不会达到的状态空间。如果对运行时间影响不大，那么欠约束也是允许的，因为它验证了比实际场景更多的状态空间，如果欠约束证明没问题，那么实际场景作为子集也不会有问题。

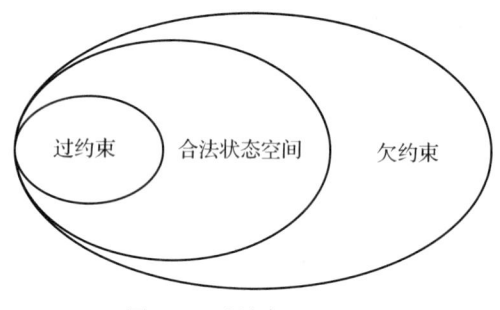

图 4-2 过约束和欠约束

4.2.5 假成功

假成功是指形式化验证的结果显示成功了，但实际上并不符合预期。假成功会导致错失发现缺陷的机会，因此是一定要避免的。

假成功主要包括以下原因：

1）过约束。过约束会导致有些合法的场景没有被断言覆盖，从而不能发现潜在的缺陷。

2）断言编写错误，导致与期望的验证结果不一致。

3）断言的前置条件一直不满足，所以没能发现反例。避免这类问题的一种方法是查看 EDA 工具提供的"空检查"结果；另一种方法是增加覆盖属性，例如用 Cover Property 语句分析。断言的前置条件和 Cover Property 的使用将在本书第 5 章详细说明。

4）断言借用了设计的代码，或者采用了与设计类似的代码，但实际设计本身不正确，导致断言也没有发现设计问题。

5）设计师对设计的错误理解被传递给了形式化验证工程师，导致后者写出的断言或约束不正确。例如错误地理解了接口时序，错误地理解了总线协议等情形。

6）对工具的错误使用。例如通过 TCL 脚本向 DUT 某处注入 X 态，实际却由于 TCL 脚本有误，没有成功注入 X 态。此时虽然验证通过，但实际上是假成功。

7）临时的修改没有复原。在形式化验证的过程中，为了快速定位问题，可能会临时加入某些约束。但临时修改后没有复原，会导致验证其他场景时出现假成功。例如临时加入了中断永不成立的约束，从而快速定位了某个断言发现的问题，但这个临时版本没有复原，从而导致后续虽然有些断言成功了，实际却是假成功，在中断成立的场景中就不成功了。这里建议的方法是在代码中加入 TODO、FIXME 或 TBD 字样，以便在后续的质量活动中查找此类字样，进而快速发现临时修改没有复原的情况。

4.2.6　简化

简化是形式化验证的重要技术，也是克服形式化验证中状态空间爆炸问题的策略，其通过减小设计中各种部件的大小和分解优化断言来达到降低复杂度的目的，例如黑盒化子模块、降低存储器的位宽和拆解断言等，具体可参考第 14 章。由于形式化验证的运行时间容易受复杂度的影响，对设计进行简化往往可以显著减少形式化验证的运行时间，提高形式化验证的效率。

4.3 形式化验证规划

在进行形式化验证之前,需要针对两个问题做整体规划:

1)挑选什么模块做形式化验证?

2)选用什么样的形式化验证工具?

对于这两个问题,需要根据验证目标和验证场景来决定。在进行形式化验证时,需要选择某种形式化验证工具,表 4-1 已经给出了一些形式化验证工具及其描述,下面就结合表 4-1,针对不同的验证目标和验证场景,介绍不同的形式化验证工具的适用场景。

4.3.1 形式化验证工具的适用场景

如果以发现设计缺陷为目的,或者以完全证明模块功能为目的,那么建议采用 FPV,FPV 对模块选取的原则如下。

1)规模大小适合形式化验证:考虑到目前的形式化验证算法引擎性能和服务器资源,200k 个寄存器单元以内的设计是比较适合的。

2)新模块:新模块是新开发的,这意味着其出错的概率更大。

3)通用模块:通用模块是整个芯片设计的基石,所有设计师都可以调用,比如先进先出单元(First-in First-out,FIFO)、总线桥和仲裁器等模块,它们的影响大、规模小,适合 FPV。

4)复杂度较高或者边角场景较多的模块:复杂度较高或者边角场景较多意味着更容易出现设计缺陷,而采用形式化验证有利于发现深层次的设计缺陷。

5)信心不高的模块:这些模块往往在之前的产品中或者在之前的验证过程中多次出现设计缺陷,对它们使用形式化验证有利于提高信心。

6)覆盖率不足的模块:采用形式化验证可以覆盖动态仿真难以覆盖的测试点,提高覆盖率。

7)适合 FPV 的设计类型的模块:适合 FPV 的设计类型的模块是控制密集型的,具体如下。

①仲裁器。

②调度器。

③各种总线，例如 AXI、串行外设总线（Serial Peripheral Interface，SPI）等。

④中断控制单元。

⑤串并转换器。

⑥直接存储器存取（Direct Memory Access，DMA）控制器。

⑦功耗管理单元。

⑧ Cache 控制单元。

⑨网络协议处理单元。

⑩桥接器，例如 AXI、高级高性能总线（Advanced High-Performance Bus，AHB）、先进外设总线（Advanced Peripheral Bus，APB）之间的协议转换桥。

⑪存储相关控制单元，例如存储器控制器等。

不适合 FPV 的设计类型主要包括对数据进行复杂变换的设计，例如：

1）浮点运算。

2）加解密算法。

3）联合图像专家组（Joint Photographic Experts Group，JPEG）编解码。

4）运动图像专家组（Moving Picture Experts Group，MPEG）编解码。

5）卷积。

实际上，如果上述包含数据复杂变换的设计已有 C 语言参考模型，那么可以使用形式化验证工具中的事务级等价性检查工具进行分析。

4.3.2 时序等价性检查的适用场景

如果以检查修改之前的 RTL 和修改之后的 RTL 的时序等价性为目的，例如增加时钟门控、时序优化等场景，那么建议采用时序等价性检查工具。本书第 9 章将会详细介绍。

时序等价性检查的适用场景主要包括：

1）插入门控时钟验证。

2）不改变功能的功耗优化验证，例如状态机编码从二进制换成格雷码、用面积换时序的改动、滤除了冗余的读存储器操作等。

3）重新切割流水线和时序优化验证。

4）删除某个不需要的特性或者删除一些冗余代码的验证。

5）新增功能不影响原有功能的验证。

6）非参数化设计改成参数化设计的验证。

7）寄存器从带复位的改成不带复位的验证。

4.3.3 不可达检查的适用场景

如果以提高覆盖率收敛为目的，那么建议采用不可达检查工具，以便找到理论上不可达的覆盖点，加速覆盖率收敛。本书第 10 章将会详细介绍不可达检查的应用。

4.3.4 连接性检查的适用场景

如果以检查信号之间的连接性为目的，那么建议采用连接性检查工具。连接性检查无需考虑设计类型，也不需要写断言。本书第 11 章将会详细介绍连接性检查。

连接性检查的适用场景主要包括：

1）芯片顶层信号的连接性检查。

2）模块与模块之间信号的连接性检查。

3）常量的连接性检查。

4）扫描模式的连接性检查。

5）时钟、复位信号的连接性检查。

6）调试信号的连接性检查。

4.3.5 X 态传播检查的适用场景

如果以检查 X 态传播为目的，那么建议采用 X 态传播检查工具。X 态传播检查工具无需写断言，也无需关注设计类型。X 态传播检查可以简化与 X 态传播无关的设计，不需要过多关注设计规模。本书第 12 章将会详细介绍 X 态传播检查的应用。

4.4 形式化验证流程

形式化验证是通过使用形式化验证工具对断言规则进行证明的过程,所以它最主要的输入就是待测设计和断言规则,形式化验证也要搭建验证平台,所以形式化验证流程和动态仿真流程有很大的相似性,如图 4-3 所示。

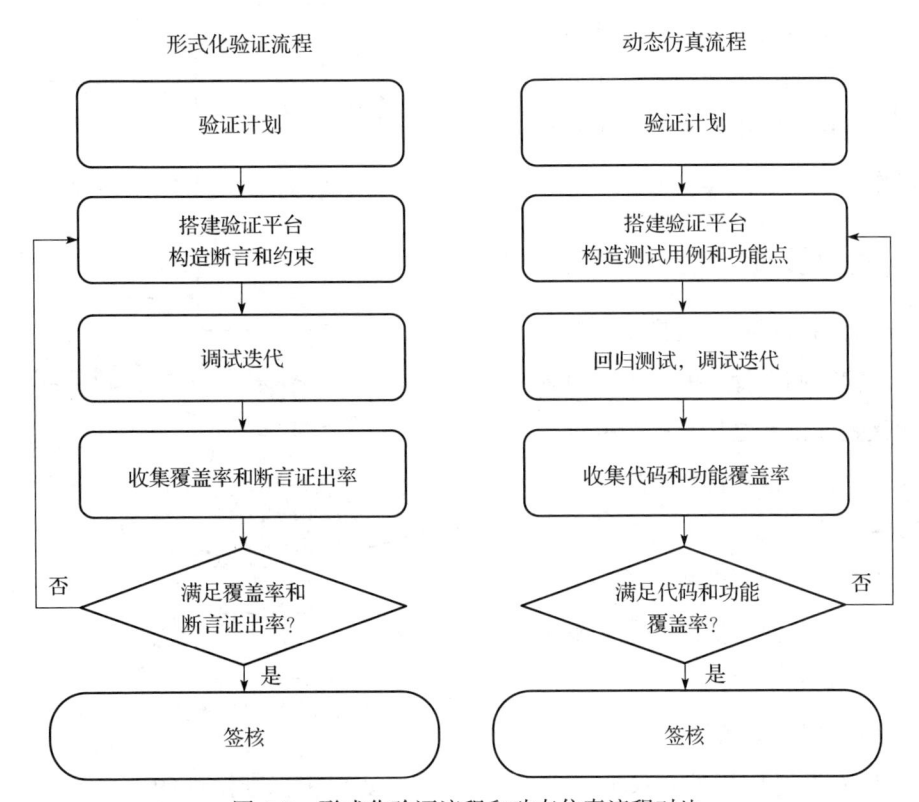

图 4-3 形式化验证流程和动态仿真流程对比

虽然形式化验证流程和动态仿真流程有很大的相似性,但是两者在**具体操作**上有很大不同,这里从图 4-3 中可以看出两点:

1)在环境搭建阶段,形式化验证主要关注断言和约束的构造,而动态仿真则主要关注测试用例和功能点的构造。

2)在结果收集阶段,形式化验证需要关注断言是被完全证出还是只有有界证明,以及断言是否完善,这与动态仿真有所区别。

这两点可以这样理解：动态仿真有参考模型，所以它更关注场景是否激励完备，而形式化验证由一个个子功能的检查点构成，如果断言不够完善，那么显然无法描述整个模块的行为，会导致错失一些缺陷。

在具体实施时，形式化验证和动态仿真的差别是非常大的，它们的**工具**、**语言**、**调试方法**和**具体目标**等都有所不同。下面以形式化验证工具中最重要的 FPV 为例，展示形式化验证的操作流程，如图 4-4 所示。

4.4.1 验证计划

经过前期的规划，选择了需要形式化验证的待测设计，并明确了具体的形式化验证工具之后，就需要列出验证计划。在列出验证计划之前，首先要理解设计。

理解设计是做好形式化验证的重要因素。那么如何才能更好地理解设计呢？主要有以下方式：

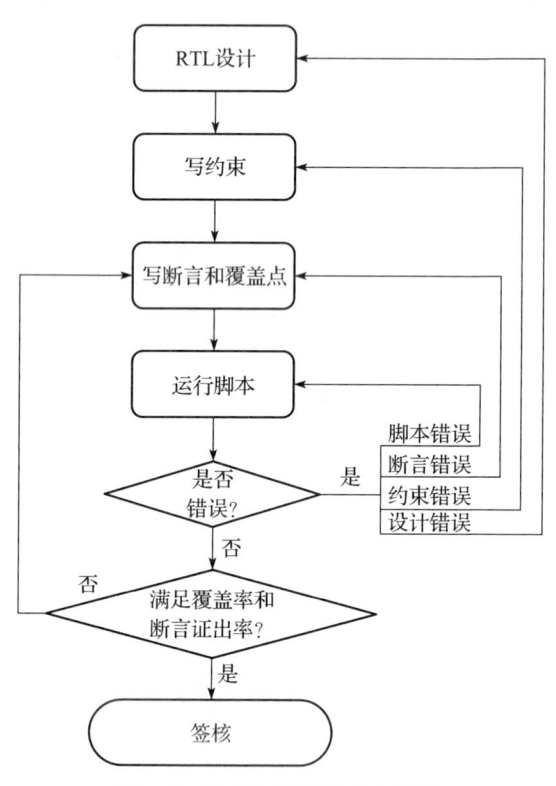

图 4-4 形式化验证的操作流程

1）研读架构文档和设计文档。

2）针对有通用标准协议的 DUT 的验证，需要研读标准协议的文档。比如针对第五代精简指令集计算机（Reduced Instruction Set Computer-Five，RISC-V）CPU 相关设计的验证，需要研读 RISC-V 指令集的说明文档。

3）如果已有动态仿真的环境，可以结合动态仿真的波形来加深对设计的理解。

4）如果 DUT 中已有断言，则分析已有的断言有助于理解设计。

5）与设计师的讨论也有助于更好地理解设计。设计师是最熟悉设计的，能提供高质量的断言描述，所以设计师的支持力度越大，形式化验证就可以做得越好。

在理解了设计之后，就可以列出验证计划了。一个规范的形式化验证计划主要包含如下三个部分。

1）验证对象描述：在理解了设计之后，可以给出对于验证对象的描述。主要包括：

①待测对象的设计原理图。

②待测对象的接口描述，其更侧重顶层接口的描述。

③列出需要验证的功能点。

2）形式化验证平台描述：

①给出形式化验证的断言列表，可以用自然语言或断言语言的方式描述。

②给出形式化验证的约束的描述，可以用自然语言或断言语言的方式描述。

3）明确最终签核的标准：签核的标准包括形式化验证的覆盖率和断言证出率等指标。形式化验证签核在本书第 15 章会详细介绍。

4.4.2 搭建验证平台

在理解了 DUT 的功能，并且明确了验证目标之后，就可以开始搭建验证平台了。一个典型的形式化验证平台如图 4-5 所示。

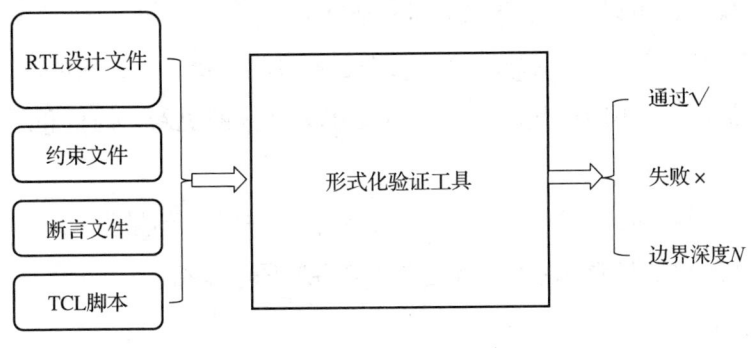

图 4-5 形式化验证平台

在这个阶段主要完成以下内容：

1）编写基本设计功能的断言和期望覆盖的覆盖点（比如 SVA 的 Cover Property）。

2）编写约束。

3）编写 TCL 脚本。

4）初步运行形式化验证工具，目标是基本设计功能的覆盖属性可以覆盖到，基本设计功能的断言能够验证通过。

在这个阶段可能会出现以下问题：

1）DUT 编译不通过。

2）脚本错误。例如 TCL 脚本中的时钟名称不正确，复位的极性设置不正确，TCL 命令的顺序不正确，TCL 命令的选项不正确等。

3）断言错误，例如断言语法错误、断言和设计规则不符等。

4）约束错误，例如约束有冲突、过约束等情形。

4.4.3 调试迭代

在之前的搭建验证平台的过程中，已经完成了应用程序运行和基本功能的断言的调试。在调试迭代阶段，主要完成以下内容：

1）编写所有剩余的断言，包括复杂的断言，以此充分验证 DUT。

2）运行形式化验证工具来检查编写的断言，发现问题并进行调试。如果是 RTL 问题则反馈给设计师，如果是验证平台的问题则更新验证平台。

3）如果需要，可以进行简化以应对复杂度。

4）规避假成功的问题。假成功在 4.2 节已有详细介绍，在此不再赘述。

这个阶段是一个不断迭代的过程，不仅 RTL 在不断更新，约束和断言也在不断更新。

在调试迭代结束时，随着 RTL 的稳定，断言也需要尽可能地收敛。

调试迭代通常是非常耗时的，且会遇到各种问题，包括：

1）设计的问题。

2）工具使用的问题。

3）脚本的问题。

4）约束的问题。

5）断言的问题。

6）复杂度的问题。

4.4.4 收集覆盖率和断言证出率

在形式化验证的后期，需要收集覆盖率和断言证出率等信息，以衡量形式化验证工作的完成情况。

形式化验证的覆盖率分析为形式化验证提供了一种衡量完成度的方法。形式化验证的覆盖率具体如下。

1）COI 代码覆盖率：即工具把断言影响到的逻辑都计算进去统计的覆盖率。所以通常该覆盖率分值较大，并不能反映断言全不全。

2）核心锥（Formal Core）代码覆盖率：即工具只把影响断言结果的核心逻辑进行覆盖率统计，所以该覆盖率通常比 COI 代码覆盖率低，如果断言不全，很容易通过该覆盖率反映。

3）功能覆盖率：即用户所写的覆盖断言（Cover Property）和覆盖组（Cover Group）是否都被覆盖到，例如某种 mode 是否被覆盖。

4）断言覆盖率：即断言是否完善，例如是否有断言覆盖输出端口和寄存器等。

5）变异测试覆盖率：即通过人为或者工具注入错误，统计错误能够被现有断言发现的比例。

断言证出率是指能够被完全证明或者有界证明深度满足要求的断言数占全部断言数的比例。完全证明的断言没有问题。对于只有有界证明的断言，需要分析已经证明的深度是否足够，此时需要和设计工程师一起分析有界证明的断言深度是否达到了签核的标准。

4.4.5 签核

形式化验证的签核主要通过衡量覆盖率和断言证出率来体现。签核也可以细化为几个阶段，且每个阶段的衡量标准循序渐进。本书第 15 章会详细介绍形式化验证的签核流程，在此不具体展开。

4.5 形式化验证示例——定时器

下面给出一个基于 APB 总线的定时器的简单示例，用来初步展示形式化验证的流程，并让读者对形式化验证的流程有一个真实的体验。通过该示例，希望读者能够理解 4.1 节中介绍的形式化验证"三板斧"——语言、工具和设计，初步体会 4.2 节中各种形式化验证的概念——反例、有界证明、过约束和简化等，并体验 4.4 节中介绍的形式化验证的流程。

4.5.1 定时器设计概述

1. 验证对象描述

定时器的主要特性如下：

1）支持 APB 总线从设备。

2）内部包含 32 位的向下计数的计数器，计数器的初始值寄存器可通过 APB 配置。

3）计数器计数到 0 后，会重新载入初始值，然后继续向下计数，重复之前过程。

4）计数器计数到 0 后，会发出持续一个周期的高电平有效的中断信号，并置位设计内部的中断状态标志位，该标志位可以通过 APB 清除。

5）定时器正在计数时，禁止配置计数器的初始值寄存器。

定时器设计框图如图 4-6 所示。

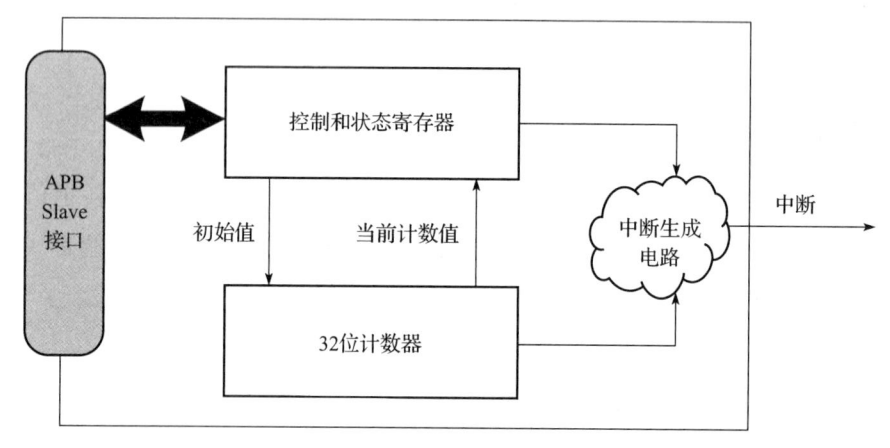

图 4-6 定时器设计框图

2. DUT 顶层接口信号描述

DUT 顶层接口信号描述见表 4-2。

表 4-2 DUT 顶层接口信号

信号名称	宽度大小	方向	描述
PCLK	1	I	时钟信号
PRESETn	1	I	复位信号，低电平有效
PSEL	1	I	APB 总线选择信号
PENABLE	1	I	APB 总线使能信号
PADDR	12	I	APB 总线写地址
PWDATA	32	I	APB 总线写数据
PWRITE	1	I	高电平表示写操作；低电平表示读操作
PRDATA	32	O	APB 总线读数据
PREADY	1	O	APB 总线从设备是否准备好的标志位
PSLVERR	1	O	APB 总线从设备是否返回错误的标志位
IRQ	1	O	中断请求

APB 总线是 ARM 公司提出的低速总线，主要用于和低速、低功耗的外设通信。图 4-7 所示为 APB 总线的写时序，图 4-8 所示为 APB 总线的读时序。

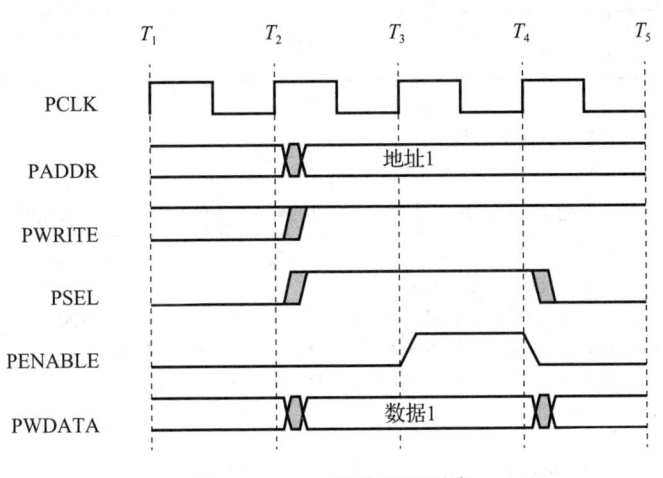

图 4-7 APB 总线的写时序

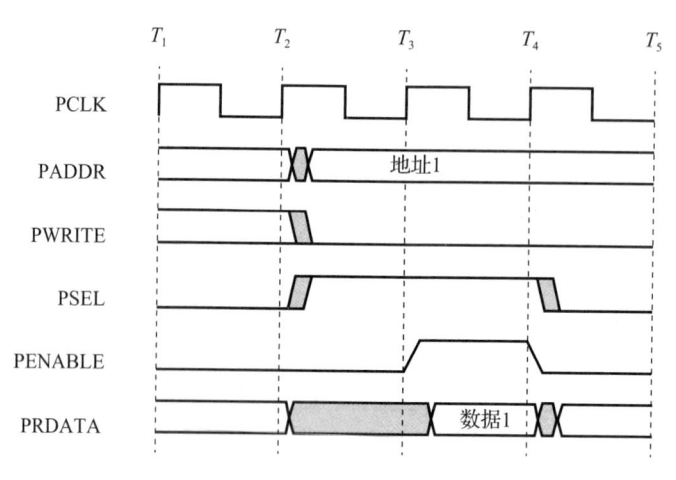

图 4-8 APB 总线的读时序

3. DUT 内部寄存器描述

DUT 内部寄存器描述见表 4-3。

表 4-3 DUT 内部寄存器描述

寄存器名称	偏移地址	宽度	属性	描述
初始值寄存器	0	32	读/写	初始值配置，32 位有效
当前计数值寄存器	4	32	只读	当前计数值，32 位有效
定时器控制寄存器	8	32	读/写	只有 bit 0 有效，控制定时器是否使能，1 表示使能，0 表示不使能
中断控制寄存器	12	32	读/写	只有 bit 0 有效，控制中断是否使能，1 表示使能

定时器的主要 RTL 代码如代码 4-1 所示。

代码 4-1 定时器的主要 RTL 代码　ch04/vcf_timer/1timer_aep/timer.sv

```
//timer counter
wire enable_timer= csr_regs_ctrl[0];
wire wr_reload = write_en&(PADDR[3:0]=={`CSR_RELOAD_VALUE_ADDR,2'b00});
wire counter_eq0=  enable_timer&&(counter==32'h0000_0000);
always @(posedge PCLK or negedge PRESETn)
begin
  if (~PRESETn)
    counter <= 32'h0000_0000;
  else if (wr_reload)
    counter <= PWDATA;
```

```
    else if (enable_timer)
      counter <= counter -32'h0000_0001;
end

// Trigger an interrupt when decrement to 0 and interrupt enabled
wire timer_interrupt_set= (csr_regs_intr_en[0] & (counter==32'h00000001));

always @(posedge PCLK or negedge PRESETn)
begin
  if (~PRESETn)
    IRQ <= 1'b0;
  else if (IRQ)
    IRQ <= 1'b0;
  else if (timer_interrupt_set)
    IRQ <= 1'b1;
end
```

4.5.2 定时器验证计划

待验证的定时器是一个新模块，没有动态仿真环境，而且设计规模较小，没有复杂的数据变换，因此适合采用 FPV 进行形式化验证。这里采用新思科技的形式化验证工具 VC Formal 中包含的自动属性提取工具 AEP 来扫描代码并自动提取断言，然后使用 VC Formal 中的 FPV 工具来验证定时器的功能。

1. 形式化验证平台描述

定时器的形式化验证平台如图 4-9 所示。

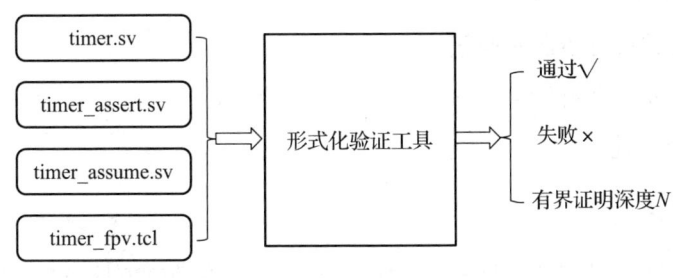

图 4-9 定时器的形式化验证平台

2. 验证对象的断言规则描述

定时器的相关断言描述见表 4-4。

表 4-4 定时器的相关断言描述

断言名称	类型	描述
assert_IRQ_distance_should_be_ge_reload_val	assert	两个有效 IRQ 的间隔周期不小于计数器的初始值。IRQ 高电平有效
assert_counter_eq0_if_IRQ_active	assert	如果 IRQ 有效，那么下一个周期计数器的计数值为 0
assert_counter_never_out_range	assert	计数器的计数值永远不会超过初始值
assert_counter_reload_when_counter_eq0	assert	如果计数器使能，同时计数到 0，那么下一拍的计数值来自初始值寄存器
assert_counter_stable_if_disble_timer	assert	如果定时器未使能，并且没有通过 APB 重新配置初始值寄存器，那么计数器保持不变
assert_no_irq_if_disable_timer	assert	如果计数器未使能，那么不会产生中断
cover_IRQ_active	cover	覆盖属性，查看是否覆盖场景：计数值到 1 后，下个周期置位中断信号 IRQ

4.5.3 定时器形式化验证过程

首先使用 VC Formal 中的自动属性提取工具 AEP，从 DUT 中自动生成断言，完成这一步操作后再建立形式化断言验证 FPV 的环境。

这里把实际的操作分为以下步骤。

步骤 1：运行 AEP。建立 AEP 的 TCL 脚本，自动生成断言，对 DUT 进行检查。

步骤 2：建立 FPV 验证平台。包括编写 FPV 的 TCL 脚本，编写断言，编写约束，并运行初步的断言检查。

步骤 3：调试所有错误并改正。

步骤 4：收敛所有断言。

下面即按照上述步骤开始操作。

1. 运行 AEP

运行 AEP 所需的 TCL 脚本位于代码包 ch04/vcf_timer/1timer_aep/timer_aep.tcl 中，对应的 DUT 是该目录下的 timer.sv。使用"vcf -f timer_aep.tcl -gui"命令运行 AEP，运行结果如图 4-10 所示。结果表明，AEP 根据 RTL 自动提取并生成了一个断言，断言的内容是"counter 信号永远不会发生下溢"，但 AEP 找到了该断言的反例，断言失败了。

双击图 4-10 中第一列的"×"号，工具即给出反例的波形，如图 4-11 所示。不难发现，断言失败的原因是 counter 信号从 0 跳到了最大值，即十六进制的 FFFF_FFFF，发生了下溢。分析代码 4-2 不难发现，counter 信号的赋值逻辑存在 RTL 设计缺陷：当 counter 计数到 0 时应该重载初始值，但代码 4-2 遗漏了该功能，导致计数器下溢。

status	depth	name	type	location	expression
×2	2	timer.arith_oflow_0	arith_oflow	timer.sv:95	counter <= (counter - 32'b1);

图 4-10 AEP 运行结果

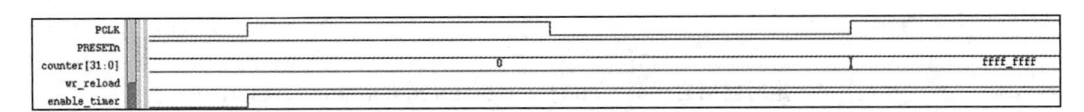

图 4-11 反例的波形

代码 4-2 有错误的计数器代码示例 ch04/vcf_timer/1timer_aep/timer.sv

```
always @(posedge PCLK or negedge PRESETn)
  begin
    if (~PRESETn)
      counter <= 32'h0000_0000;
    else if (wr_reload)           // 通过 APB 总线设置初始 reload 值
      counter <= PWDATA;
    else if (enable_timer)        // 使能定时器
      counter <= counter -32'h0000_0001;
  end
```

在同目录的 timer_fix.sv 中，更正了代码 4-2 的 RTL 设计缺陷，如代码 4-3 所示。RTL 文件修改后名为 timer_fix.sv，对应的 TCL 脚本则是该目录下的 timer_aep_fix.tcl，运行该脚本，图 4-10 中的断言通过。

代码 4-3 更正的计数器代码 ch04/vcf_timer/1timer_aep/timer_fix.sv

```
always @(posedge PCLK or negedge PRESETn)
  begin
    if (~PRESETn)
      counter <= 32'h0000_0000;
    else if (wr_reload)           // 通过 APB 总线设置计数初始值
```

```
                counter <= PWDATA;
            else if (counter_eq0)       // 更正，如果计数值为 0, 回到初始值
                counter <= csr_regs_reload;
            else if (enable_timer)      // 使能定时器
                counter <= counter -32'h0000_0001;
    end
```

2. 建立 FPV 验证平台

本节的具体代码和脚本见本书例程 ch04/vcf_timer/2timer。

按照 4.5.2 节的测试计划，这里建立了 7 条断言，其中 6 条是关于 DUT 的功能性断言，1 条是检查 DUT 的典型场景是否能够被覆盖的覆盖类型的断言。断言代码如代码 4-4 所示。

代码 4-4 定时器断言代码   ch04/vcf_timer/2timer/timer_assert.sv

```
    module timer_assert(
    input                   PCLK,
    input                   PRESETn,
    input [31:0] counter,
    input IRQ,
    input wr_reload
    );

cover_IRQ_active: cover property ( @(posedge PCLK) disable iff (~PRESETn)
  counter == 32'h1 ##1 IRQ==1
);

assert_counter_never_out_range: assert property ( @(posedge PCLK) disable iff
  (~PRESETn)
   !(counter<0 || counter>timer.csr_regs_reload)
);
assert_counter_eq0_if_IRQ_active: assert property ( @(posedge PCLK) disable iff
  (~PRESETn)
   IRQ |-> counter==32'h0000_0000
);

assert_counter_stable_if_disble_timer: assert property ( @(posedge PCLK) disable
   iff (~PRESETn)
         ~(timer.csr_regs_ctrl[0] | wr_reload) |=> $stable(counter)
);
```

```
reg [31:0] counter_irq_distance;
always @(posedge PCLK)
if(~PRESETn)
        counter_irq_distance<='h0;
else if(IRQ)
        counter_irq_distance<='h0;
else
        counter_irq_distance<=counter_irq_distance+'h1;

assert_IRQ_distance_should_be_ge_reload_val:assert property ( @(posedge PCLK)
    disable iff (~PRESETn)
    IRQ |-> counter_irq_distance >= timer.csr_regs_reload
);

assert_no_irq_if_disable_timer : assert property ( @(posedge PCLK) disable iff
    (~PRESETn)
    ~timer.enable_timer |=> ~timer.IRQ
);
assert_counter_reload_when_counter_eq0 : assert property ( @(posedge PCLK) disable
    iff (~PRESETn)
    ((timer.counter==0) && timer.enable_timer) |=> timer.counter == timer.csr_regs_
    reload
);
endmodule
```

同时，这里也加入了必要的约束，在同目录文件 timer_assume.sv 中，运行脚本写入 timer_fpv.tcl。

使用命令"vcf -f timer_fpv.tcl -gui &"启动 FPV 并运行后，能够正常运行，没有语法错误，这表明 FPV 验证平台建立成功。但运行结果显示 7 条断言错了 2 条，如图 4-12 所示，因此下面就要分析错误的原因，并进行调试迭代。

	status	depth	name	vacuity	...	type
1	✗5	5	timer.u_timer_assert.assert_IRQ_distance_should_be_ge_reload_val	✓5		assert
2	✗5	5	timer.u_timer_assert.assert_counter_eq0_if_IRQ_active	✓5		assert
3	✓		timer.u_timer_assert.assert_counter_never_out_range			assert
4	✓		timer.u_timer_assert.assert_counter_reload_when_counter_eq0	✓2		assert
5	✓		timer.u_timer_assert.assert_counter_stable_if_disble_timer	✓1		assert
6	✓		timer.u_timer_assert.assert_no_irq_if_disable_timer	✓1		assert
7	✓5	5	timer.u_timer_assert.cover_IRQ_active			cover

图 4-12　FPV 运行结果

3. 调试所有错误并改正

双击图 4-12 中第一条失败断言的第一列的"×"号,工具会自动展示反例波形,如图 4-13 所示。这个断言的名称是"assert_IRQ_distance_should_be_ge_reload_val",断言的自然语言描述是"两个有效 IRQ 的间隔周期不小于计数器的初始值"。

在图 4-13 中,counter_irq_distance 信号表示两个 IRQ 之间的间隔,csr_regs_reload 表示初始值,可以看到,波形中只有一次 IRQ 有效,而期望的断言是判定**两个有效 IRQ 的间隔周期**,与期望不符合。

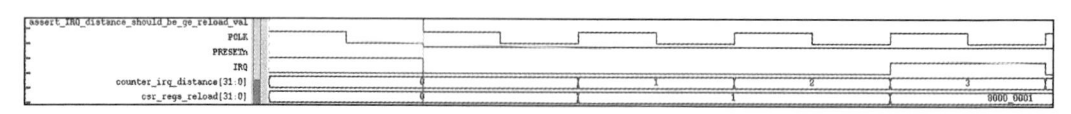

图 4-13　IRQ 间隔的断言的反例波形

分析代码 4-5 的描述可知,该断言的前置条件是 IRQ,而这会导致在第一次 IRQ 有效的时刻就判断间隔,如图 4-13 所示,用于表示 IRQ 间隔的信号 counter_irq_distance 的值为 3,小于计数器初始寄存器 csr_regs_reload 的值 8000_0001,因此断言报错。但其实是需要至少在第二次 IRQ 有效的时候才去判定,可见这是**断言编写错误**。

代码 4-5　定时器断言代码示例　　ch04/vcf_timer/2timer/timer_assert.sv

```
always @(posedge PCLK)
if(IRQ)
    counter_irq_distance<='h0;
else
    counter_irq_distance<=counter_irq_distance+'h1;

assert_IRQ_distance_should_be_ge_reload_val:assert property
    ( @(posedge PCLK) disable iff (~PRESETn)
        IRQ |-> counter_irq_distance >= timer.csr_regs_reload );
```

为了改正代码 4-5 中断言的缺陷,这里加入了辅助代码,并生成了一个标志信号 had_IRQ,当该信号为高电平,则表示 IRQ 有效至少发生过一次。只有当 had_IRQ 为高电平时,才进行后续的判断,修改断言后的代码如代码 4-6 所示,其代码包路径为 ch04/vcf_timer/3timer_fix/。

代码 4-6　修改断言后的代码　ch04/vcf_timer/3timer_fix/timer_assert.sv

```
always @(posedge PCLK or negedge PRESETn)
if(~PRESETn)
    had_IRQ<=1'b0;
else if(IRQ)
    had_IRQ<=1'b1;        # 辅助代码

assert_IRQ_distance_should_be_ge_reload_val:assert property ( @(posedge PCLK)
  disable iff (~PRESETn)
had_IRQ&IRQ |-> counter_irq_distance >= timer.csr_regs_reload);
```

下面继续分析图 4-12 中的第二条失败断言，断言名称是"assert_counter_eq0_if_IRQ_active"，断言的自然语言描述是"如果 IRQ 有效，那么下一个周期计数器的计数值为 0"。反例波形如图 4-14 所示。

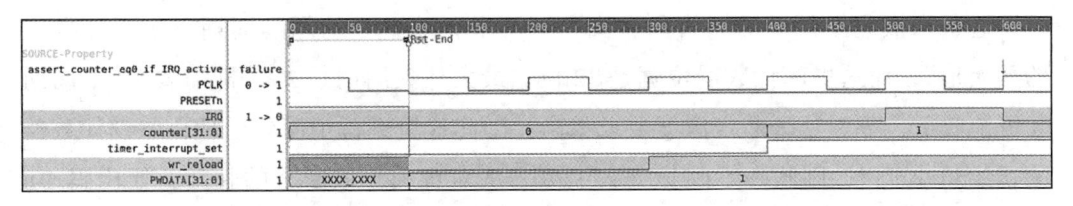

图 4-14　assert_counter_eq0_if_IRQ_active 的反例波形

从波形上可以看出，在 IRQ 有效之前，wr_reload 信号有效，并且对应的写数据 PWDATA 为 1，这表明 APB 总线重新配置了初始值寄存器，但规范要求计数器在计数期间是不允许重新配置初始值寄存器的，因为这样会导致异常。于是这里需要**加入约束**，在定时器使能的时候，不允许重新配置初始值寄存器，如代码 4-7 所示。

代码 4-7　不允许重新配置初始值寄存器的约束示例　ch04/vcf_timer/3timer_fix/timer_assume.sv

```
assume_counter_never_wr_reload_when_enable_timer: assume property ( @(posedge
  PCLK) disable iff (~PRESETn)
        timer.csr_regs_ctrl[0] |-> !(write_en &&
(PADDR[3:0]=={`CSR_RELOAD_VALUE_ADDR,2'b00})));
```

按照代码 4-6 修改断言问题，并加上代码 4-7 所示的约束之后，改正的代码和脚本参见本书例程 ch04/vcf_timer/3timer_fix。在该目录中重新运行 FPV，则之前的两个错误会全部消失。运行结果如图 4-15 所示。

status	depth	name	vacuity	...	type
1	✓		timer.u_timer_assert.assert_0_to_reload	✓5		assert
2	?	885	timer.u_timer_assert.assert_IRQ_distance_should_be_ge_reload_val	✓7		assert
3	✓		timer.u_timer_assert.assert_counter_eq0_if_IRQ_active	✓5		assert
4	✓		timer.u_timer_assert.assert_counter_never_out_range			assert
5	✓		timer.u_timer_assert.assert_counter_stable_if_disble_timer	✓1		assert
6	✓		timer.u_timer_assert.assert_no_irq	✓1		assert
7	✓5	5	timer.u_timer_assert.cover_IRQ_active			cover

图 4-15 改正的运行结果

4. 收敛所有断言

观察图 4-15 所示的运行结果，不难发现还有一个断言 assert_IRQ_distance_should_be_ge_reload_val 没有收敛，其有界证明深度甚至达到了 885，但仍然没有被完全证明，原因是什么呢？

这条未被完全证明的断言的含义是"两个有效 IRQ 的间隔周期不小于计数器的初始值"，而这里的计数器位宽是 32 位，最大计数周期是 2^{32}，即需要 2^{32} 个周期才可能收敛，显然这个断言深度要求太高，因此这里进行了简化处理，假设计数器的初始值小于 4，则状态空间会大大缩减，从而有利于该断言的收敛，如代码 4-8 所示。

代码 4-8 加入初始值小于 4 的过约束   ch04/vcf_timer/4timer_prove/timer_assume.sv

```
assume_reload_max: assume property ( @(posedge PCLK)
disable iff (~PRESETn)
csr_regs_reload <4);
```

加入初始值小于 4 的过约束后，在代码包目录 ch04/vcf_timer/4timer_prove 下重新运行 FPV，发现即使深度已经到达 1306 了，还是不能完全证明，如图 4-16 所示。

status	depth	name	vacuity	...	type	...	elapsed_time
1	✓		timer.u_timer_assert.assert_0_to_reload	✓5		assert	...	00:00:18
2	⏱	1306	...IRQ_distance_should_be_ge_reload_val	✓7		assert	...	00:03:08
3	✓		...assert.assert_counter_eq0_if_IRQ_active	✓5		assert	...	00:00:21
4	✓		...assert.assert_counter_never_out_range			assert	...	00:00:22
5	✓		...rt.assert_counter_stable_if_disble_timer	✓1		assert	...	00:00:22
6	✓		timer.u_timer_assert.assert_no_irq	✓1		assert	...	00:00:22
7	✓7	7	timer.u_timer_assert.cover_IRQ_active			cover	s6	00:00:17

图 4-16 计数器初始值简化后的运行结果

这里仍然无法完全证明的原因是什么呢？仔细思考一下不难发现，虽然计数器初始值小于 4，但是两个有效 IRQ 之间的间隔最大值也变小了。根据定时器的设计可知，如果在**两个 IRQ 之间禁用了定时器**，然后再重新使能定时器，那么两个有效 IRQ 的间隔在理论上可以无限大，这就是这条断言仍然无法证明的原因。

那么如果限定两个有效 IRQ 之间的周期数小于某个特定值，例如 100，是不是该断言就可以收敛呢？虽然 100 的值不大，但是对于初始值小于 4 的约束来说，已经足够了，所以做这个过约束也是合理的。因此，这里再加入两个有效 IRQ 之间的间隔小于 100 的过约束，如代码 4-9 所示。

代码 4-9　加入两个有效 IRQ 间隔的过约束　ch04/vcf_timer/5timer_prove/timer_assert.sv

```
assume_IRQ_distance_lt_100_reload_val:assume property ( @(posedge PCLK) disable iff (~PRESETn)
counter_irq_distance <100);
```

在代码包目录 ch04/vcf_timer/5timer_prove 下重新运行的结果如图 4-17 所示，此时断言已被完全证明了。

	status	depth	name	vacuity	...	type	...	elapsed_time
1	✓		timer.u_timer_assert.assert_0_to_reload	✓17		assert	...	00:00:19
2	✓		..._IRQ_distance_should_be_ge_reload_val	✓7		assert		00:00:20
3	✓		...assert.assert_counter_eq0_if_IRQ_active	✓5		assert		00:00:20
4	✓		...assert.assert_counter_never_out_range			assert		00:00:20
5	✓		...rt.assert_counter_stable_if_disble_timer	✓1		assert		00:00:20
6	✓		timer.u_timer_assert.assert_no_irq	✓1		assert		00:00:20
7	✓5	5	timer.u_timer_assert.cover_IRQ_active			cover		00:00:17

图 4-17　加入两个有效 IRQ 间隔的过约束的运行结果

4.5.4　定时器形式化验证小结

经过上述对定时器进行形式化验证的例子，相信读者对于形式化验证的流程已有了更加深刻的体验和理解。在形式化验证的过程中，可能会遇到各类问题，如 RTL 代码的问题、断言的问题、脚本的问题、约束的问题和断言无法被完全证明的问题等，这都需要相关人员仔细分析，找到问题的根源。

4.6 本章小结

本章详细说明了"怎么做"形式化验证。形式化验证的典型流程包括验证计划、搭建验证平台、调试迭代、收集覆盖率和断言证出率以及签核。本章通过一个具体的定时器实例,展示了形式化验证的全流程,读者可以运行本章的配套例程,完成对形式化验证从了解抽象概念到具体实践的过渡,并理解形式化验证的"三板斧"——语言、工具和设计。

第 5 章

形式化验证断言语言

5.1 断言概述

5.1.1 什么是断言

断言是对设计的预期行为（也就是属性）的描述，这些属性既可以描述输入输出接口的行为规范，也可以描述待测设计内部信号的行为规范。如果断言属性符合预期，那么这个断言就是成功的；如果断言属性不符合预期，那么这个断言就是失败的，并且在失败的同时提供出错的信息。

断言有三个重要的特性：错误检测、错误隔离和错误通知。断言可以检测是否发生错误，快速定位和隔离错误的位置，并可以通过打印和停止仿真运行等方式通知错误的发生。

5.1.2 为什么用断言

假设有这样一个场景，当进行 CPU 的仿真调试时，发现某个功能始终调试不通过，但 CPU 内部的 RTL 设计极为复杂，难以定位，最后经过艰难的分析，终于定位出是因为 CPU 的某根输入信号线有 X 态，是 X 态传播导致了该问题。

这时候便有这样一种需求，就是要一直监测 CPU 的所有输入信号线是否有 X 态，一旦出现 X 态报错，就可以立即定位出来。而这里的"输入信号线永远不能为

X 态"就是一条断言。

众所周知,在芯片研发过程中,缺陷发现得越早,修正成本就越低;发现得越晚,修正成本就越高。工程师可以通过断言指定设计规范,一旦有违规,断言可以及早发现问题,并且能够快速定位问题的根本原因。此外,还可以使用断言限定一些非法场景,从而大大缩短定位问题的时间。例如在网络设计中,以太网数据帧用帧开始符(Start of Packet,SOP)和帧结束符(End of Packet,EOP)来指定边界,在 SOP 和 EOP 之间不能插入多余的 SOP 或者 EOP。通过加入相关断言,一旦发生 SOP 和 EOP 之间插入 SOP 或 EOP 的情况,断言会立即报错,由此可以快速定位问题。

目前,断言已经在芯片研发中被广泛使用,其在 ASIC 项目中的应用情况如图 5-1 所示。根据西门子公司威尔逊研究小组的统计,目前已有接近 70% 的 ASIC 项目使用了断言。

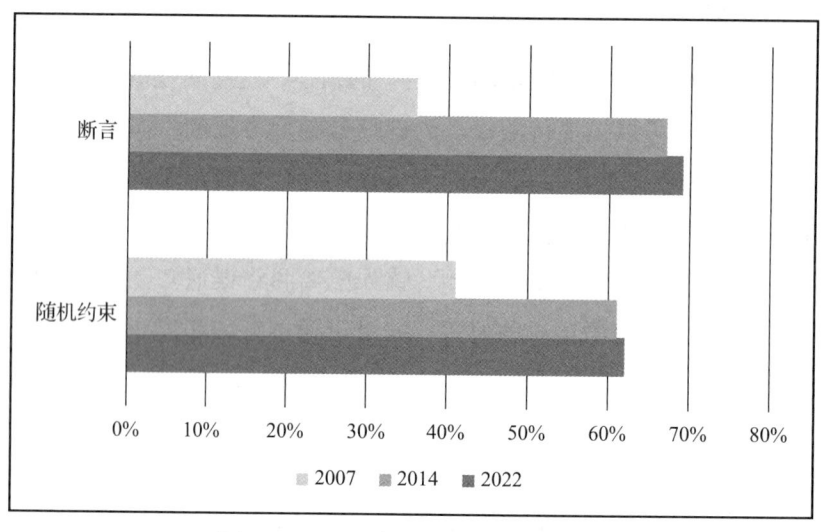

图 5-1 ASIC 项目中断言的应用情况

5.1.3 如何实现断言

随着 IC 设计复杂度的增加,相关芯片的试错成本越来越高,断言的应用需求也越来越强烈,那么应该如何实现断言呢?目前的芯片前端设计一般使用硬件描述语言 Verilog 或超高速集成电路硬件描述语言（Very-High-Speed Integrated Circuit Hardware Description Language，VHDL）来实现，虽然 Verilog 和 VHDL 也可以实现断言功能的检查，但它们同样存在一些不足：

1）Verilog 和 VHDL 不能很好地描述复杂的时序关系，在编写断言时需要冗长的代码，而且容易出错，可读性差。

2）Verilog 和 VHDL 语言缺少系统函数来表示特定的时序关系。

3）Verilog 和 VHDL 语言缺少内嵌的机制来提供功能覆盖的数据。

因此，业界开发了专门用于描述断言的语言，简化了断言的描述。目前已有 PSL、SVA 等用于描述断言的语言，同时也有开放式验证库（Open Verification Library，OVL）等成熟的断言验证库。

目前，根据西门子公司威尔逊研究小组的统计，70% 以上的 ASIC 项目的断言语言采用 SVA，如图 5-2 所示。本书也以 SVA 作为断言语言。

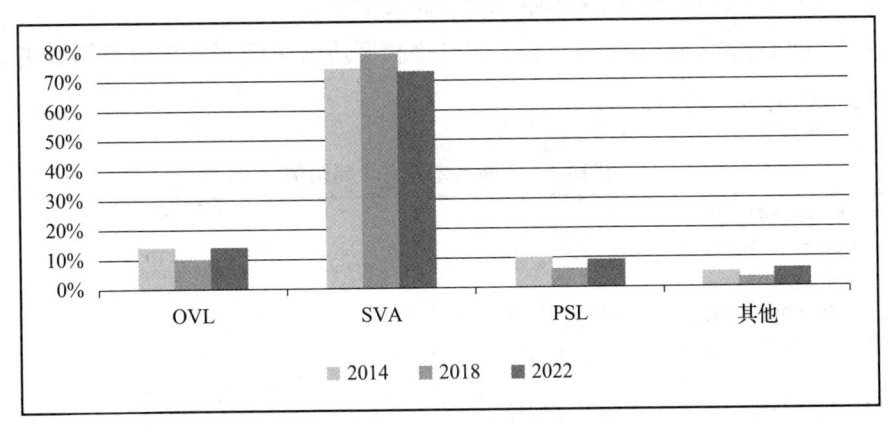

图 5-2　ASIC 项目中断言语言的应用

使用 SVA 作为断言语言，可以简洁地描述特定的时序关系，例如断言"采样到 req 高电平后，10 个周期内 ack 必须有高电平"的描述如代码 5-1 所示。

代码 5-1　SVA 代码示例

```
ack_check: assert property
    (@(posedge clk) req |-> ##[0:10] ack);
```

下面给出实现断言的一些建议。

1）一边写 RTL，一边写断言。在写 RTL 的早期就开始写断言，一方面可以让断言尽快用于验证过程中，另一方面写 RTL 时非常熟悉设计细节，有利于写出高质量的断言。如果到设计的后期，RTL 基本稳定，这时再写断言，一方面会觉得很多设计已经验证过了，再加断言没有太大必要，另一方面一些设计的细节也可能已经忘记了。

在开发 RTL 时，可以将断言看作"可执行的注释"，当准备写一个期望的行为时，不妨想想是否可以把它声明为一个断言。

2）使用宏作为打开/关闭断言的开关。首先，加入断言会降低仿真效率，因此可以通过宏定义灵活地打开或关闭断言，比如采用 ASSERT_ON 宏。如果定义了宏，那么断言有效，反之则断言不生效。对于复杂的 IC 设计，各个子模块也可以定义各自的宏，例如 SUB1_ASSERT_ON、SUB2_ASSERT_ON。

其次，可以通过加入宏定义来阻止断言被综合。

最后，可以通过 COVER_ON 等宏定义来打开或者关闭断言覆盖率的收集。断言宏定义代码示例如代码 5-2 所示。

代码 5-2　断言宏定义代码示例

```
`ifdef  ASSERT_ON
  `ifndef  SYNTHESIS
  property  p1;
    @(posedge clk) a |-> ##[0:10] b;
  endproperty

  assert_name1: assert property(p1);
    `ifdef  COVER_ON
       c1: cover property(p1);
    `endif
  `endif
`endif
```

3）在通用模块中加入断言。大型设计一般都有通用模块的 RTL 库，可提供给工程师调用。比如 FIFO、仲裁器以及总线桥等。建议在通用模块中加入断言，以便调用这些通用模块的工程师快速定位问题，例如加入 FIFO 写溢出的断言、FIFO 读溢出的断言、仲裁器请求和应答的时序关系的断言等。

4）解读架构文档、设计文档等，将自然语言转变为断言。

进行 RTL 编码之前，通常会先有架构文档、设计文档和相关协议的文档，可将这些文档进行解读，然后转变成断言。例如设计文档定义了某信号必须是独热码，那么就可以给出相关的断言。

5）在模块的接口增加断言。模块的接口往往是容易出问题的位置，因为不同的设计师各自负责自己的模块，在模块的接口处，不同设计师对接口规范的理解可能存在分歧，这种分歧可能会导致设计缺陷的发生。在模块的接口增加断言有助于发现此类问题。模块的接口往往有预先定义好的规范，把这些规范转变成断言是一个很好的方式。

6）给断言命名。给每个断言命名是一个良好的习惯，有助于准确定位具体的断言。

7）考虑利用断言库。在实际的断言设计中，可能会有这样的情况：打算构建一条断言，却发现具体语法忘记了，因此不得不去翻阅文档或其他设计，这降低了工作效率，也带来了潜在风险。

那么，能不能提前建立一个自己的断言库，把一些常用的断言功能都写好，在需要的时候直接调用库里的断言呢？答案是肯定的。**OVL 就提供了通用的断言库**。此外，针对特定的协议，比如 ARM 公司的 APB、AHB 和 AXI 等总线协议，也有厂商提供了相应的断言库。各个企业也可以构建自己的定制断言库，以便工程师调用。

5.2 断言语言 SVA

SVA 是目前主流的断言语言，也被引入了 SystemVerilog 语言标准。SVA 本身简洁易读，容易维护，而且可以很好地描述与时序相关的特性。SVA 还提供了多个内嵌的函数，用于表示特定的时序关系。本书也主要以 SVA 作为断言语言展开介绍。

5.2.1 断言结构及分类

断言的基本结构分为布尔表达式、序列（Sequence）、属性（Property）和属性应用。断言的层次结构如图 5-3 所示。

布尔表达式描述了信号之间的逻辑关系，例如与、或、非等逻辑操作。

序列用于描述复杂逻辑的组合。任何复杂的时序模型，其功能总是由基本的逻辑事件的组合来表示的。

属性是可以执行的基本单元，它可以直接用布尔表达式描述逻辑关系，也可以调用序列及序列操作符来完成复杂规则的描述。SVA 用关键字 property 来表示属性。

图 5-3　断言的层次结构

属性应用主要包括三种方式：assert、assume 和 cover。

（1）assert

assert 用于声明一个 property，并用于断言检查。如果断言失败，会给出断言失败的相关信息。属性只有在声明后才会被形式化验证工具检查。

（2）assume

assume 用于指定假设条件，并给出约束条件。例如约束以太网帧长范围为 64 ~ 1518 字节。

在动态仿真中，仿真器会检查是否存在违反假设的情况，这相当于把假设变成了断言。例如限定传输类型为非突发传输，那么就不允许出现突发传输的类型。如果出现违反假设条件的情况，那么很可能是验证环境出现了问题，例如输入了非法的激励。

在静态形式化验证中，assume 用来给出约束条件，形式化验证工具会认为 assume 给出的内容为真。由于静态形式化验证没有激励，这也是对设计进行约束的主要方式。施加约束条件可以减少状态空间，合理的约束条件可以降低形式化验证的复杂度。

（3）cover

cover 用于判断是否覆盖了某条断言，即用于断言覆盖率的收集。在实际的工程中，确保验证环境能够覆盖所有关心的场景是一个非常重要的内容。例如，在 AXI 总线的设计中，期望的总线突发传输长度支持 1～32，因此想要确认是否覆盖了突发传输长度为 32 的场景，如果没有覆盖，说明还需要增加新的激励。通过建立相应属性，并增加属性的覆盖率收集，可以快速判断激励是否满足需求。

判断属性是否覆盖也可以用来检查验证环境过约束的情形，如果出现过约束，那么相关的断言就无法验证某些合理的情况，可能造成缺陷无法被发现。例如设计中 AXI 总线突发传输长度支持 1～32，但如果将突发传输长度过约束为 1～16，那么 17～32 的突发传输长度就验证不到了，这会导致潜在缺陷无法被发现。

断言的示例如图 5-4 所示。

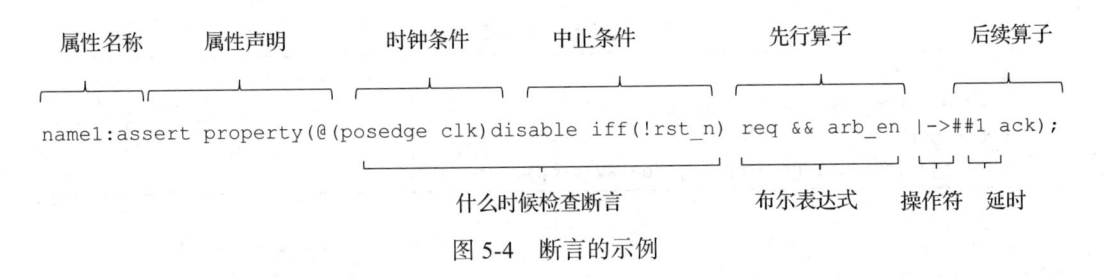

```
name1:assert property(@(posedge clk)disable iff(!rst_n) req && arb_en |->##1 ack);
```

属性名称　属性声明　时钟条件　中止条件　先行算子　后续算子

什么时候检查断言　　布尔表达式　操作符　延时

图 5-4　断言的示例

断言主要有两种书写方式，即内联方式和独立声明方式。

1）内联方式的特点是书写简单，适用于简单的属性，如代码 5-3 所示。

代码 5-3　内联方式

```
check1: assert property (@(posedge clk) disable iff (!resetn)
  req |-> ack);
```

2）独立声明方式的特点是书写相比内联方式略复杂，但可以参数化，且可重用性好，如代码 5-4 所示。

代码 5-4　独立声明方式

```
property overlap_prop;
    @ (posedge clk)  a |-> b ;
endproperty

overlap_assert: assert property (overlap_prop);
```

断言又可以分为立即断言和并发断言。

1) 立即断言不能跨越时钟周期，无法做时序检查。立即断言与 if 声明的条件表达式类似，如果表达式为 X、Z 或者 0，那么断言失败；如果表达式为 1，那么断言成功。立即断言没有 property 关键字，如代码 5-5 所示。

代码 5-5　立即断言

```
name1: assert (a == 0);
```

2) 并发断言基于时钟周期，其在时钟边沿采样，并在时钟边沿根据采样值来计算表达式的值。并发断言也是常用的断言，如代码 5-6 所示。

代码 5-6　并发断言

```
property delay_prop;
   @ (posedge clk)  a |-> ##1 b ;
endproperty
assert_delay: assert property (delay_prop);
```

5.2.2　序列

序列可以用于构建 property，并且可以用于分解复杂的功能，其可重用性好。序列示例如代码 5-7 所示。

代码 5-7　序列示例

```
sequence seq1;
    a && b;      // a, b 同时为真
endsequence

property check1;
    @(posedge clk)  seq1;
endproperty
```

5.2.3　蕴含操作符

如果希望在前提条件成立的情况下再去检测后续条件是否满足，否则就不进行

后续条件的检测，这时便需要使用蕴含（Implication）操作符。

蕴含操作符有两种，即"|->"（交叠蕴含）和"|=>"（非交叠蕴含）。

蕴含的左边称为先行算子（Antecedent），也可以称为前置条件；右边称为后续算子（Consequent）。先行算子和后续算子都可以是序列或布尔表达式。只有先行算子成功时，后续算子才会被检查。如果先行算子为真，那么需要后续算子也为真，否则断言失败。如果先行算子不成功，那么整个属性即默认为成功，这也被称为空成功。

交叠蕴含在时钟沿的当拍检测，其代码如代码5-8所示。

代码5-8 交叠蕴含代码示例

```
property overlap_prop;
  @ (posedge clk)   a |-> b ;
endproperty

overlap_assert    : assert property (overlap_prop);
```

非交叠蕴含在先行算子满足时，下个时钟周期计算后续条件。其代码如代码5-9所示。

代码5-9 非交叠蕴含代码示例

```
property non_overlap_prop;
  @ (posedge clk)   a |=> b ;
endproperty

non_overlap_assert : assert property (non_overlap_prop);
```

交叠蕴含和非交叠蕴含的EDA仿真运行结果如图5-5所示，图中向上的箭头"↑"表示断言成功，向下的箭头"↓"表示断言失败。

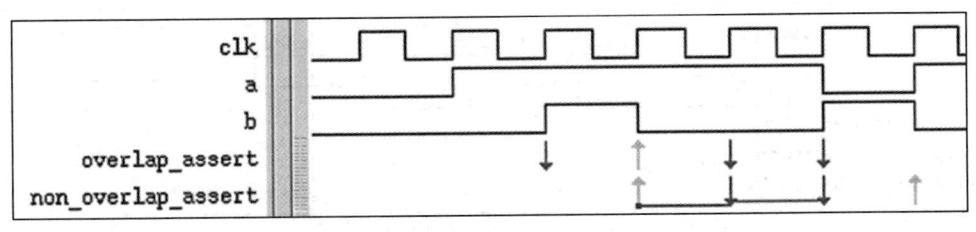

图5-5 交叠蕴含和非交叠蕴含的EDA仿真运行结果

5.2.4 延时

延时是 SVA 中一种常用的语法。SVA 延时见表 5-1。延时代码示例如代码 5-10 所示，运行结果如图 5-6 所示。

表 5-1 SVA 延时

名称	表达式	描述
固定延时	##n	固定 n 个周期的延时
范围延时	##[n:m]	n 到 m 个周期的延时
无限延时	##[n:$]	表示 n 个周期到验证结束的延时 $ 表示无穷

代码 5-10 延时代码示例

```
// 如果 a 成立，一个时钟周期后 b 成立
property delay_cons_prop;
  @ (posedge clk)  a |-> ##1 b ;
endproperty
// 如果 a 成立，一个时钟周期或者两个时钟周期后 b 成立
property delay_range_prop;
  @ (posedge clk)  a |-> ##[1:2] b ;
endproperty
// 如果 a 成立，一个时钟周期后直到仿真结束，b 至少成立一次
property delay_unlimit_prop;
  @ (posedge clk)  a |-> ##[1:$] b ;
endproperty

delay_cons_assert    : assert property (delay_cons_prop);
delay_range_assert   : assert property (delay_range_prop);
delay_unlimit_assert : assert property (delay_unlimit_prop);
```

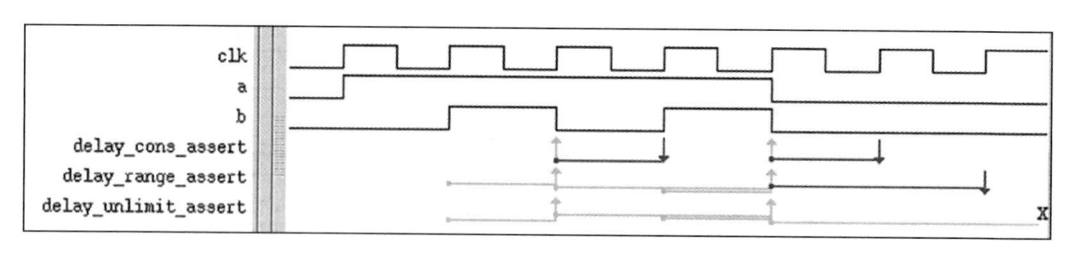

图 5-6 延时运行结果

5.2.5 SVA 系统函数

SVA 提供了系统函数，以便编写断言，具体见表 5-2。SVA 系统函数代码示例如代码 5-11 所示，其运行结果如图 5-7 所示。

表 5-2 SVA 系统函数

函数名称	表达式	描述
$onehot	$onehot(expr)	表达式有且只有一位为高电平时返回真
$onehot0	$onehot0(expr)	表达式最多只有一位为高电平时返回真 如果表达式为 0，也返回真 如果表达式为 X 或 Z，那么也是成立的
$isunknown	$isunknown(expr)	表达式含有 X 或者 Z 时返回真
$rose	$rose(expr)	当表达式的最低有效位由上一个周期的 0、X、Z 变成当前周期的 1 时返回真
$fell	$fell(expr)	当表达式的最低有效位由上一个周期的 1、X、Z 变成当前周期的 0 时返回真
$past	$past(expr, N)	用于得到表达式在 N 个时钟周期之前的值，如果没有定义 N，则默认为 1 个时钟周期之前 注意：不要指向未初始化状态
$stable	$stable(expr)	当表达式的值和上一个时钟周期相同时返回真
$changed	$changed(expr)	当表达式的值和上一个时钟周期不同时返回真
$countones	$countones(expr)	返回表达式结果中 1 的个数

代码 5-11 SVA 系统函数代码示例 ch05_SVA/sva_sys_func/sys_func.sv

```
test_rose: assert property (@(posedge clk) $rose(a));
test_fell: assert property (@(posedge clk) $fell(a));
test_isunknown: assert property (@(posedge clk) $isunknown(a));
test_past: assert property (@(posedge clk) b |-> ##1 $past(a));

test_onehot: assert property (@(posedge clk) $onehot(a));
test_onehot0: assert property (@(posedge clk) $onehot0(a));

test_stable: assert property (@(posedge clk) $stable(a));
test_changed: assert property (@(posedge clk) $changed(a));
test_countones: assert property (@(posedge clk) $countones(a));
```

值得关注的是，断言 test_fell 在第一拍成功，因为 EDA 仿真工具在当前拍采样到的 a 是 0，前一拍没有赋值，所以工具认为是 x，x 到 0 的变化相当于下降沿，因此认为成功,但这个成功可能并不是所希望的。类似的,$rose、$past 和 $stable 也有这个问题,因此使用 $rose、$past、$fell 和 $stable 时需要特别注意,避免这些函数跨越到未初始化的状态。

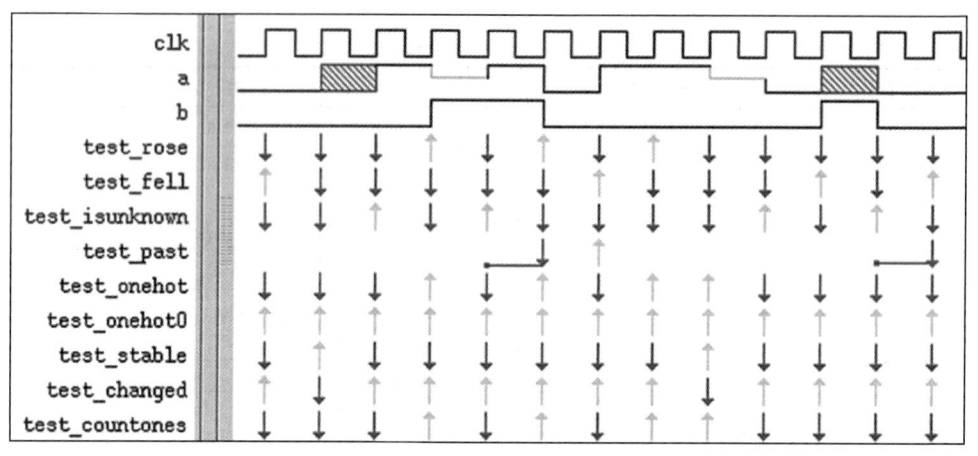

图 5-7 SVA 系统函数运行结果

5.2.6 重复操作符

重复操作符可以表征序列或者布尔表达式在指定时钟周期内的重复特性,具体见表 5-3。重复操作符代码示例如代码 5-12 所示,运行结果如图 5-8 所示。

表 5-3 重复操作符

名称	表示方式	描述
连续重复	expr[*n:m] (n ≤ m)	表明序列或者布尔表达式在指定数量的时钟周期内连续匹配 重复次数为 n 和 m 闭区间内的值,则认为成功,否则失败 b[*2:3] 等价于 b[*2] 或者 b[*3]
	expr[*n]	相当于 expr[*n:n]
非连续重复	expr[=n:m] (n ≤ m)	与连续重复类似,但是不要求重复一定是连续的,即可以连续,也可以不连续
	expr[=n]	相当于 expr[=n:n] 例如 a##1 b[=1] ##1 c 相当于 a##1 !b[*0:$] ##1 b ##1 !b[*0:$] ##1 c
跟随重复 (或 goto 重复)	expr[->n:m] (n ≤ m)	与非连续重复类似,但是要求最后一次重复刚好发生在下一个条件的前一拍
	expr[->n]	相当于 expr[->n:n] a##1 b[->1] ##1 c 相当于 a##1 !b[*0:$] ##1 b ##1 c

代码 5-12　重复操作符代码示例　ch05_SVA/sva_repeat/repetition_assertion.sv

```
property consec_prop;
  @ (posedge clk)
    a |-> (a ##1 b [*2] ##1 c);
endproperty
property consec_range_prop;
  @ (posedge clk)
    a |-> (a ##1 b [*1:5] ##1 c);
endproperty
property non_consec_prop;
  @ (posedge clk)
    a |-> (a ##1 b [=2] ##1 c);
endproperty
property non_consec_range_prop;
  @ (posedge clk)
    a |-> (a ##1 b [=1:2] ##1 c);
endproperty
property goto_prop;
  @ (posedge clk)
    a |-> (a ##1 b [->2] ##1 c);
endproperty
property goto_range_prop;
  @ (posedge clk)
    a |-> (a ##1 b [->1:2] ##1 c);
endproperty

consec_assert           : assert property (consec_prop);
consec_range_assert     : assert property (consec_range_prop);
non_consec_assert       : assert property (non_consec_prop);
non_consec_range_assert : assert property (non_consec_range_prop);
goto_assert             : assert property (goto_prop);
goto_range_assert       : assert property (goto_range_prop);
```

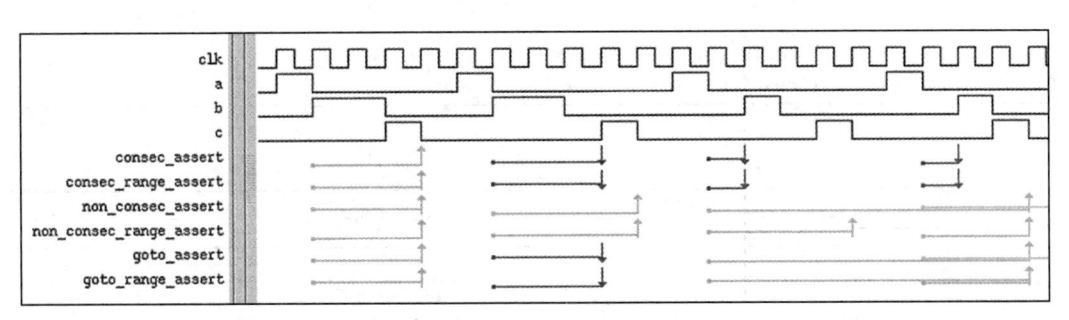

图 5-8　重复操作符运行结果

5.2.7 disable iff

在有些场景中，并不希望进行断言的检查，例如复位场景，此时可采用 disable iff 关键字，当 disable iff 后面的布尔表达式为真时，不检查断言。disable iff 示例如代码 5-13 所示，当 ARESETn 信号为低电平时，意味着处于复位状态，此时不检查断言。

代码 5-13　disable iff 示例

```
property awaddr_stable;
  @(posedge ACLK) disable iff (~ARESETn)
  (AWVALID && !AWREADY) |->
  ##1 (AWADDR == $past(AWADDR));
endproperty
awaddr_stable_assert: assert property (awaddr_stable);
```

5.2.8 s_eventually

s_eventually 是在 SV 2009 版本中加入的，之前的版本没有。s_eventually 中的"s"表示"strong"的意思，即如果验证结束还没有匹配，那么会报错。

如果采用 [1:$] 的方式匹配，那么一旦验证结束还没有匹配，就会认为未完成，此时不会报错。

两种方式的示例如代码 5-14 所示。该示例的断言的自然语言描述如下：如果 sop 信号有效，那么最终一定会有 eop 信号有效。其运行结果如图 5-9 所示。

代码 5-14　s_eventually 示例　　ch05_SVA/sva_eventually/eventually_test.sv

```
eventually_test: assert property (@(posedge clk)
    disable iff(!reset_n)  sop |-> s_eventually( eop ));

test:  assert property (@(posedge clk)
    disable iff(!reset_n)  sop |-> ##[1:$] ( eop));
```

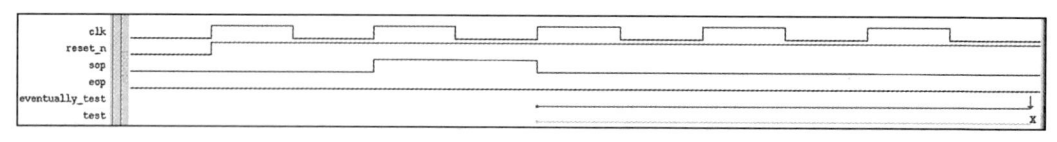

图 5-9　s_eventually 运行结果

5.2.9 序列操作符

不同序列之间可以通过序列操作符进行组合。

序列操作符包括 and、or、intersect、within 和 throughout 等。常用序列操作符见表 5-4。

表 5-4 常用序列操作符

名称	描述
and	序列都匹配，才认为匹配
or	只要其中一个序列匹配，则整个属性就成功
intersect	所有序列匹配，开始点和结束点相同
within	表示一个序列完全在另一个序列内部 s1 within s2 表示 s1 必须在 s2 内部
throughout	确保一个布尔表达式在整个序列结束前一直保持为真

代码 5-15 所示为 and、or、intersect 和 within 序列操作符的示例。其运行结果如图 5-10 所示。

代码 5-15 序列操作符示例 ch05_SVA/sva_seq_operator/seq_operator.sv

```
sequence seq_a2;
    a [*2] ;
endsequence
sequence seq_b2;
    b [*2] ;
endsequence
sequence seq_b3;
    b [*3] ;
endsequence

test_and23: assert property (@(posedge clk)  seq_a2 and  seq_b3);

test_within23: assert property (@(posedge clk)  seq_a2 within  seq_b3);

test_or23: assert property (@(posedge clk)  seq_a2 or  seq_b3);

test_intersect22: assert property (@(posedge clk)  seq_a2 intersect  seq_b2);

test_intersect23: assert property (@(posedge clk)  seq_a2 intersect  seq_b3);
```

```
// 单独的序列 assert
test_seq_a2: assert property (@(posedge clk)  seq_a2 );
test_seq_b2: assert property (@(posedge clk)  seq_b2 );
test_seq_b3: assert property (@(posedge clk)  seq_b3 );
```

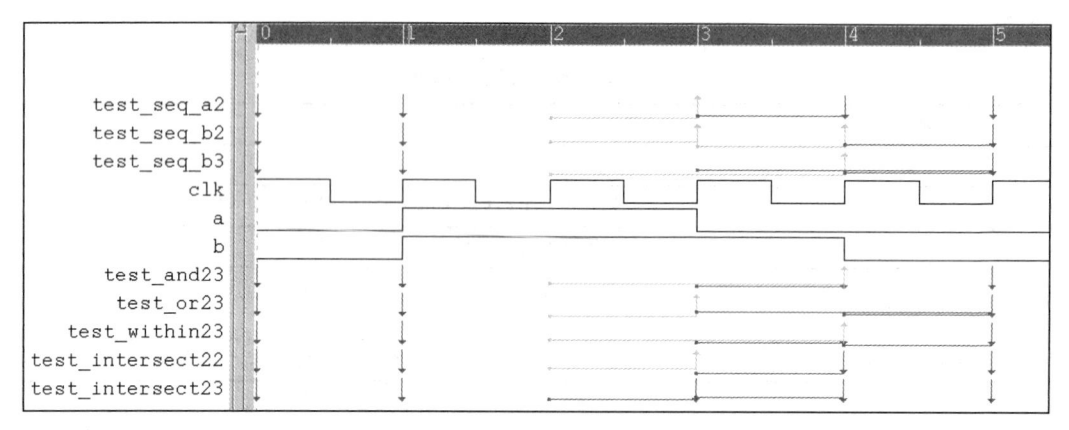

图 5-10　序列操作符运行结果

（1）and 操作符

and 操作符的特点是：

1）序列开始于同一时刻。

2）结束时间可以不同。

3）当所有序列匹配时，and 操作匹配。

图 5-10 中的属性 test_and23 表示 seq_a2 和 seq_b3 序列的 and 操作。在 2 时刻，两个序列开始，在 3 时刻，test_seq_a2 匹配，但 test_seq_b3 不匹配，因此 test_and23 不匹配。在 4 时刻，test_seq_b3 也匹配了，此时虽然 test_seq_a2 已经结束，但是符合 and 操作符的结束时间可以不同的要求，因此 4 时刻 and 操作匹配。

（2）or 操作符

or 操作符的特点是：

1）序列开始于同一时刻。

2）结束时间可以不同。

3）当任意一个序列匹配时，or 操作匹配。

图 5-10 中的属性 test_or23 表示 seq_a2 和 seq_b3 序列的 or 操作。在 2 时刻，两个序列开始，在 3 时刻，test_seq_a2 匹配，因此 or 操作匹配。

因为开始时刻为 2 的已经读出了匹配的结果，所以下一个开始时刻从 3 时刻开始，在 4 时刻，test_seq_a2 和 test_seq_b3 均不匹配，因此 4 时刻 or 操作不匹配。

（3）within 操作符

within 操作符的特点是：

1）第一个序列在第二个序列内部。

2）第一个序列的起始点不能早于第二个序列。

3）第一个序列的结束点不能晚于第二个序列。

图 5-10 中的属性 test_within23 表示 seq_a2 和 seq_b3 两个序列的 within 操作。在 2 时刻，两个序列开始，在 3 时刻，test_seq_a2 匹配，在 4 时刻，test_seq_b3 匹配，同时发现 test_seq_a2 在其内部，因此 with 操作匹配。

（4）intersect 操作符

intersect 操作符的特点是：

1）序列开始于同一时刻。

2）结束时间必须相同。

在图 5-10 中的 3 时刻，test_seq_a2 匹配，且 test_seq_b2 匹配，二者同时结束，因此 test_intersect22 匹配。

在 3 时刻，test_seq_a2 匹配，在 4 时刻，test_seq_b3 匹配，二者不同时结束，因此 test_intersect23 不匹配。

（5）throughout 操作符

throughout 操作符的含义是信号或布尔表达式在序列持续期间保持为真。

代码 5-16 所示为 throughout 操作符示例，其中的断言要求 sop=1 和 eop=1 之间不能插入 sop=1。

代码 5-16　throughout 示例　ch05_SVA/sva_throughout/throughout.sv

```
test_throughout: assert property (@(posedge clk)
disable iff(!reset_n) sop |=>  (!sop throughout eop[->1]));
```

运行结果如图 5-11 所示。

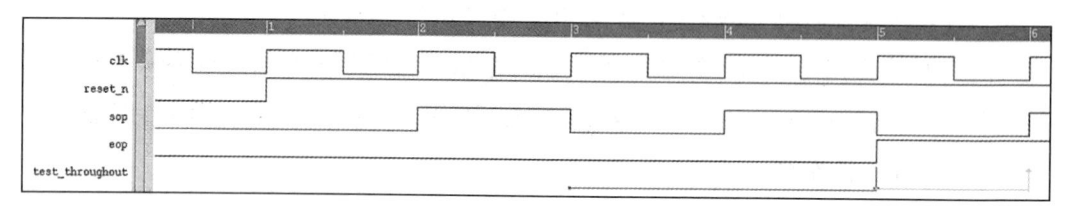

图 5-11　throughout 运行结果

在 2 时刻，sop 由低电平变为高电平，前置条件满足，在 3 时刻开始检测 eop，在 5 时刻检测到新的 sop，此时 eop 还没出现，因此报错。

5.2.10　参数化

SVA 可以使用类似 C 语言的形式参数，以此进行灵活的调用和参数传递。通过这种方式，可以实现 SVA 的可重用特性。参数化示例如代码 5-17 所示。

代码 5-17　参数化示例

```
property fifo_wr_ovf(clk,dis_cond,wr_en,full);
  @(posedge clk) disable iff (dis_cond)
    wr_en |->(~full);
endproperty

// 属性声明，传递参数
    wr_ovf: assert property fifo_wr_ovf(wclk,~rst_n,wr,full);
```

5.2.11　局部变量

局部变量（Local Variable）是 SVA 的一个强大的特性，它可以用于检查数据完整性和检查复杂的流水线等场景。

局部变量赋值的方法是放在一个表达式或序列的后面，用逗号隔开，当表达式或序列成立后，则给局部变量赋值。SVA 中的局部变量是动态变量，也就是说，它会在表达式或序列成立后动态创建，并在结束的时候自动销毁。

局部变量可以用于序列或属性，其在序列或属性内声明，对于其他序列或属性是不可见的。

局部变量示例如代码 5-18 所示，运行结果如图 5-12 所示。

代码 5-18　局部变量示例　ch05_SVA/sva_localval/local_var.sv

```
sequence local_var_seq;
  logic [3:0] local_data;           // 声明局部变量
  (type_in=='d3, local_data = din) ##1
      (out_valid &&(local_data == dout));
endsequence

property local_var_prop;
  @ (posedge clk)
      in_valid |-> local_var_seq;
endproperty

local_var_assert : assert property (local_var_prop);
```

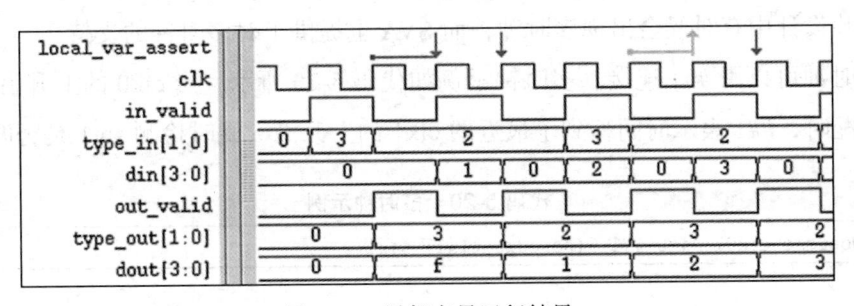

图 5-12　局部变量运行结果

5.2.12　合入断言的方式

合入断言的方式主要有如下两种：

1）直接方式，即将断言直接加入设计内部。例如对于 Verilog 设计，可在 RTL 的 module 和 endmodule 之间加入断言。这种方式的优点是比较直观，且寻找信号简单直接；缺点是每次修改断言时都要修改 RTL 的设计文件，但项目后期往往并不希望因为断言的更改而改动 RTL 的设计文件。

2）bind 方式，即通过 SVA 提供的 bind 关键字，将断言与设计绑定，如代码 5-19 所示。这种方式虽然不如直接方式直观，但不需要更改 RTL 的设计文件。

代码 5-19   bind 方式示例

```
// 设计文件 dut.v
module dut(clk,rst_n…);
…
endmodule

// 另一个文件 sva_checker.sv,
module sva_checker (clk,rst_n…)
…
endmodule

//bind DUT 和 SVA
bind dut sva_checker u_sva_checker(.*);
```

5.2.13 多时钟

芯片设计中有时候会出现多时钟，而 SVA 也提供了对多时钟的支持。

多时钟可以用 ##1 连接。多时钟示例如代码 5-20 所示。当 clk0 的上升沿检测到 sig0 匹配时，##1 表示时间移到了最近的 clk1 的上升沿，此时检测 sig1 是否匹配。

代码 5-20   多时钟示例

```
@(posedge clk0) sig0 ##1 @(posedge clk1) sig1
```

5.3 基于断言的设计

目前，基于断言的设计（Assertion Based Design，ABD）已经在业界广泛应用，但有些设计工程师的想法存在一个误区，就是设计工程师不需要检查自己的代码，因此也就不需要加断言。实际上，设计工程师是有必要加入断言的，这主要有以下四个方面的考虑：

1）断言的加入有助于检验对规范的理解是否正确。

2）断言的加入有助于设计工程师快速定位设计缺陷。

3）有些问题可能不是设计引入的，而是验证环境引入的，但是需要设计工程师帮忙分析定位。断言的加入有助于设计工程师定位验证环境的问题。

4）断言的加入需要对设计有很好的理解，而验证工程师对设计的理解程度通常不如设计工程师。

下面给出一些常用的增加断言的场景。

5.3.1 X 态检查

大多数情况下，在复位完成之后，逻辑功能即正常运行，此时信号不应该出现 X 态，因此可以加入 X 态检查的断言。这样做一方面可以检查设计的问题，另一方面如果动态仿真环境没有给输入信号赋值，也可以快速定位问题。

X 态检查断言示例如代码 5-21 所示，其中加入了宏定义开关，用于控制是否开启 X 态检测。一个断言可以集成多个信号或表达式进行 X 态检查。通常将 $isunknown 用于 X 态检测。

代码 5-21　X 态检查断言示例

```
`ifdef X_DETECT
    x_detect_assert: assert property (
    @(posedge clk) disable iff(~rst_n)
    !$isunknown(expr);
`endif
```

5.3.2 独热码检查

SVA 提供了系统函数 $onehot，可用于独热码检查，即检查布尔表达式是否只有 1 个 1。SVA 还提供了系统函数 $onehot0，可用于检查布尔表达式是否最多只有 1 个 1。独热码检查断言示例如代码 5-22 所示。

代码 5-22　独热码检查断言示例

```
// 布尔表达式中只有1个1
assert_onehot: assert property (@(posedge clk) disable iff (~rst_n) ($onehot(expr)
    ==1));

// 布尔表达式中最多只有1个1
assert_onehot0: assert property (@(posedge clk) disable iff (~rst_n)
    ($onehot0(expr) ==1));
```

5.3.3 格雷码检查

在跨时钟域设计时，经常会用到格雷码。多位格雷码信号的特点是相邻周期最多只有 1 位发生变化。格雷码断言示例如代码 5-23 所示。

代码 5-23 格雷码断言示例

```
property graycode (code);
@(posedge clk)  disable iff (~rst_n)
    ($countones($past(code) ^ code))<=1);
endproperty
assert_graycode:  assert property graycode( pointer );
```

5.3.4 计数器溢出检查

如果在设计中实现了一个计数器，并对某些事件进行加法或减法计数，则应当要求不允许出现计数器上溢或者下溢的情况。计数器溢出检查示例如代码 5-24 所示。

代码 5-24 计数器溢出检查示例

```
property  cnt_overflow;
  @(posedge clk) disable iff (~rst_n)
( (cnt == 8'hFF) |=>  (cnt != 8'h0)  ;
endproperty
assert_cnt_overflow : assert property (cnt_overflow );

property  cnt_underflow;
  @(posedge clk) disable iff (~rst_n)
( (cnt == 8'b0) |=>  (cnt != 8'hFF)  ;
endproperty
assert_cnt_underflow : assert property (cnt_underflow );
```

5.3.5 仲裁器检查

仲裁器是逻辑设计中的常用电路。假设某仲裁器的设计需求是有 4 个通道，每个通道的请求信号 req 为 1 位，且每个通道如果有请求，那么在 3 拍内必须给出有效的 ack 应答信号。相关仲裁器检查示例如代码 5-25 所示。

代码 5-25　仲裁器检查示例 1

```
parameter WIDTH = 4;       // 4个通道
genvar  i ;
generate for (i = 0; i < WIDTH; i = i + 1) begin
  arb_check:
  assert property(@(posedge clk) disable iff (~reset_n)
    req[i] |=> ##[0:3] ack[i]);
  end
endgenerate
```

以公平轮询仲裁器为例，其输入是多位的请求，而输出的应答信号最多只有 1 位为真，该仲裁器检查示例如代码 5-26 所示，其中 ack 信号表示仲裁器的应答信号。

代码 5-26　仲裁器检查示例 2

```
property  ack_onehot0(ack);
  @(posedge clk) disable iff (~reset_n)
    $onehot0(ack);
endproperty
```

5.3.6　先进先出队列

FIFO 是逻辑设计中的常用电路，FIFO 不能发生写溢出，也不能发生读溢出。先进先出队列 FIFO 断言示例如代码 5-27 所示。

代码 5-27　FIFO 断言示例

```
property fifo_wr_ovf(clk,dis_cond,wr_en,full);
  @(posedge clk) disable iff (dis_cond)
    wr_en |->(~full);
endproperty

property fifo_rd_ovf(clk,dis_cond,rd_en,empty);
  @(posedge clk) disable iff (dis_cond)
    rd_en |->(~empty);
endproperty
```

5.3.7 数据完整性检查

数据完整性检查希望某个模块输入的数据在一段时间后可以正确地输出。其示例如代码 5-28 所示。

代码 5-28 数据完整性检查示例

```
property capture_check;
reg [31:0] tdata;
    @ (posedge clk) (in_valid, tdata=din) |-> s_eventually
    (out_valid && (tdata == dout));
endproperty
```

5.3.8 死锁检查

死锁是芯片开发过程中的一种常见故障，通常也是一种致命故障。例如因为设计原因，总线发出的请求无法收到应答，导致总线挂死。死锁检查示例如代码 5-29 所示。

代码 5-29 死锁检查示例

```
deadlock_check: assert property req |-> s_eventually(ack);
```

5.4 对形式化验证友好的 SVA 代码风格

SVA 的语法众多，如果代码风格不好，会导致可读性差、可维护性差和容易出错等问题，也有可能会大幅拖慢动态仿真或形式化验证的速度。对此，本书提供如下建议。

1）尽量避免大的时序窗口。断言所需的时序窗口越大，形式化验证的复杂性就越高，工具的开销也越大。大的时序窗口会拖慢动态仿真或形式化验证的速度。因此，需要尽量避免大的时序窗口，如果确实需要大的延迟，可以考虑用一个计数器来建模这个延迟。

2）给每个 assert、cover 和 assume 都赋予有意义的名称。

3）将复杂的断言拆分为多个简单的断言。

4）避免蕴含嵌套导致不容易理解。例如 a |-> b |-> c 在实际上等价于 a ##0 b |->c。

5）在复位期间，不要有验证行为。

6）尽量避免在断言中使用时钟双沿。例如要避免如下语句：

test1: assert property (@(clk)) a |=> ##4 b ;

这里 ##4 的延时由于有双沿断言，实际上是 2 个周期，并不是期望的 4 个周期。

7）存储器的地址总线位宽和数据总线位宽采用参数化实现，这有利于后续的简化。

8）使用 $past、$rose、$fell 和 $stable 等系统函数时，避免使用未初始化的值。例如在使用 $past 时，如果设置了 past 的周期为 n，建议增加延时（##n），以避免使用未初始化的值。

5.5　本章小结

作为形式化验证的基础，断言语言无疑是非常重要的。本章首先介绍了断言语言以及它的实际应用情况，然后结合具体实例，详细介绍了 SVA 断言语言的语法，并给出了常用场景的断言的示例，最后给出了对形式化验证友好的 SVA 代码风格的建议。

第 6 章 形式化验证工具命令语言

TCL 即工具命令语言（Tool Command Language），它由 John Ousterhout 设计，其设计初衷是方便编写命令行工具和自动化脚本，并增强脚本的复用性和易学易用性。

TCL 最初是为复杂的信息与计算机系统（Uniplexed Information and Computering System，UNIX）开发的，然后将其移植到 Windows 等其他操作系统。TCL 作为一种解释型语言，会逐行解释执行，出错时将停止运行。TCL 处理的最基本的对象是字符串，它不可以直接进行数学表达式的计算，但可以通过命令进行数学计算，并且可以通过命令创建特殊的数据类型，例如列表（List）和数组（Array）等。

大多数事物遵循"二八原理"，因此在一门编程语言里，往往只有 20% 的功能会被经常用到，所以本书不会面面俱到地讲述 TCL 的所有语法，而是会抓住 TCL 在 IC 开发尤其是形式化验证应用中高频使用的语法进行介绍，以期事半功倍。

6.1 TCL 简介及其在 IC 中的应用

在芯片设计领域中，TCL 是各种 EDA 工具的通用语言，TCL 脚本程序是一系列命令构成的集合，有利于自动化执行，提高效率。图 6-1 所示为 IC 前端和后端流程及主要 EDA 工具，这里的每一个工具都是 TCL 的"领地"。

TCL 在 IC 领域主要有以下应用：

1）EDA 工具支持的语言，用户开发 TCL 脚本指导工具运行。
2）自动化执行若干 IC 流程环节，提高工作效率。
3）复杂文本处理，甚至实现带图形界面的 EDA 工具。

形式化验证工具命令语言　95

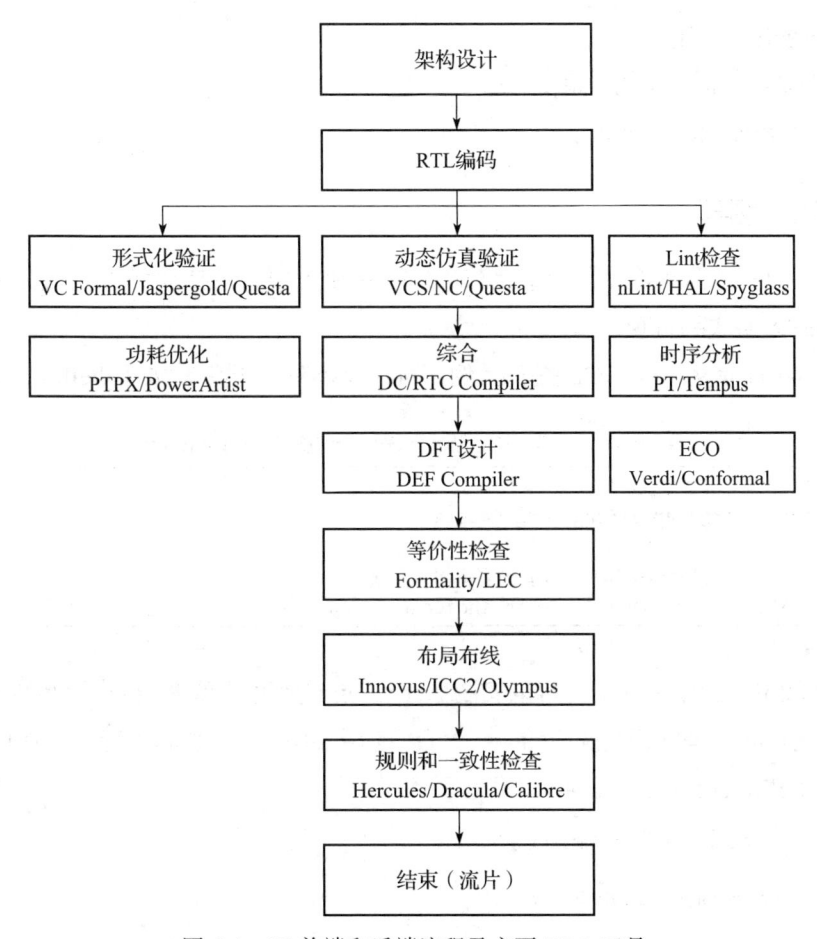

```
架构设计
    │
  RTL编码
    │
 ┌──┼──┐
形式化验证  动态仿真验证  Lint检查
VC Formal/  VCS/NC/Questa  nLint/HAL/Spyglass
Jaspergold/
Questa

功耗优化   综合         时序分析
PTPX/      DC/RTC       PT/Tempus
PowerArtist Compiler

           DFT设计      ECO
           DEF Compiler Verdi/Conformal

           等价性检查
           Formality/LEC

           布局布线
           Innovus/ICC2/Olympus

           规则和一致性检查
           Hercules/Dracula/Calibre

           结束（流片）
```

图 6-1　IC 前端和后端流程及主要 EDA 工具

前两种应用特别普遍，第三种应用虽然不常见，但是仍有相关的应用。

6.2　TCL 高频语法

如果读者学过了两种以上的脚本语言（如 C shell、Perl、TCL、Python 和 Ruby 等），那么不难发现，其实不同语言的语法结构有很多相似之处，例如大多数脚本语言都包括：

1）基础部分，如注释、命令行参数、编译方法和对齐方式等。

2）数据类型和操作符。

3)分支循环控制。

4)子程序、内置函数和包。

5)文件操作和错误处理。

6.2.1 TCL 例程

下面通过一个简单的例子来介绍 TCL 的基础语法,包括编译方式、注释、命令行参数、命令格式和置换。

代码 6-1 所示为一个 TCL 程序示例,可用文本编辑器编写如下 hello.tcl 文件。

代码 6-1　一个 TCL 程序示例　ch06_TCL/hello.tcl

```
# 打印参数个数、参数列表和脚本名
puts "argc=$argc argv=$argv argv0=$argv0 "

set your_name [lindex $argv 0]
puts "Hello\n$your_name!" ; # \n indicate a new line
```

在 Windows 操作系统中,可以安装 ActiveTcl 或使用在线 TCL 执行网站来执行。

在使用 Linux 操作系统的设备上,可以使用 tclsh 解释器来执行,本例的执行命令为 tclsh hello.tcl Reader。

执行后将得到以下结果输出:

```
argc=1 argv=Reader argv0=hello.tcl
Hello
Reader!
```

从这个例子中不难看出:

1)TCL 编译用"tclsh < 文件 >< 参数 >"命令。

2)TCL 单行注释以"#"开头,内联注释使用"; #"。

3)TCL 命令行参数包括一些 TCL 内置变量。

① argc 为参数的个数,argv 为参数列表。因为本例中只有一个参数 Reader,所以 argc=1,argv=Reader。

② argv0 为要执行文件的文件名,该文件名包含它的绝对路径。

4)TCL 命令的语法结构为 Command Arg1 Arg2 … ArgN。其中,Command 为待执行的命令,Arg1、Arg2、…、ArgN 为后面跟随的参数,参数的个数根据命令不同而不同。对于 set 命令而言，它的作用是定义一个变量并赋值，set 命令的第一个参数为变量名，第二个参数为变量值。第二个参数也可以是其他命令的执行结果，例如 set Arg1 [Command Arg3 Arg4]。

5）TCL 变量不需要声明就可以直接赋值，解释器会在首次使用时创建，使用变量时要在变量前面加"$"符号。例如代码 6-1 中的 your_name 没有声明就被 set 命令直接赋值。

TCL 的置换方式有 3 种：

1）**变量置换**：采用"$"符号实现，它使用在变量名之前，将返回该变量的内容，如代码 6-1 所示。

2）**命令置换**：由 [ ] 括起来的 TCL 命令结果作为参数，例如代码 6-1 的 set 命令中第二个参数的置换 [lindex $argv 0]，这里的 lindex 是列表索引命令，整句表示取参数列表的第一个元素，也就是 Reader。

3）**反斜杠"\"置换**：类似于 C、Python 等语言，TCL 中也用反斜杠加字符组成转义字符，例如 \n 表示换行符、\t 表示制表符等。在 TCL 字符串中可以插入这些转义字符来达到既定的输出样式。代码 6-1 中最后一行打印输出的字符串就包含了换行符 \n，从输出结果可以看出，Hello 之后加了换行符，下一行才显示 Reader。

6.2.2 TCL 数据类型和基础操作

6.2.1 节中，已经对 TCL 命令的语法结构做了初步介绍，TCL 的语法结构为：

```
Command Arg1 Arg2 … ArgN
```

那么到底有哪些 TCL 命令呢？每种 TCL 命令又有哪些参数呢？TCL 的高频命令并不多，图 6-2 所示为其主要命令。

本节围绕与 TCL 数据类型密切相关的变量操作命令、表达式命令、字符串操作命令和数组列表操作命令展开介绍。

TCL 只支持一种数据结构：字符串（String）。所有命令、命令的参数、命令的结果和所有的变量都是字符串，这一点和 Perl 语言非常像。在 TCL 中，无论是整型、布尔型、浮点还是字符串，当使用一个变量时，可以直接给它指定一个值，且在 TCL 中没有声明的步骤。这些变量没有任何默认值，在使用之前必须赋值。

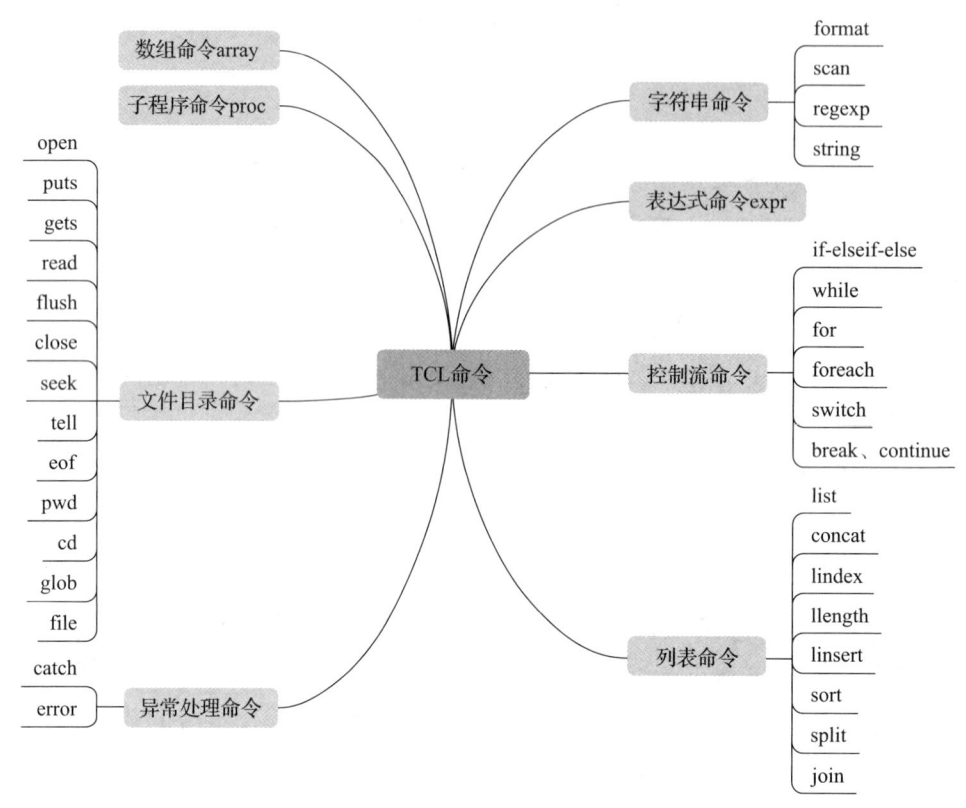

图 6-2 TCL 的主要命令

虽然 TCL 只有一种数据结构,但从应用角度来说,还是要区分为最基本的标量和向量。标量就是一个元素,向量就是多个元素。TCL 中的标量包括整型、布尔型、浮点和字符串,TCL 解释器会根据上下文对其进行正确的解析;向量包括数组(Array)、列表(List)和字典(Dict),无论是标量还是向量都需要一个**变量**来存放。

1. TCL 标量和操作

标量就是一个元素,通常作为 TCL 命令的参数,它的呈现形式可以是整型、布尔型、浮点和字符串,见表 6-1。

表 6-1 TCL 标量

数据类型	例子	备注
整型	1	开头是 0,表示八进制 开头是 0x,表示十六进制

（续）

数据类型	例子	备注
布尔型	True	Yes、Y、True、On 不管大小写都表示"真" No、N、False、Off 不管大小写都表示"假" 数字 0 表示"假"，非零值表示"真"
浮点	2.5 或 3.6e+4	3.6e+4 表示 3.6×10^4，也就是 36000
字符串	Hello 或 "hello world"	当表示有空格的字符串时，需要使用双引号或大括号（区别见代码 6-2），而单个单词可以不用

标量需要**变量**来存放，TCL 的变量名称可以包含任何字符，其长度也不受限制，例如可以起"a@52~"这样的名字，但不推荐这样做，通常还是推荐遵循其他编程语言的"由字母、数字和下划线"组成的有意义的字符串作为变量名。

（1）变量操作命令

变量操作命令主要包括 set、incr 和 append 三个命令，顾名思义，这三个命令分别实现变量的赋值、自增 1 和尾部追加功能。代码 6-2 所示为设置变量 x 为 1，y 为 2，然后让 y 自增 1，把 x 和 y 相加的结果存入 z，并将结果打印输出。

代码 6-2　TCL 的 set、incr 和 append 命令的例程　ch06_TCL/set_incr_append.tcl

```
set x 1
set y 2
incr y
set z [expr $x+$y]
set out_string "$x+$y="
append out_string "$z"
puts "$out_string"
puts {$out_string}
```

执行命令 tclsh set_incr_append.tcl，可以得到：

```
1+3=4
$out_string
```

注意： 1）incr 只对整型数操作！

2）有时候会需要变量置换，有时候则并不需要，两者的区别在于字符串是用""括起来的，还是用{}括起来的。代码 6-2 中的 puts "$out_string" 使用了变量置换，所以输出变量 out_string 的值为 4，而 puts {$out_string} 没有使用变量置换，所以原样输出字符串 $out_string。

(2) 表达式命令

表达式命令是 expr，语法为：

expr arg ?arg …?

关键字 expr 之后的所有内容即为表达式，其中 ?arg …? 表示该参数是可选的，表达式由操作符和运算对象构成。TCL 操作符包括算术操作符、逻辑操作符、关系操作符、按位操作符和三元操作符等五种类型，详细描述见表 6-2。

表 6-2 TCL 操作符

类型	运算形式	含义	运算对象个数	结合性	优先级
算术：取负 逻辑：非 位运算：按位反	-a !a ~a	负 a 非 a 按位取反 a	1（单目）	自右至左	高优先级
算术：乘、除、取模	a*b a/b a%b	乘 除 取模	2（双目）	自左至右	
算术：加、减	a+b a−b	加 减	2（双目）	自左至右	
移位	a<<b a>>b	左移位 右移位	2（双目）	自左至右	
关系：比较	a<b a>b a<=b a>=b	小于 大于 小于等于 大于等于	2（双目）	自左至右	
关系：是否相等	a= =b a!=b	等于 不等于	2（双目）	自左至右	
位运算：与	a&b	位操作与	2（双目）	自左至右	
位运算：异或	a^b	位操作异或	2（双目）	自左至右	
位运算：或	a|b	位操作或	2（双目）	自左至右	
逻辑：与	a&&b	逻辑与	2（双目）	自左至右	
逻辑：或	a||b	逻辑或	2（双目）	自左至右	
条件运算	a?b:c	选择运算	3（三目）	自右至左	低优先级

除了用表 6-2 中的运算来组成"表达式"，TCL 还内置了数学函数来丰富表达式，需要注意的是，在 expr 命令中，数学函数并不是命令，它只是表达式的一部分。代码 6-3 所示为 TCL 表达式的应用，变量 a 的值是 1+2*abs(-3)，abs 是数学函数中取绝对值的意思，所以 a 的值最终为 7，b 的值是（07 ^ 0x7 |0x3）=（0|0x3）=3。

因为 7 是大于 3 的，所以输出 Yes。

代码 6-3　TCL 表达式的应用　ch06_TCL/expr.tcl

```
set a [ expr 1+2*abs(-3) ]
set b [ expr (07 ^ 0x7 |0x3) ]
set out_string [expr $a>$b ? Yes:No]
puts "$a > $b ? $out_string"
```

执行命令 tclsh expr.tcl，可以得到：

7 > 3 ? Yes

（3）字符串操作命令

TCL 只支持一种数据结构：字符串（String）。所有命令、命令的参数、命令的结果和所有的变量都是字符串，不管它是整型、布尔型、浮点或字符串。只有一个单词的字符串不需要包含双引号或者大括号，但要表示多个单词组成的字符串时，则需要使用双引号或者大括号。字符串命令主要包括 string、format 和 regexp 等。表 6-3 展示了 TCL 字符串命令的高频操作。

表 6-3　TCL 字符串命令的高频操作

高频操作	说明
string compare ?-nocase? ?-length int? str1 str2	根据字典顺序比较字符串。-nocase 选项表示大小写无关。-length int 选项表示只比较指定长度的开头 int 个数的字符。如果相同就返回 0，如果 str1 的字典顺序比 str2 靠前（即 str1<str2）就返回 –1，其他情况（即 str1>str2）就返回 1
string equal -nocase str1 str2	比较字符串，相同返回 1，否则返回 0 -nocase 选项表示大小写无关
string length str	返回 str 中的字符个数
string tolower str	把 str 转换成小写字母并返回该结果
string toupper str	把 str 转换成大写字母并返回该结果
string index str index_num	返回 str 中第 index_num 个字符
string first str1 str2	返回 str2 中第一次出现 str1 的位置，如果没找到则返回 –1
string last str1 str2	返回 str2 中最后一次出现 str1 的位置，如果没找到则返回 –1
string match pattern str	通配符模式匹配，如果 str 可以匹配成功 pattern 模式则返回 1，否则返回 0。pattern 中支持的通配符包括四种： ① *——匹配 0 或多个字符 ② ?——与任意一个字符匹配 ③ [abc]——与 abc 中任意一个字符匹配 ④ \x——与单个特殊字符 x 匹配

> **注意**：string compare ?-nocase? ?-length int? str1 str2 里面的"？"可能是令人困惑的，其实这里是用了成对的"？？"表示一个可选项，如果改成 Linux 命令风格的 string compare [-nocase] [-length int] str1 str2，则大多数读者一看便知。

format 命令用于实现格式化输出，和 C 语言类似，%s、%d、%f 和 %x 分别表示字符串、整数、浮点和十六进制形式的输出。

regexp 命令用于匹配 TCL 中的正则表达式，其语法格式为：

regexp ?switches? Patterns ?fullMatchVar? ?subMatch1 subMatch2 … subMatchN?

Patterns 一般用大括号 { } 括起来，fullMatchVar 表示匹配到的 Pattern 内的内容，subMatch1 表示匹配到的 Patterns 里面第 1 个（）内的内容，subMatch2 表示匹配到的 Patterns 里面第 2 个（）内的内容，以此类推，subMatchN 表示匹配到的 Patterns 里面第 N 个（）内的内容。关于正则表达式，这里只简单提及，具体介绍见 6.2.6 节。

代码 6-4 所示为 string、format 和 regexp 这三种字符串命令的操作例程。

代码 6-4　三种字符串命令的操作例程　ch06_TCL/string.tcl

```
set str1 "abcd"
set str2 "bcd"
if { [string compare str1 str2] == -1 } {
puts "$str1 comes before $str2"
} else {
puts "$str1 comes after $str2"
}
puts "length of \"$str1\" is:"
puts [string length $str1]
puts "First occurrence of str2 in str1 is:"
puts [string first $str2 $str1]
puts "To uppercase for \"$str2\":"
puts [string toupper $str2]
if { [string match -nocase ${str2}* $str1] } {
  puts "match success!"
} else {
  puts "match fail!"
}
```

```
puts [format "%f" 22.12]
puts [format "%5d %s" 6 chapters]
puts [format "%20s" "TCL Language"]
puts [format "%15x" 40]

regexp {([A-Z,a-z]*)} "TCL Tutorial" full_str sub_str
puts   $full_str
```

执行命令 tclsh string.tcl，可以得到：

```
abcd comes before bcd
length of "abcd" is:
4
First occurrence of str2 in str1 is:
1
To uppercase for "bcd":
BCD
match fail!
22.120000
    6 chapters
        TCL Language
              28
TCL
```

该例程包含 string 操作、format 操作和 regexp 操作三部分，中间用空行隔开。注意，在把 str2 的"Hello"变成全部大写的"HELLO"后，仍然可以匹配字符串 str1，因为这里在使用 string match 的命令时增加了 -nocase 的选项，意思是忽略大小写。

2. TCL 向量之列表（List）

列表用于表示元素的有序集合，可以在同一个列表中包含不同类型的元素，这些不同类型的元素可以包含列表类型，也就是说，列表可以包含另一个列表。那么如何创建一个列表呢？这里有三种格式：

1）set listName { item1 item2 item3 .. itemn }

2）set listName [list item1 item2 item3 .. itemn]

3）set listName [split " item1 item2 item3 .. itemn " split_character]

表 6-4 总结了 TCL 列表常用操作。

表 6-4 TCL 列表常用操作

列表操作	语法	功能
llength	llength list	返回 list 的元素个数
lappend	lappend listname value ?value…?	把每个 value 的值作为一个元素附加到变量 listname 后面，并返回变量的新值，若 listname 不存在，则生成它
concat	concat list ?list…?	把多个 list 合成一个 list
linsert	linsert list index value ?value…?	返回一个新串，新串是把所有的 value 参数值插入 list 的第 index 个（从 0 开始）元素之前得到的
lindex	lindex list index	返回 list 的第 index 个元素
lsort	lsort ?options? list	返回把 list 排序后的串 options 可以是如下值： -ascii——按 ASCII 字符的顺序排序，缺省情况 -dictionary——按字典排序 -integer——转换成整数排序 -real——转换成浮点数排序 -increasing——升序（按 ASCII） -decreasing——降序（按 ASCII）
split	split str ?splitChars?	把字符串 str 使用选项中的 splitChars 分开，返回由这些子字符串组成的字符串，如果没有加 splitChars 选项，则以空格为默认分隔符
join	join list ?joinString?	join 操作是 split 操作的逆。这个操作把 list 的所有元素合并到一个字符串中，中间以 joinString 分开，缺省的 joinString 是空格

注意：TCL 操作大多用空格作为参数的分界，所以要记得在各个参数或操作之间加空格。

代码 6-5 所示为 TCL 列表操作例程，其首先用 set 命令初始化了 list1 和 list2 两个列表，然后用 concat 操作把它们连接在一起，形成 list_new 并打印输出，然后用 llength 得到 list_new 的长度并打印输出，接着在 list_new 中插入 surely 这个成员并打印输出，最后用 join 把 list_new 中的成员用下划线 "_" 连接成一个字符串并打印输出。

代码 6-5 TCL 列表操作例程 ch06_TCL/list.tcl

```
set list1 { I can do }
set list2 [list formal verification!]
set list_new [concat $list1 $list2]
```

```
puts "concat list1 list2 is:"
puts $list_new
puts [concat "length of list_new is " [llength $list_new]]
set list_new [linsert $list_new 2 surely]
puts "after linsert , list_new is:"
puts $list_new
puts [join $list_new _ ]
```

执行命令 tclsh list.tcl，可以得到：

```
concat list1 list2 is:
I can do formal verification!
length of list_new is 5
after linsert , list_new is:
I can surely do formal verification!
I_can_surely_do_formal_verification!
```

3. TCL 向量之数组（Array）

在 TCL 中，数组由一个名称和一个（或多个）键值对组成。键值对由键和值组成，键是指数组索引，其为字符串类型，值可以是任何 TCL 数据类型。在 TCL 中，不能单独声明一个数组，数组只能和数组元素一起声明。声明和初始化数组的方式有两种。

1）使用 set 命令，直接向想要创建的数组赋值。下面的代码会在名为 "my_array" 的数组中创建一个键为 "key" 的元素，其值为 "value"：

```
set my_array(key) value
```

2）使用 array set 命令，与方式 1）不同的是，它可以通过接受一个列表来同时传入多个元素对，即：

```
array set my_array {key1 value1 key2 value2}
```

数组的常见操作包括以下四项。

1）获取数组的所有键。使用 array names 命令可以获取数组的所有键，如：

```
set keys [array names my_array]
```

2）删除数组中的元素。使用 unset 命令可以删除数组中的元素，如：

```
unset my_array(key)
```

3）获取数组中元素的数量。使用 array size 命令可以获取数组中元素的数量，如：

set count [array size my_array]

4）循环遍历数组中的元素。使用 foreach 命令可以循环遍历数组中的元素，如：

foreach key [array names my_array] { set value $my_array($key)

TCL 数组的下角标很灵活，既可以连续，也可以不连续。代码 6-6 即设置为不连续的，跳过了下角标 1，最后的数组长度为实际元素个数 2。该例程首先定义了数组 my_pets，并使用 set 命令初始化其中的两个成员 pig 和 dog，再使用 parray 打印数组内容，然后使用 unset 命令删除了两个成员，并使用 array size 获取了删除两个成员后的数组 my_pets 的长度，最后使用 array set 命令定义和初始化数组 my_pets，并使用 array names 来获取数组的 key 值列表。

代码 6-6　TCL 数组操作例程　ch06_TCL/array.tcl

```
puts "define array my_pets with way1:"
set my_pets(0) pig
set my_pets(2) dog
parray my_pets

unset my_pets(0)
unset my_pets(2)
puts "After delete two elements, array my_pets' size is: "
puts [ array size my_pets]

puts "define array my_pets with way2:"
array set my_pets   {0 pig 2 dog}
puts "all keys in array my_pets are:"
puts [ array names my_pets]
```

执行命令 tclsh array.tcl，可以得到：

```
define array my_pets with way1:
my_pets(0) = pig
my_pets(2) = dog
After delete two elements, array my_pets' size is:
0
define array my_pets with way2:
all keys in array my_pets are:
0 2
```

注意：TCL 语法的 ( )、[ ] 和 { } 与其他编程语言不同。( ) 用于数组索引，[ ] 用于命令替换，{ } 用于条件判断。

6.2.3 TCL 分支和循环等控制流操作

TCL 控制流和 C、Perl 语言类似，包括 if、while、for、foreach、switch、break 和 continue 等命令，见表 6-5。

表 6-5 TCL 控制流

命令	语法格式	说明和注意点

if-elseif-else	if { 表达式 1 } {
	…
	} elseif { 表达式 2 } {
	…
	} else {
	…
	}
		TCL 先求解表达式 1，如果其值为"真"，则执行第一个大括号内的代码，否则求解表达式 2，如果其值为"真"，则执行第二个大括号内的代码，否则执行 else 分支代码。当然，也可以单独使用 if 语句，或者只有 if-else，这些 if-elseif-else 语句还可以嵌套

while	while { 表达式 } {
	代码
	}
		如果表达式的值为"真"，就运行脚本，直到表达式为"假"才停止循环

for	for { 初始化 } { 表达式判断 } { 改循环变量值 } {
	代码
	}
		第一个大括号内为初始化循环变量
		第二个大括号内的表达式判断循环是否结束
		第三个大括号内为改循环变量值的表达式
		第四个大括号内为代码，代表循环体

foreach	foreach var1　$list{
	代码
	}
		第一个参数 var1 是一个变量，第二个参数 list 是一个表（有序集合），第三个参数"代码"是循环体。每次取得列表的一个元素，都会执行循环体一次

switch	switch　$var {
	　a　-
	　b　{incr　t1}
	　c　{incr　t2}
	　default　{incr　t3}
	}
		其中，a 的后面跟一个 "-"，表示使用和下一个模式相同的代码。default 表示匹配任意值。一旦 switch 命令找到了一个模式匹配，就执行相应的代码

break/continue		在循环体中，可以用 break 和 continue 命令中断循环。其中 break 命令可结束整个循环过程，并从循环中跳出，而 continue 只结束本次循环

代码 6-7 涵盖了表 6-5 中的命令，读者可以自行尝试运行，并修改其中一些代码

尝试重新运行，以此加深对这些命令的印象。

代码 6-7　TCL 分支和循环操作例程　ch06_TCL/branch_loop.tcl

```
set a 50
if { $a <= 20 } {
        puts "a <=20"
} elseif { $a <= 30 } {
        puts "a <= 30"
} else {
        puts "a is $a"
}
puts [expr $a == 50 ? 1 : 0]
set result C
switch $result {
A {puts "A: very good";}
B {puts "B: good"}
C {puts "C: not good" }
default {puts "not a result"}}
set a 2
while { $a < 20 } {
  incr a
  if {$a ==5} { continue
  } elseif {$a==7} {break}
  puts "value of a: $a"
}
for { set i 0} { $i<3 } {incr i} {puts "$i "}
set lista {1 2 3}
foreach var $lista { puts $var }
```

执行命令 Tclsh branch_loop.tcl，可以得到：

```
a is 50
1
C: not good
value of a: 3
value of a: 4
value of a: 6
0
1
2
1
2
3
```

注意：1）if 语句中的"{"一定要和 if 写在同一行，否则 TCL 解释器会认为 if 命令在换行符处已结束，下一行会被当成新的命令，从而导致编译报错。此规则适用于所有控制流命令。

2）if、elseif、else 和 "{" 之间一定要有空格，否则 TCL 解释器会认为 "if{" 是一个命令，从而导致编译报错。

6.2.4 TCL 子程序、命名空间

和其他编程语言一样，为了提高代码的复用性，TCL 实现了子程序和命名空间。子程序就是自定义或者内置的函数，和 C 语言里的 function、Python 里的 def 关键字定义子程序行为类似。命名空间类似于其他面向对象语言里的 object，它从 TCL8.0 版本开始使用，一个命名空间里面定义了一系列变量和函数。命名空间可以通过 namespace eval NameSpace{…} 来创建，并可以通过 namespace delete NameSpace 来删除。在 NameSpace 命名空间中定义的变量和过程只在该命名空间中可见，可以通过 ::NameSpace::var 或 ::NameSpace::proc 来从其他命名空间访问它们。

1. 子程序

子程序关键字是"proc"，即"procedure"的缩写。其语法格式为：

```
proc 子程序名 { 参数列表 }  {
子程序体
}
```

参数列表可以为空，也可以为一个列表，调用的时候只要传入正确的参数即可。另外，子程序还可以设置参数的默认取值，在调用函数时，如果使用默认参数值，那么就可以不用显式地指定该参数，如代码 6-8 所示。

在定义子程序时，可以利用 return 命令在任何地方返回想要的值，return 命令可以迅速中断过程，并把它的参数作为过程的结果。子程序的返回值是子程序中最后执行的那条命令的返回值。

代码 6-8 给出了子程序的例程，其中的子程序 accum 实现了对列表参数 numbers 内容累加的过程。

2. 命名空间（Namespace）

一个命名空间定义了一系列变量和操作，外部程序如果需要访问里面的成员，就必须加上该命名空间的名称，或者加上 export/import 等导出 / 导入操作。

3. 局部变量和全局变量

在过程中定义的变量都是局部变量，因为它们只能在过程中被访问，当过程退出时会被自动删除。在所有过程之外定义的变量是全局变量，特指全局命名空间（::）中的全局变量。如果想在过程内部引用一个全局变量的值，可以使用 global 命令。

下面用代码 6-8 展示子程序、命名空间和变量作用域等内容。该例程首先初始化全局变量 a 和 b 的值为 1 和 2，接着通过 namespace eval math_NS{…} 创建了一个命名空间 math_NS，它包含两个成员变量 a 和 b（值分别为 10 和 20）与两个函数 add 和 accum，其中 add 函数的第二个参数 b 有默认值 200，也就是说，如果在调用时不写第二个参数，那么第二个参数的取值为 200。accum 函数实现可变个数参数，对所有输入参数求和。

代码 6-8　TCL 子程序、命名空间例程　ch06_TCL/proc_ns.tcl

```
set a 1
set b 2
puts [concat "gloabal variable a=" $::a]
namespace eval math_NS {
  variable a 10
  variable b 20
  variable result
  proc add { a {b 200 } } {
    set ::math_NS::result [expr $a+$b]
  }
  proc accum {numbers} {
    set sum 0
    foreach number $numbers {
      set sum  [expr $sum + $number]
    }
    return $sum
  }
}
puts "Second argument uses default value 200,add result is: "
puts [math_NS::add $a]
```

```
puts "with global a b ,add result is: "
puts [math_NS::add $a $b]
puts "with namespace math_NS variable ,add result is: "
puts [math_NS::add $math_NS::a $math_NS::b]
#proc's argument can be variable for accum
puts [concat "accum {1 2 3} is:" [math_NS::accum {1 2 3}]]
puts [concat "accum {1 2 3 4} is:" [math_NS::accum {1 2 3 4}]]
```

执行命令 tclsh proc_ns.tcl，可以得到：

```
gloabal variable a= 1
Second argument uses default value 200,add result is:
201
with global a b ,add result is:
3
with namespace math_NS variable ,add result is:
30
accum {1 2 3} is: 6
accum {1 2 3 4} is: 10
```

6.2.5 TCL 文件操作

TCL 文件操作分为两种：顺序访问和随机访问。本书只介绍 IC 领域最常使用的顺序访问，它涉及的文件操作命令主要包括 open、gets、read、puts 和 close，它们的具体含义和语法格式见表 6-6。

表 6-6 TCL 文件操作

文件操作命令	语法格式	说明
open	open name ?access?	open 命令以 access 方式打开文件 name，返回供其他文件操作命令使用的文件标识，TCL 有三个特定的文件标识：stdin、stdout 和 stderr，分别对应标准输入、标准输出和错误通道 文件的打开方式（access）和 C 语言类似： r——只读方式打开，文件必须已经存在，默认方式 r+——读写方式打开，文件必须已经存在 w——只写方式打开，若文件存在则清空内容，否则创建新的空文件 w+——读写方式打开，若文件存在则清空内容，否则创建新的空文件 a——只写方式打开，文件必须已经存在，并把指针指向文件尾 a+——读写方式打开，并把指针指向文件尾。若文件不存在，则创建新的空文件

（续）

文件操作命令	语法格式	说明
gets	gets file_id ?varName?	gets 命令会读 file_id 文件标识对应的文件的一行。如果命令中有 varName 变量名称，就把该行赋给它，并返回该行的字符数（文件尾返回 -1），如果没有 varName 参数，则返回文件的一行作为命令结果（如果到了文件尾，就返回空字符串）
read	read ?-nonewline? file_id 或者 read file_id numBytes	和 gets 类似的命令是 read，不过 read 不是以行为单位的，它有两种形式： read ?-nonewline? file_id——读并返回 file_id 标识的文件中所有剩下的字节。如果没有 nonewline 开关，则在换行符处停止 read file_id numBytes——在 file_id 标识的文件中读并返回 numBytes 字节
puts	puts ?-nonewline? ?file_id? str	puts 命令把 str 写到 file_id 对应的文件中，如果没有 file_id 参数，则默认输出到标准输出 如果没有 nonewline 开关，则添加换行符；如果有 nonewline 开关，则不添加换行符
close	close ?file_id?	关闭 file_id 对应的文件，命令返回值为一个空字符串

代码 6-9 实现了将 1、2 和 3 三个操作数写入文件 data.txt，然后读取文件，得到 accum 函数的列表参数 list_num，并完成 accum 函数的累加功能，最后将结果输出到屏幕上。该例程对 6.2.4 节的函数略有复习，同时也可以用来学习本节的文件操作命令。

代码 6-9　TCL 文件操作例程　ch06_TCL/file.tcl

```
proc accum {numbers} {
  set sum 0
  foreach number $numbers {
    set sum  [expr $sum + $number]
  }
  return $sum
}
set fp [open "data.txt" w+]
puts $fp "1\n2\n3"
close $fp
set fp [open "data.txt" r]
while { [gets $fp data] >= 0 } {
  lappend list_num $data
}
close $fp
puts [concat "result is:"  [accum $list_num]]
```

执行命令 tclsh file.tcl，可以得到：

result is: 6

6.2.6　TCL 正则表达式

正则表达式对于每一种脚本语言都很重要，因为脚本语言的一个重要功能就是文本处理，而 TCL 也不例外。在 6.2.2 节的字符串操作部分已经接触过 regexp 命令，它的作用是在字符串中使用正则表达式匹配，除此之外，有关正则表达式的操作命令还有 regsub，它用于在字符串中基于正则表达式替换，它们的语法格式如下：

regexp ?switches? pattern str ?fullMatchVar? ?subMatch1 subMatch2 … subMatchN?
regsub ?switches? pattern str subSpec ?varName?

regexp 会判断正则表达式 patterns 是否匹配部分或全部字符串 str，如果匹配则返回 1，否则返回 0；regsub 也会判断正则表达式 patterns 是否匹配部分或全部字符串 str，如果匹配则返回 1，否则返回 0，但除此之外，如果匹配成功，regsub 还会把匹配的子字符串替换为指定的替换字符串 subSpec，从而创建一个新的字符串 varName。例如：

regsub do "I can do formal verification!" "surely do" varName

这一句操作就是把句子"I can do formal verification!"替换成"I can surely do formal verification!"

两者的选项和参数非常类似，switches 表示一些匹配开关项，它是可选项，一般用大括号 { } 括起来，str 表示待匹配的字符串，subSpec 表示将要被替换的字符串，后面所有用"？？"括起来的都是可选参数。

对于 regexp，fullMatchVar 表示匹配到 pattern 的内容，subMatch1 表示匹配到 Patterns 里面第 1 个（）内的内容，subMatch2 表示匹配到 Patterns 里面第 2 个（）内的内容，以此类推，subMatchN 表示匹配到 Patterns 里面第 N 个（）内的内容。

对于 regsub，varName 存放替换后的字符串。

switches 选项开关主要包括以下内容。

1）-nocase：用于忽略大小写。

2）-line：开启行敏感匹配，只匹配到换行之前，之后的字符会被忽略掉。

3）-all：尽可能多地匹配，返回匹配成功的次数。此时 regexp 中的 fullMatchVar 会存放最后一次成功匹配的字符串；regsub 操作替换时，对每一次成功的匹配都使用 subSpec 去替换。

TCL 正则表达式的模式字符和其他语言如 Python、Perl 等的正则表达式类似，也有一系列特殊字符，这里把它们分为四类：元字符、操作、位置和重复量词，见表 6-7。

表 6-7 TCL 正则表达式的模式字符

分类	符号	描述
元字符	x	匹配常规字符 x
	.	通配符，可以匹配任意一个字符
	\x	各种**特殊**字符 x
操作	|	匹配 "|" 分隔开的任意一个子串
	( )	括住一个匹配或者子匹配模式
	[ ]	定义一个字符集，可以列举也可以使用范围操作符 "-"，例如 [a-z,A-Z,0-9] 表示字母和数字的集合
位置	^	开始字符串匹配
	$	结束字符串匹配
重复量词	*	"*" 之前的字符可以重复 0 次或者多次
	+	"+" 之前的字符至少重复 1 次
	?	"?" 之前的字符可以重复 0 次或者 1 次
	{m}	匹配刚好是 m 个
	{m,n}	匹配 m 到 n 次之间
	{m,}	匹配 m 个以上

代码 6-10 所示为 regexp 和 regsub 命令的例程。该例程第一段比较了带和不带 -line 选项造成的匹配差异，通过运行结果可以看出，带 -line 的只匹配到了 Hello，遇到了 \n 便停止匹配，而不带 -line 的可以跨行匹配；该例程第二段展示了带不带 -all 选项的区别，不带 -all 表示匹配一次成功就停止，所以在匹配到第一个十六进制数 0x3987 后就停止了，而带 -all 选项的，匹配到了两个十六进制数 0x3987 和 0x1F，并把最后一个匹配到的 0x1F 存入了变量 fullMatchvar；例程第三段把 regsub 命令的返回结果存入了变量 matches，因为它也用了 -all 选项，所以也成功匹配到了

两个十六进制数，所以 matches 最后打印出来就是 2，同时这里把 str 内匹配到的两个十六进制数 0x3987 和 0x1F 都替换成 888，并且存入变量 varName 中。

代码 6-10　regexp 和 regsub 命令的例程　ch06_TCL/regular.tcl

```
#compare -line options
regexp {Hello.*} "Hello \nFormal!" fullMatchvar
puts [concat "without -line match:" $fullMatchvar]
regexp -line {Hello.*} "Hello \nFormal!" fullMatchvar
puts [concat "with -line match:" $fullMatchvar]

#compare -all options
set str "0543 0x3987 31 0x1F 39"
regexp    {0x[0-9a-fA-F]+} $str fullMatchvar
puts [concat "without -all match:" $fullMatchvar]
regexp -all {0x[0-9a-fA-F]+} $str fullMatchvar
puts [concat "with -all match:" $fullMatchvar]

#regsub gets match sucess times and replaced string
set matches [ regsub -all {0x[0-9a-fA-F]+} $str 888 varName ]
puts [concat "success match times:" $matches]
puts [concat "got replaced string:" $varName]
```

执行命令 tclsh regular.tcl，可以得到如下结果。

```
without -line match: Hello
Formal!
with -line match: Hello
without -all match: 0x3987
with -all match: 0x1F
success match times: 2
got replaced string: 0543 888 31 888 39
```

6.3　本章小结

和很多编程语言一样，TCL 也是易学易忘的，所以推荐读者利用艾宾浩斯遗忘曲线规律去学习。这里给出一份学习计划，见表 6-8。按照此计划，配合书中提供的代码运行实践，可取得较好的学习效果。

表 6-8　TCL 学习计划

序号	学习日期	学习内容	复习周期				
			30min	1天	2天	4天	7天
1		参数，三种置换	1				
2		变量操作 set/incr/append	2	1			
3		数组和 list 操作	3	2	1		
4		if-elseif-else	4	3	2		
5		while/for/foreach	5	4	3	1	
6		子程序	6	5	4	2	
7		命名空间	7	6	5	3	
8		局部变量和全局变量	8	7	6	4	1
9		文件操作	9	8	7	5	2
10		正则表达式	10	9	8	6	3
11				10	9	7	4
12					10	8	5
13						9	6
14						10	7

对于 TCL，本章只给出了一些基本语法，在实际工程中，需要用到的命令不仅限于本章所介绍的，各种工具都有自己的命令，本章只是学习 TCL 的起点。

至此，关于形式化验证的基础部分就全部介绍完毕了。第 1、2 章主要介绍了芯片验证的方法学和现状，引出形式化验证的概念以及它的作用和意义；第 3 章介绍了形式化验证的算法原理；第 4 章介绍了形式化验证流程，用一个定时器示例展示如何做形式化验证；第 5 章和第 6 章分别介绍了形式化验证需要的语言 SVA 和 TCL。

从下一章开始将进入形式化验证实战部分。第 7 章介绍形式化验证工具；第 8～13 章分别介绍六种常用的形式化验证工具的应用场景、操作方法和易错点。

实战篇

第 7 章

形式化验证工具介绍

7.1 概述

首先，要有 EDA 工具才能开展形式化验证的工作。那么有哪些 EDA 厂商提供了形式化验证工具？各家厂商提供了哪些商业化的形式化验证工具？不同 EDA 厂商的形式化验证工具又各有什么特点？

目前，用于动态仿真的 EDA 工具有 VCS、xrun 和 QuestaSim。它们对应的 EDA 厂商分别是新思科技（Synopsys）、楷登电子（Cadence）和西门子（Simens，2017 年 Mentor Graphics 被西门子收购）。这些 EDA 厂商也都有各自的形式化验证工具，表 7-1 给出了不同厂商对应的 EDA 工具。

表 7-1 不同厂商对应的 EDA 工具

EDA 厂商	动态仿真工具	形式化验证工具
新思科技（Synopsys）	VCS	VC Formal
楷登电子（Cadence）	xrun	Jaspergold
西门子（Simens）	QuestaSim	Questa Formal

除此之外，国外还有一些公司也开发了形式化验证工具，比如 OneSpin 的 360 DV 系列。一些大公司同样自研了形式化验证平台，且只提供给公司内部使用，例如 Intel 的 Forte、IBM 的 SixthSense 等。

国内的形式化验证工具有国微芯的 EsseFormal、阿卡思微电子的 AveMC 和芯华章的穹瀚（GalaxFV）等。

7.2 新思科技的 VC Formal

新思科技的形式化验证工具是 VC Formal，它主要包括 12 种形式化验证应用程序（Application，APP）。这 12 种 APP 都有各自擅长的验证领域，其描述见表 7-2。

表 7-2 新思科技的形式化验证 APP

形式化验证 APP	描述
形式化属性验证（Formal Assertion-Based Property Verification，FPV）	FPV 通过验证断言语言描述的规则来验证 DUT 功能的正确性。FPV 是集成测试环境，包括代码呈现、属性展示和 Verdi 调试窗口等
自动属性提取（Automatic Extracted Property Checks，AEP）	AEP 可自动检测 RTL 代码是否存在数组访问越界、算术运算溢出、多重驱动以及信号未连接等问题。它不需要仿真环境，也不需要手动加断言，只要读入设计，工具便会自动检测上述问题
形式化覆盖率分析（Formal Coverage Analysis，FCA）	FCA 可以分析设计中不可达的覆盖点，从而减少分析代码覆盖率的时间。另外，FCA 还可以进行形式化验证的覆盖率分析，以实现形式化验证的签核
连接性检查（Connectivity Checking，CC）	CC 可以检查信号的连接性，其在调试过程中可以展示原理图、代码和信号值反标等，大大节约了调试时间
时序等价性检查（Sequential Equivalence Checking，SEQ）	SEQ 可以检查两个 RTL 设计的时序等价性。例如，在重新切割流水线或者使用门控时钟进行电路的功耗优化后，可以使用 SEQ 验证改动是否正确
形式化寄存器验证（Formal Register Verification，FRV）	FRV 是对寄存器行为进行形式化验证的工具。寄存器行为包括只读、只写、可读可写等，FRV 可以代替动态仿真进行寄存器行为验证
形式化 X 态传播验证（Formal X-Propagation Verification，FXP）	FXP 工具可以检查设计中是否有不希望的 X 态传播
形式化验证平台分析（Formal Testbench Analyzer，FTA）	FTA 可以通过自动错误注入，检测断言是否缺失，以及是否存在不正确的断言和约束
形式化保密验证（Formal Security Verification，FSV）	FSV 可以验证安全数据不会泄漏到非安全区域，同时非安全数据不应该访问安全区域
形式化数据路径验证（Formal Datapath Verification，DPV）	DPV 主要用于比较数据路径上 RTL 和 C/C++ 模型的一致性
功能安全验证（Functional Safety Verification，FuSa）	FuSa 是用于功能安全方面的形式化验证工具，例如用于汽车 SoC。该工具根据可观测性或可检测性标准对故障进行识别和分类，从而缩短验证周期
形式化低功耗验证（Formal Low Power，FLP）	FLP 可以用于模块级功耗验证。它也可以联合 FPV、CC 工具一起完成功耗验证

7.3 楷登电子的 JasperGold

楷登电子（Cadence）的形式化验证工具为 JasperGold。该工具主要有 13 个 APP。表 7-3 给出了各种 APP 及其主要功能的描述。

表 7-3 楷登电子的形式化验证 APP

形式化验证 APP	描述
形式化属性验证（Formal Property Verification，FPV）	FPV 通过验证断言语言描述的断言规则来验证 DUT 功能的正确性
时序等价性检查（Sequential Equivalence Checking，SEC）	SEC 是时序等价性检查工具
设计覆盖率验证（Design Coverage Verification，COV）	COV 可生成一组全面的覆盖率数据，它需要和其他 Jasper 应用程序一起使用来完成覆盖率收集。同时，它也可以与 Cadence 的动态仿真工具的覆盖率结合，作为签核的一个重要依据
不可达分析（Unreachability，UNR）	UNR 可以找出不可达的覆盖点，节省了工程师人工分析这些覆盖点的时间
X 态传播检查（X-Propagation Verification，XPROP）	检查设计中是否有不希望的 X 态传播
控制和状态寄存器验证（Control and Status Register，CSR）	CSR 是验证寄存器功能的形式化验证工具
连接性验证（Connectivity Verification，CONN）	CONN 用于验证信号之间的连接关系
超级语法检查（Superlint）	集合了传统的静态 Lint 检查工具和形式化验证分析，可以从 RTL 代码中自动提取断言并分析，包括多重赋值、运算溢出、状态机死锁和数组越界访问等 新思科技的 VC Spyglass Lint 工具涵盖了传统的静态 Lint 检查
行为级断言合成（Behavioral Property Synthesis，BPS）	BPS 以 RTL 和仿真波形作为输入，自动产生断言，并且把断言按高、中、低的级别分类，这样用户即使对断言语言甚至对设计都不了解，仍然可以进行形式化验证
形式化低功耗验证（Low-Power Verification，LPV）	LPV 是低功耗形式化验证工具，用以减少低功耗设计的风险。它可以自动生成断言，自动检查设计结构和行为、功耗意图和低功耗设计准则。并且可以详尽地验证功耗修改没有造成任何新的危险
保密路径验证（Security Path Verification，SPV）	SPV 可以确保加密数据不会被非法访问
异步时钟域检查（Clock Domain Crossing，CDC）	CDC 工具用于异步跨时钟域的检查 新思科技的 VC Spyglass CDC 也可以实现 CDC 检查功能
形式化安全验证（Formal Safety Verification，FSV）	FSV 通过增加故障鉴定和传播分析来帮助提高整体的安全性验证

7.4 西门子的 Questa Formal

西门子的形式化验证工具为 Questa Formal，其主要有 9 个 APP。表 7-4 给出了各种 APP 及其主要功能的描述。

表 7-4　西门子的形式化验证 APP

形式化验证 APP	描述
Questa AutoCheck	该工具自动产生断言，并检查通用的 RTL 编码问题，无需 TB，无需人工编写断言
Questa Connectivity Check	该工具检查指定的连接，不需要专业的形式化验证知识
Questa CoverCheck	该工具分析 RTL 设计中的不可达的覆盖点，用于更快地实现代码覆盖率收敛
Questa Post-Silicon Debug	该工具用于帮助流片后的验证，通过设置约束和初始条件来复现问题，帮助分析和调试
Questa Property Checking	该工具基于断言验证 DUT 功能是否符合规范
Questa Register Check	该工具读取 RTL 和寄存器描述文件，并自动创建断言去验证它们
Questa Secure Check	该工具的输入是 RTL 文件和指明哪里是安全部分的规范说明，工具会自动验证这些区域的数据是否绝对安全
Questa Sequential Logic Equivalence Checking（SLEC）	该工具用于比较两套 RTL 代码的时序等价性
Questa X-Check	该工具用于检查设计中是否存在 X 态传播问题

7.5 工具的对标比较

根据 7.2 ~ 7.4 节的介绍，可以清楚地看到，形式化验证工具的特点是在特定领域有专门的应用工具，例如连接性检查是验证信号的连接性是否正确，时序等价性检查是验证较小的改动是否符合预期，形式化属性验证则是针对功能验证等。

EDA 厂商的形式化验证工具集内的 APP 虽然名称可能不同，但是它们所面向的应用场景有很大的相似性，主要包括：

1）自动属性提取。
2）形式化属性验证。
3）时序等价性检查。

4）数据路径验证。

5）连接性检查。

6）覆盖率分析。

7）X 态传播检查。

8）寄存器检查。

9）跨时钟域检查。

10）形式化验证平台分析。

11）安全性检查。

12）保密性检查。

13）形式化低功耗验证。

表 7-5 给出了三家 EDA 厂商的 APP 对应关系。

表 7-5　三家 EDA 厂商的 APP 对应关系

形式化验证的工具	楷登电子的 Jaspergold	新思科技的 VC Formal	西门子的 Questa Formal
自动属性提取	Superlint	AEP	AutoCheck
形式化属性验证	FPV	FPV	Propery Checking
时序等价性检查	SEC	SEQ	Questa SLEC
连接性检查	CONN	CC	Connectivity Check
覆盖率分析（包括不可达检查）	COV/UNR	FCA	CoverCheck
X 态传播检查	XPROP	FXP	X-Check
数据路径验证	C2RTL	DPV	Calypto SLEC
寄存器检查	CSR	FRV	Register Check
跨时钟域检查	CDC	VC Spyglass CDC 实现 CDC 检查	
形式化验证平台分析		FTA	
安全性检查	FSV（Formal Safety Verification）	FuSa	
保密性检查	SPV	FSV（Formal Security Verification）	Questa Secure Check
形式化低功耗验证	LPV	FLP	
行为级断言产生	BPS		
流片后测试			Post-Silicon Debug

在表 7-5 中，前面七种 APP 比较常用，其中自动属性提取最为简单，在第 4 章的定时器示例中有涉及，另外 8 种会在后面的章节逐一介绍，其他 APP 只在本章做初步介绍，后续章节不会提及。由于每一家 EDA 厂商的形式化验证工具中同类型 APP 的名称有所不同，这里将这 7 种 APP 统一名称，以 VC Formal 中的 APP 名称为准，同时更详细地介绍每种形式化验证 APP 在 IC 验证中的具体使用场景和使用难度，见表 7-6。

表 7-6　常用形式化验证 APP 描述

形式化验证 APP	特性和使用场景	所需输入	使用难度
自动属性提取（AEP）	自动根据 DUT 提取断言，无需用户手动写断言，没有设计类型限制	DUT	小
形式化属性验证（FPV）	FPV 通过检查所有断言在约束指定的合法空间内是否有违规情况，从而验证设计是否和规范一致。工程师需要理解设计规范并使用断言语言	DUT + 断言 + 约束	最大
时序等价性检查（SEQ）	检查 DUT 改动后是否与改动前的时序等价一致。它适用的场景包括时序优化、门控时钟等改动的验证	改动前的 DUT + 改动后的 DUT	较大
连接性检查（CC）	检查 DUT 是否满足用户指定的连接规范，不需要写断言	DUT + 连接规范	中等
覆盖率分析（FCA）	用于分析设计中不可达的覆盖点，收集覆盖率	DUT + 仿真覆盖率数据库文件（可选）+ 约束（可选）	小
X 态传播检查（FXP）	用于检查是否有不希望的 X 态传播	DUT	小
数据路径验证（DPV）	用于数据路径的验证，通常用于检查 C 代码和 RTL 的一致性	DUT+C 代码	中等

不同的形式化验证 APP 的使用难度有所不同，图 7-1 所示为不同 APP 的难度梯状图。

这些 APP 会在本书的不同章节介绍，并且都附有例程，读者可以根据自身情况决定学习顺序。虽然 FPV 的使用难度最大，但是它也最重要，所以本书的后续章节将首先介绍 FPV。

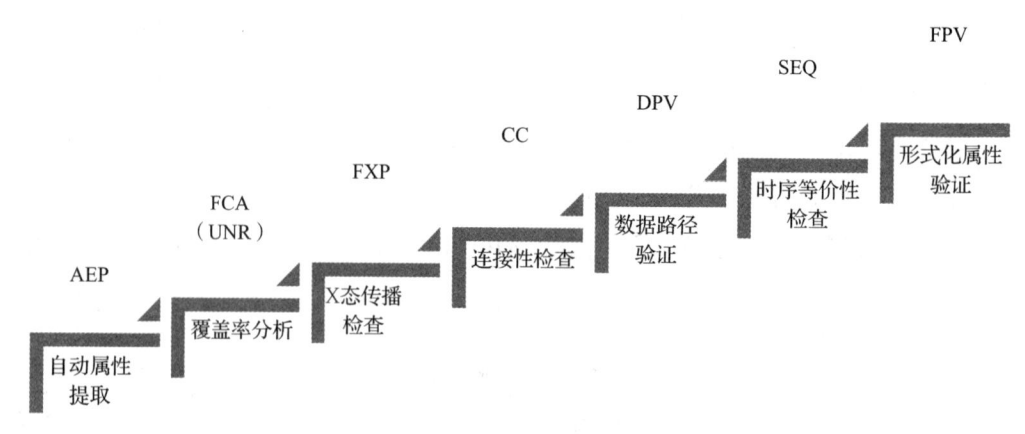

图 7-1　不同 APP 的难度梯状图

7.6　本章小结

本章主要介绍了三大 EDA 厂商的各类形式化验证 APP，通过表 7-5 可以看出，不同 EDA 厂商的大多数 APP 都是有相似性的，这些 APP 实现了对各种类型验证的全覆盖。读者通过本章可以形成对这些 APP 的初始印象，并在后续章节中加深对它们的理解。

第 8 章

形式化属性验证——FPV

本章首先引入一个基于 RISC 的小型 SoC 作为待测设计，其 CPU 采用 RISC-V 指令集，总线采用开源的 Wishbone 总线，并有定时器、通用异步收发传输器（Universal Asynchronous Receiver/Transmitter，UART）等外设。

该设计将贯穿本书此后的 5 章（第 8 ~ 12 章），其中：

1）本章使用形式化属性验证（FPV）来验证其功能的正确性。

2）第 9 章使用时序等价性检查来验证门控时钟功能的正确性。

3）第 10 章使用不可达检查来检查哪些覆盖点理论上不可达。

4）第 11 章使用连接性检查来检查信号是否进行了正确的连接。

5）第 12 章使用 X 态传播检查来检查是否有 X 态传播问题，以及该 SoC 的"部分好"（Partial Good，PG）功能是否正常工作。

本章首先详细介绍该 SoC 的特性和设计，然后根据实际设计列出 FPV 的验证计划，再介绍 FPV 工具的用途、流程和常见问题，最后实施形式化验证并给出验证结果。

8.1 基于 RISC-V 的微型 SoC

8.1.1 RISC-V SoC 的特性列表

RISC-V SoC 的特性包括：

1）CPU 采用 RISC-V 指令集，支持 32 位整数指令集 RV32I。

2）CPU 和外设支持 Wishbone 总线。

3）支持 4KB 只读存储器（Read-Only Memory，ROM）。

4）支持 4KB 静态随机存取存储器（Static Random-Access Memory，SRAM）。

5）支持一个 32 位的定时器（Timer）。

6）支持两路 UART。

7）支持 8 路通用输入输出端口（General Purpose Input/Output Port，GPIO）。

8）支持定时器和两路 UART 的"部分好"特性。

9）支持 CPU 发出非法地址的处理，处理方式是读为 0/写忽略（Read as Zero/Write Ignore，RAZ/WI）。

8.1.2 RISC-V SoC 的设计框图

RISC-V SoC 的设计框图如图 8-1 所示。其 CPU 基于 RISC-V 架构，实现了 32 位整数指令集 RV32I，CPU 和外设之间的数据总线采用开源的 Wishbone 总线，CPU 通过 Wishbone 总线互连模块与各个外设实现 Wishbone 总线互连。外设包括 ROM、SRAM、Timer、UART0、UART1 和 GPIO。此外，CSR 模块实现了多个控制寄存器和状态寄存器；Pinmux 模块控制 SoC 各个引脚的功能选择；x_fence 模块用于"部分好"特性中 X 态传播的处理；Default Slave 模块基于系统的健壮性考虑，用于 CPU 发出的非法地址访问的处理。

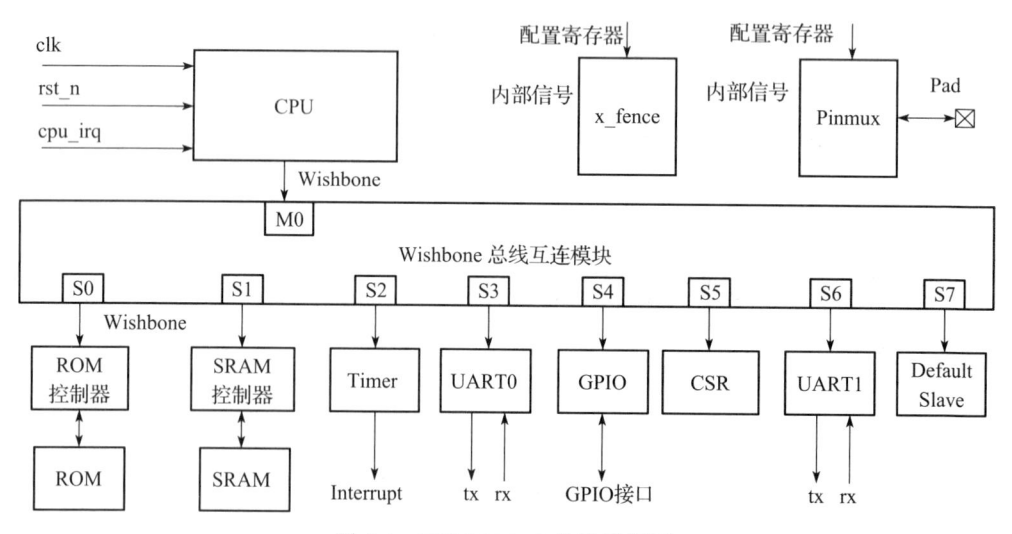

图 8-1 RISC-V SoC 的设计框图

8.1.3 RISC-V SoC 的顶层接口

RISC-V SoC 的顶层接口见表 8-1。

表 8-1 RISC-V SoC 的顶层接口

名称	位宽	方向	描述
clk	1	Input	时钟信号
rst_n	1	Input	复位信号，低电平有效
test_mode_pin	1	Input	测试模式的选择引脚 1 为测试模式 0 为功能模式
PAD_IO_0	1	Inout	双向 I/O 引脚
PAD_IO_1	1	Inout	双向 I/O 引脚
PAD_IO_2	1	Inout	双向 I/O 引脚
PAD_IO_3	1	Inout	双向 I/O 引脚
PAD_IO_4	1	Inout	双向 I/O 引脚
PAD_IO_5	1	Inout	双向 I/O 引脚
PAD_IO_6	1	Inout	双向 I/O 引脚
PAD_IO_7	1	Inout	双向 I/O 引脚

8.1.4 RISC-V SoC 的地址映射

RISC-V SoC 的地址映射见表 8-2。

表 8-2 RISC-V SoC 的地址映射

模块	起始地址	结束地址	空间大小
ROM	0x0000_0000	0x0000_0FFF	4KB
SRAM	0x2000_0000	0x2000_0FFF	4KB
Timer0	0x4000_0000	0x4000_0FFF	4KB
UART0	0x4000_1000	0x4000_1FFF	4KB
GPIO	0x4000_2000	0x4000_2FFF	4KB
CSR	0x4000_3000	0x4000_3FFF	4KB
UART1	0x4000_4000	0x4000_4FFF	4KB

8.1.5 RISC-V SoC 概述

RISC-V 是一种基于 RISC 的开源的指令集架构（Instruction Set Architecture，ISA），其中"V"表示第五代 RISC。与大多数 ISA 不同，RISC-V 是一款完全开放的 ISA，可以免费地用于所有设备中，并允许任何人设计、制作和销售基于 RISC-V 的芯片和软件。RISC-V 具有架构简单、开源免费、模块化及可扩展性好等优点，因此在工程中得到了广泛应用。

由于 RISC-V 的众多优势，这里选取 RISC-V 作为 CPU 的指令集架构。

学习类 SoC 的各个模块功能都相对简单。CPU 应能够完成取指、译码、执行、访存和写回等功能。指令的执行完全串行，不带流水线功能。支持的指令集为 RISC-V 标准的 RV32I 指令集。RV32I 的基本指令格式如图 8-2 所示。

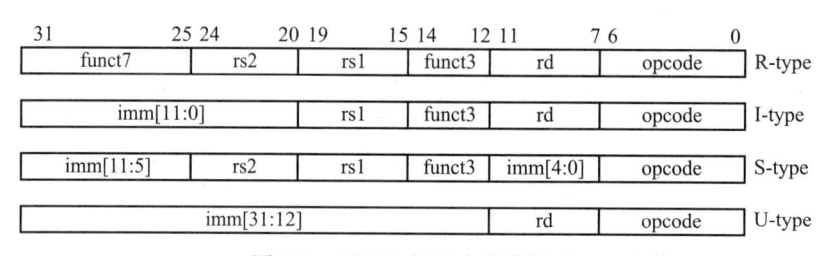

31	25 24	20 19	15 14	12 11	7 6	0	
funct7	rs2	rs1	funct3	rd	opcode		R-type
imm[11:0]		rs1	funct3	rd	opcode		I-type
imm[11:5]	rs2	rs1	funct3	imm[4:0]	opcode		S-type
imm[31:12]				rd	opcode		U-type

图 8-2 RV32I 的基本指令格式

在图 8-2 中，指令分为 4 个大类，即 R 类（R-type）、I 类（I-type）、S 类（S-type）和 U 类（U-type）。

1）R 类指令主要用于寄存器与寄存器之间的算术运算操作。

2）I 类指令主要用于寄存器与立即数之间的算术运算和读存储器操作。

3）S 类指令主要用于写存储器操作。

4）U 类指令主要用于构造常数和跳转操作。

图 8-2 中的 rs1 和 rs2 表示两个源寄存器，rd 表示目的寄存器，opcode 表示指令码，imm 表示立即数，funct3 和 funct7 选择操作类型。

RV32I 包含 32 个系统寄存器，即 x0~x31。因此，rs1、rs2 和 rd 都是 5 位的。

RV32I 共有 47 条指令，其中 10 条是系统指令，由于系统指令比较特殊，作为学习型 SoC，这里不支持。而这里支持的 RV32I 核心的 37 条指令如图 8-3 所示。

imm[31:12]				rd	0110111	LUI
imm[31:12]				rd	0010111	AUIPC
imm[20|10:1|11|19:12]				rd	1101111	JAL
imm[11:0]		rs1	000	rd	1100111	JALR
imm[12|10:5]	rs2	rs1	000	imm[4:1|11]	1100011	BEQ
imm[12|10:5]	rs2	rs1	001	imm[4:1|11]	1100011	BNE
imm[12|10:5]	rs2	rs1	100	imm[4:1|11]	1100011	BLT
imm[12|10:5]	rs2	rs1	101	imm[4:1|11]	1100011	BGE
imm[12|10:5]	rs2	rs1	110	imm[4:1|11]	1100011	BLTU
imm[12|10:5]	rs2	rs1	111	imm[4:1|11]	1100011	BGEU
imm[11:0]		rs1	000	rd	0000011	LB
imm[11:0]		rs1	001	rd	0000011	LH
imm[11:0]		rs1	010	rd	0000011	LW
imm[11:0]		rs1	100	rd	0000011	LBU
imm[11:0]		rs1	101	rd	0000011	LHU
imm[11:5]	rs2	rs1	000	imm[4:0]	0100011	SB
imm[11:5]	rs2	rs1	001	imm[4:0]	0100011	SH
imm[11:5]	rs2	rs1	010	imm[4:0]	0100011	SW
imm[11:0]		rs1	000	rd	0010011	ADDI
imm[11:0]		rs1	010	rd	0010011	SLTI
imm[11:0]		rs1	011	rd	0010011	SLTIU
imm[11:0]		rs1	100	rd	0010011	XORI
imm[11:0]		rs1	110	rd	0010011	ORI
imm[11:0]		rs1	111	rd	0010011	ANDI
0000000	shamt	rs1	001	rd	0010011	SLLI
0000000	shamt	rs1	101	rd	0010011	SRLI
0100000	shamt	rs1	101	rd	0010011	SRAI
0000000	rs2	rs1	000	rd	0110011	ADD
0100000	rs2	rs1	000	rd	0110011	SUB
0000000	rs2	rs1	001	rd	0110011	SLL
0000000	rs2	rs1	010	rd	0110011	SLT
0000000	rs2	rs1	011	rd	0110011	SLTU
0000000	rs2	rs1	100	rd	0110011	XOR
0000000	rs2	rs1	101	rd	0110011	SRL
0100000	rs2	rs1	101	rd	0110011	SRA
0000000	rs2	rs1	110	rd	0110011	OR
0000000	rs2	rs1	111	rd	0110011	AND

图 8-3 支持的 RV32I 核心的 37 条指令

各个指令的具体描述见表 8-3。

表 8-3 指令的具体描述

指令	含义 （imm 表示立即数）	描述
LUI	Load Upper imm	将立即数放到目的寄存器 rd 的高 20 位，rd 的低 12 位填 0
AUIPC	Add Upper imm to PC（Program Counter）	20 位立即数作为高位，低 12 位填 0 作为偏移量，然后将偏移量加 PC，结果写入 rd，PC 值不变
JAL	Jump and Link	跳转指令，将立即数的 2 倍进行符号扩展，加上 PC 作为跳转地址，同时将 PC+4 保存到 rd 中

（续）

指令	含义 （imm 表示立即数）	描述
JALR	Jump and Link Register	跳转指令，rs1 加上 12 位有符号立即数，然后将最低位设置为 0，作为跳转地址，同时将 PC+4 保存到 rd 中
BEQ	Branch Equal	分支指令，如果 rs1 和 rs2 相等则跳转，否则 PC+4 分支指令的跳转地址均为（PC+ 有符号的立即数的两倍），下文中分支指令的跳转地址计算规则相同
BNE	Branch Not Equal	分支指令，如果 rs1 和 rs2 不相等则跳转
BLT	Branch Less than	分支指令，如果 rs1 小于 rs2 则跳转，有符号比较
BGE	Branch Greater or Equal than	分支指令，如果 rs1 大于或等于 rs2 则跳转，有符号比较
BLTU	Branch Less than Unsigned	分支指令，如果 rs1 小于 rs2 则跳转，无符号比较
BGEU	Branch Greater or Equal than Unsigned	分支指令，如果 rs1 大于或等于 rs2 则跳转，无符号比较
LB	Load Byte	load 指令，从存储器中读一个 8 位数值，符号扩展后写入 rd 中 所有 load 指令的存储器地址来自 rs1 加 12 位立即数的有符号扩展
LH	Load Half-word	load 指令，从存储器中读一个 16 位数值，符号扩展后写入 rd 中
LW	Load Word	load 指令，从存储器中读一个 32 位数值，写入 rd 中
LBU	Load Byte Unsigned	load 指令，与 LB 指令类似，区别是无符号扩展
LHU	Load Half Word Unsigned	load 指令，与 LH 指令类似，区别是无符号扩展
SB	Store Byte	Store 指令，将 rs2 的值的低 8 位复制到存储器中 所有 Store 指令的存储器地址来自 rs1 加 12 位立即数的有符号扩展
SH	Store Half-word	Store 指令，将 rs2 的值的低 16 位复制到存储器中
SW	Store Word	Store 指令，将 rs2 的值复制到存储器中
ADDI	ADD imm	对立即数进行符号扩展，然后加上 rs1，结果写入 rd
SLTI	Set Less than imm	如果 rs1 小于符号扩展的立即数，将 1 写入 rd；反之将 0 写入 rd
SLTIU	Set Less than imm Unsigned	与 SLTI 指令类似，区别是无符号数比较
XORI	XOR imm	rs1 与符号扩展后的 12 位立即数进行按位异或操作，结果写入 rd
ORI	OR imm	rs1 与符号扩展后的 12 位立即数进行按位或操作，结果写入 rd
ANDI	AND imm	rs1 与符号扩展后的 12 位立即数进行按位与操作，结果写入 rd

(续)

指令	含义 (imm 表示立即数)	描述
SLLI	Shift Left Logical imm	rs1 逻辑左移，移位次数来自指令中的立即数的低 5 位，结果写入 rd
SRLI	Shift Right Logical imm	rs1 逻辑右移，移位次数来自指令中的立即数的低 5 位，结果写入 rd，逻辑右移时左边补 0
SRAI	Shift Right Arithmetic imm	rs1 算术右移，移位次数来自指令中的立即数的低 5 位，结果写入 rd，算术右移时符号位一起移动
ADD	ADD	rs1+rs2，结果写入 rd
SUB	SUB	rs1−rs2，结果写入 rd
SLL	Shift Left Logical	rs1 逻辑左移，移位次数来自 rs2 的低 5 位，结果写入 rd
SLT	Set Less than	符号数的比较，如果 rs1<rs2，将 1 写入 rd；反之将 0 写入 rd
SLTU	Set Less than Unsigned	无符号数的比较，如果 rs1<rs2，将 1 写入 rd；反之将 0 写入 rd
XOR	XOR	rs1 与 rs2 按位异或，结果写入 rd
SRL	Shift Right Logical	rs1 逻辑右移，移位次数来自 rs2 的低 5 位，结果写入 rd
SRA	Shift Right Arithmetic	rs1 算术右移，移位次数来自 rs2 的低 5 位，结果写入 rd
OR	OR	rs1 与 rs2 按位或，结果写入 rd
AND	AND	rs1 与 rs2 按位与，结果写入 rd

限于篇幅，这里只简要介绍 RV32I 指令集中的 37 条指令。更多详细内容请读者参考 RISC-V 的规范文档。

8.1.6 Wishbone 总线概述

Wishbone 总线是一种轻量级协议，结构简单，并且是开源免费的，它通过在不同模块之间建立一个通用的总线接口完成互连。

Wishbone 总线支持主设备（Master）和从设备（Slave），且支持单次读写、块读写和读改写等。其数据总线宽度可以是 8 ～ 64 位，支持正常结束、重试结束和错误结束总线事务的方式，支持用户自定义标签。

由于 Wishbone 总线具有开放、简单、灵活和支持用户自定义标签等特性，其目前已有广泛应用，很多 IP 核都采用 Wishbone 总线。

在 RISC-V SoC 中，CPU 属于 Wishbone 总线主设备，各个外设属于 Wishbone 总线从设备，这里使用的 Wishbone 数据总线宽度为 64 位。结合 Wishbone 总线协议，Wishbone 总线主设备接口描述见表 8-4。

表 8-4　Wishbone 总线主设备接口描述

信号名	位宽	方向	描述
CLK_I	1	输入	时钟信号
RST_I	1	输入	复位信号
ADR_O	由具体实现指定	输出	地址信号，主设备输出
DAT_O	32	输出	写数据
SEL_O	4	输出	数据总线的字节使能信号，高电平有效
WE_O	1	输出	Write Enable，写使能，表示是读周期还是写周期，1 表示写周期
CYC_O	1	输出	总线周期信号，该信号在一次总线操作过程中必须持续有效
STB_O	1	输出	Strobe 信号，表明一次有效的数据传输周期
DAT_I	32	输入	读数据
ACK_I	1	输入	从设备应答信号，ACK 为高电平表示成功
ERR_I	1	输入	从设备应答信号，ERR 为高电平表示错误

Wishbone 总线从设备接口描述见表 8-5。

表 8-5　Wishbone 总线从设备接口描述

信号名	位宽	方向	描述
CLK_I	1	输入	时钟信号
RST_I	1	输入	复位信号
ADR_I	由具体实现指定	输入	地址信号，主设备输出
DAT_I	32	输入	写数据
SEL_I	4	输入	数据总线的字节使能信号，高电平有效
WE_I	1	输入	Write Enable，写使能，表示是读周期还是写周期，1 表示写周期
CYC_I	1	输入	总线周期信号，该信号在一次总线操作过程中必须持续有效
STB_I	1	输入	Strobe 信号，表明一次有效的数据传输周期
DAT_O	32	输出	读数据
ACK_O	1	输出	从设备应答信号，ACK 为高电平表示成功
ERR_O	1	输出	从设备应答信号，ERR 为高电平表示错误

Wishbone 总线单次读操作的时序图如图 8-4 所示。作为学习型 SoC，这里没有实现对块操作的处理。

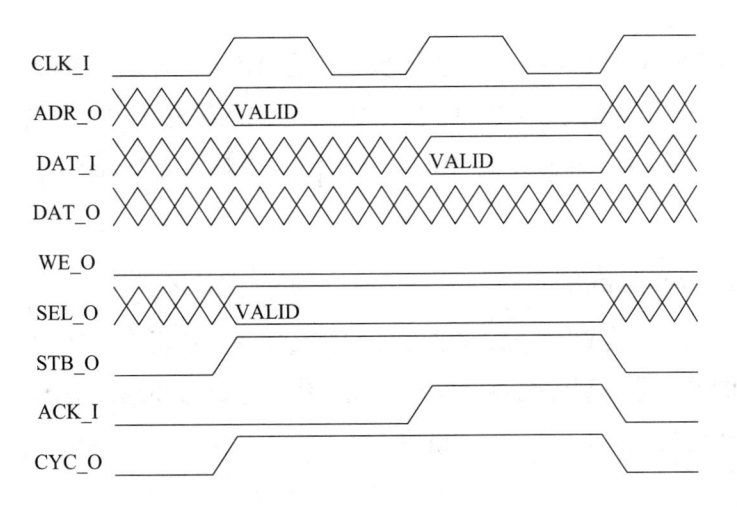

图 8-4 Wishbone 总线单次读操作的时序图

Wishbone 总线单次写操作的时序图如图 8-5 所示。

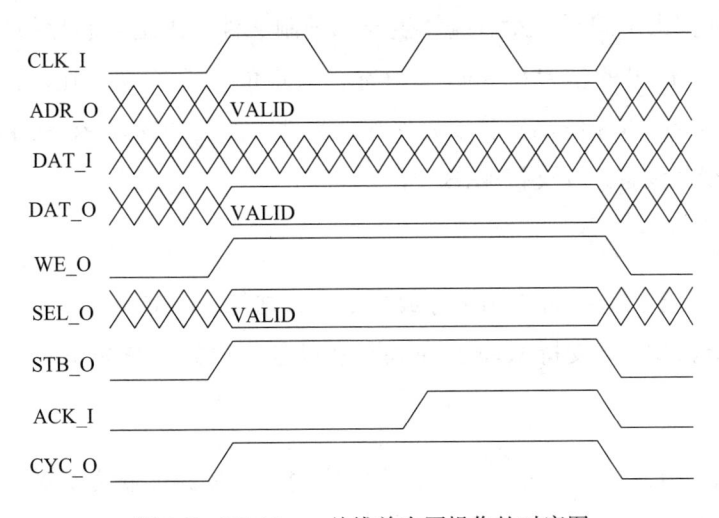

图 8-5 Wishbone 总线单次写操作的时序图

限于篇幅，这里只简要介绍 Wishbone 总线的接口和时序。更多详细内容可参考 Wishbone 总线的规范文档。

8.1.7 RISC-V SoC 各个子模块的功能

1. CPU

CPU 是 RISC-V 的核心模块，它实现了符合 RISC-V 标准的 RV32I 指令集的 47 条指令中核心的 37 条指令。CPU 内部实现了 Wishbone 总线的主设备功能，通过总线接口单元（Bus Interface Unit，BIU）模块，实现对外部 Wishbone 总线从设备的访问。

2. wb_interconnect

wb_interconnect 是 Wishbone 总线互连的核心模块，负责将来自 CPU 的 Wishbone 总线主设备的事务分发到各个存储器和外设。各个存储器和外设都作为 Wishbone 总线的从设备挂接在 wb_interconnect 模块上。

3. ROM

ROM 通常用于存放芯片的引导加载程序（Bootloader，BL）。ROM 的内容是只读的，CPU 启动后首先会读取 ROM 的内容，运行启动程序。在实际项目中，启动程序一般由软件人员编写，然后编译生成二进制文件，再结合芯片的具体工艺，固化到 ROM 中。这里的学习型 SoC 采用寄存器堆的方式实现。在动态仿真的环境下，通过 $readmemh 系统函数将预先保存在文件中的指令读入 ROM 中。ROM 支持 Wishbone 总线从设备，并支持 4KB 空间。

4. SRAM

SRAM 相当于内存，可以用于存放指令、数据等。CPU 通过各类 load、store 指令访问 SRAM。SRAM 支持 Wishbone 总线从设备，并支持 4KB 空间。

5. UART

UART 通信方式简单且稳定可靠，广泛应用于对数据传输速度要求不高的场合。UART 采用异步通信方式，波特率可配置。

UART 通常作为 CPU 的外设使用，CPU 可以通过 UART 接收外部信息，同时也可以通过 UART 实现打印输出等功能。UART 支持 Wishbone 总线从设备，波特率可配置，且支持回环模式（Loopback），支持发送 FIFO 和接收 FIFO 缓存。

UART 模块的寄存器描述见表 8-6。在寄存器属性中，RW 表示可读可写（Read/Write），WO 表示只写（Write Only），RO 表示只读（Read Only）。

表 8-6 UART 模块的寄存器描述

寄存器名称	偏移地址	msb	lsb	属性	描述
csr_uart_div	0x0	31	0	RW	波特率配置寄存器，用于配置时钟分频数值
send_reg	0x4	7	0	WO	写发送 FIFO
rx_fifo_rd_data	0x8	7	0	RO	读接收 FIFO，返回 FIFO 读数据
csr_uart_status	0xC	1	1	RO	接收 FIFO 的空标志
		0	0	RO	发送 FIFO 的满标志
csr_uart_ctrl	0x10	7	3	RW	保留
		2	2	RW	rx_free_run，当配置为 1 时，串口的接收侧门控时钟总是使能的
		1	1	RW	tx_free_run，当配置为 1 时，串口的发送侧门控时钟总是使能的
		0	0	RW	Loopback 回环模式配置，1 为回环模式，0 为正常工作模式

6. Timer

Timer 即定时器模块，它实现了 32 位的定时器，支持 Wishbone 总线从设备，且支持中断生成。Timer 包含 32 位的向下计数的计数器，在计数到 0 后重新从重载值（Reload）开始计数，同时上报一拍有效的中断。

Timer 模块的寄存器描述见表 8-7。

表 8-7 Timer 模块的寄存器描述

寄存器名称	偏移地址	msb	lsb	属性	描述
csr_regs_reload	0x0	31	0	RW	设置计数器的重载值
current_value	0x4	31	0	RO	当前计数值
csr_regs_ctrl	0x8	1	1	RW	门控时钟使能/禁止
		0	0	RW	控制定时器使能/禁止
csr_regs_intr_en	0xc	0	0	RW	中断使能/禁止

7. GPIO

通用输入输出模块（General Purpose Input Output，GPIO）是 CPU 的常用外设，其支持 Wishbone 总线从设备，且支持 8 路 I/O，输入、输出可配置。

GPIO 模块的寄存器描述见表 8-8。

表 8-8 GPIO 模块的寄存器描述

寄存器名称	偏移地址	msb	lsb	属性	描述
csr_gpio_out_reg	0x0	7	0	RW	GPIO 输出值配置
gpio_in	0x4	7	0	RO	GPIO 输入值
csr_gpio_direct_out	0x8	7	0	RW	GPIO 方向控制，1 为输出，0 为输入，默认为输入

8. CSR

CSR 即控制和状态寄存器模块，它实现了 Wishbone 总线从设备，并实现了 Pinmux 相关寄存器、x_fence 模块的控制寄存器和测试信号配置寄存器等设计所需的寄存器。

CSR 模块的寄存器描述见表 8-9。

表 8-9 CSR 模块的寄存器描述

寄存器名称	偏移地址	msb	lsb	属性	描述
cfg_uart_en	0x0	0	0	RW	UART0 配置使能 / 禁止，用于 Pinmux
		1	1	RW	UART1 配置使能 / 禁止，用于 Pinmux
cfg_test_sig_sel	0x4	1	0	RW	测试模式下，选择引脚输出的测试信号来源 0：选择 CPU 的信号 1：选择 UART0 模块的信号 2：选择 UART1 模块的信号
test_reg	0x8	31	0	RW	测试寄存器，可以用于寄存器读写测试等
cfg_xfence	0xC	0	0	RW	cfg_xfence_uart0 为 0 表示屏蔽 UART0 模块输出的 X 态传播；为 1 表示正常模式
		1	1	RW	cfg_xfence_uart1 为 0 表示屏蔽 UART1 模块输出的 X 态传播；为 1 表示正常模式
		2	2	RW	cfg_xfence_timer 为 0 表示屏蔽 Timer 模块输出的 X 态传播；为 1 表示正常模式

9. Default Slave

为了提高系统的健壮性，防止 CPU 访问非法地址时因无响应导致系统挂死，这里加入了 Default Slave 模块。当 CPU 发出的总线地址为非法地址时，总线访问会进入该模块，其处理方式是写忽略，读返回 0。

10. Pinmux

Pinmux 模块用于芯片顶层 I/O 信号的处理，它可通过不同的配置来实现 I/O 引脚的复用功能。

11. x_fence

x_fence 模块可用于"部分好"特性的处理，并可用于屏蔽 X 态信号的传递。

8.2 RISC-V SoC 的 FPV 验证计划

8.2.1 验证策略和验证对象功能规范

使用 FPV 验证 CPU 和外设功能是否正确。RISC-V SoC 的具体设计详见 8.1 节，这里给出需要验证的主要功能特性。

1) CPU：37 条指令必须被正确执行。

2) UART：可以按照异步串行总线协议正确收发数据，CPU 可以写入待发送数据，并读出接收到的数据。

3) Timer：正确计数，并且在定时器中断使能的情况下可以发出中断信号给 CPU。

4) GPIO：输入、输出功能完全正确。

8.2.2 形式化验证平台描述

RISC-V SoC 的形式化验证平台如图 8-6 所示。

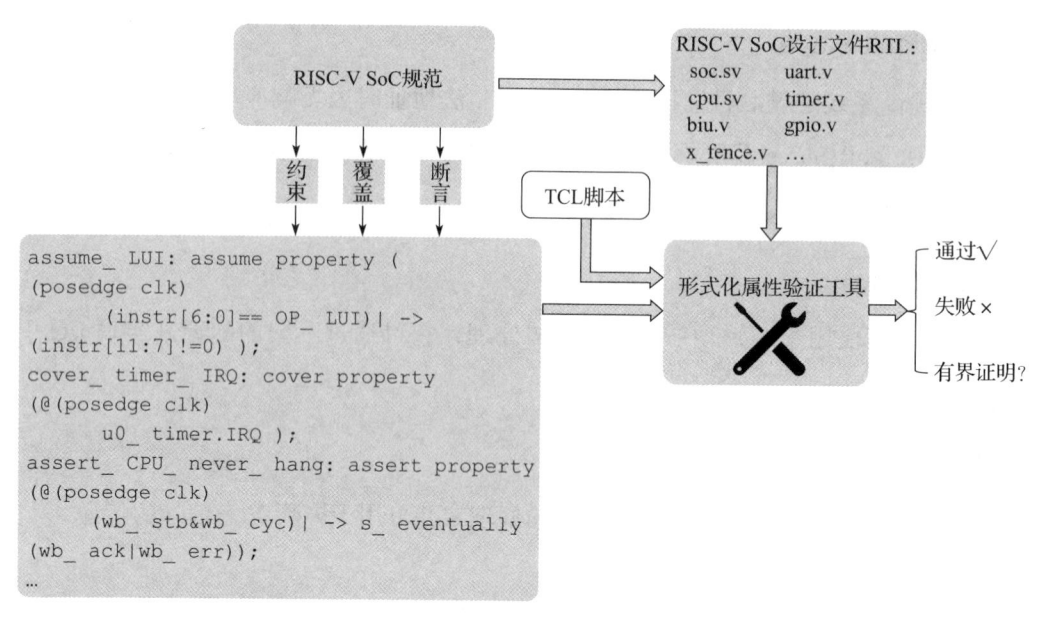

图 8-6　RISC-V SoC 的形式化验证平台

8.2.3　验证对象的断言规则描述

验证对象是一个基于 Wishbone 总线的 RISC-V SoC，包括 CPU 和 UART、定时器、GPIO 等外设，为了清晰地表示这个验证对象的断言集合，可以按照 CPU 断言集和外设断言集分别列表。对于 CPU 断言集，主要是针对每一条指令的断言验证，表 8-10～表 8-13 根据指令类型，列举了 CPU 指令的相关断言验证计划。其中 instr[6:0] 表示指令码，state 表示 CPU 执行指令的状态机信号，它使用独热码编码，状态包括取值（FETCH）、译码（DECODE）、执行（EXECUTE）、访存（MEM_ACCESS）和自陷（TRAP）。

表 8-10　U 类指令断言验证计划

断言名称	断言内容	断言描述
assert_LUI	(instr[6:0] == OP_LUI) |=> regs[instr[11:7]] == {instr[31:12],12'h000};	若执行 LUI，则下一拍 rd 的内容为 {instr[31:12],12'h000}
assert_AUIPC	((instr[6:0] == OP_AUIPC) && state== EXECUTE) |=> regs[instr[11:7]] == ($past(pc) + {instr[31:12],12'h000});	若执行 AUIPC，则下一拍 rd 的值被更新为 pc+{instr[31:12],12'h000}

（续）

断言名称	断言内容	断言描述
assert_JAL_1	((instr[6:0] == 7'b1101111) && state== EXECUTE) |=> pc == $past(pc) + $past(imm_J) ;	若执行 JAL，则下一拍 pc 的值应该是当前 pc 的值加上 imm_J，imm_J 来自指令中立即数的 2 倍进行符号扩展
assert_JAL_2	((instr[6:0] == 7'b1101111) && state== EXECUTE) |=> regs[instr[11:7]] == $past(pc) + 4 ;	若执行 JAL，则下一拍要把 pc+4 的值保存到 rd 里

表 8-11 I 类指令断言验证计划

断言名称	断言内容	断言描述
assert_JALR_1	((instr[6:0] == 7'b1100111) && state== EXECUTE) |=> pc == (($past(regs[instr[19:15]]) + $past(imm_I)) & 32'hffff_fffe) ;	若执行 JALR，则下一拍 pc 的值应该是当前 pc 的值加上立即数，并将最低位设置为 0
assert_JALR_2	((instr[6:0] == 7'b1100111) && state== EXECUTE) |=> regs[instr[11:7]] == $past(pc) + 4 ;	若执行 JALR，则下一拍要把 pc+4 的值保存到 rd 中
assert_LB1	((instr[6:0] == 7'b0000011) && (instr[14:12] == 3'b000) && state== EXECUTE) |-> ##[1:3] (wb_addr == (LW_addr_save & 32'hFFFFFFFF));	LB 访存指令的地址来自 rs1 加上符号扩展后的立即数
assert_LB2	((instr[6:0] == 7'b0000011) && (instr[14:12] == 3'b000) && state== EXECUTE) |-> ##[1:20] ($past(wb_ack,2) && (regs[LW_rs1_save] == ((LW_addr_save[1:0]==2'b00) ? {{24{$past(wb_rdata[7],2)}},$past(wb_rdata[7:0],2)} : ((LW_addr_save[1:0]==2'b01) ?{{24{$past(wb_rdata[15],2)}},$past(wb_rdata[15:8],2)}: ((LW_addr_save[1:0]==2'b10) ?{{24{$past(wb_rdata[23],2)}},$past(wb_rdata[23:16],2)}: {{24{$past(wb_rdata[31],2)}},$past(wb_rdata[31:24],2)})))));	LB 访存指令，将读出的相应字节的数据进行符号扩展后写入 rs1
assert_LH1	((instr[6:0] == 7'b0000011) && (instr[14:12] == 3'b001) && state== EXECUTE) |-> ##[1:3] (wb_addr == (LW_addr_save & 32'hFFFFFFFE));	LH 访存指令的地址来自 rs1 加上符号扩展后的立即数
assert_LH2	((instr[6:0] == 7'b0000011) && (instr[14:12] == 3'b001) && state== EXECUTE) |-> ##[1:5] ($past(wb_ack,2) && (regs[LW_rs1_save] == ((LW_addr_save[1:0]==2'b00) ? {{16{$past(wb_rdata[15],2)}},$past(wb_rdata[15:0],2)} : {{16{$past(wb_rdata[31],2)}},$past(wb_rdata[31:16],2)})));	LH 访存指令，将读出的相应半字的数据进行符号扩展后写入 rs1
assert_LW1	((instr[6:0] == 7'b0000011) && (instr[14:12] == 3'b010) && state== EXECUTE) |-> ##[1:3] (wb_addr == (LW_addr_save & 32'hFFFFFFFC));	LW 访存指令，将读出的相应的 32 位数据写入 rs1

（续）

断言名称	断言内容	断言描述
assert_LW2	((instr[6:0] == 7'b0000011) && (instr[14:12] == 3'b010) && state== EXECUTE) |-> ##[1:20] ($past(wb_ack,2) && (regs[LW_rs1_save] == $past(wb_rdata,2)));	LW 访存指令，将读出的相应的 32 位数据进行符号扩展后写入 rs1
assert_LBU1	((instr[6:0] == 7'b0000011) && (instr[14:12] == 3'b100) && state== EXECUTE) |-> ##[1:3] (wb_addr == (LW_addr_save & 32'hFFFFFFFF));	LBU 访存指令，地址来自 rs1 加上符号扩展后的立即数
assert_LBU2	((instr[6:0] == 7'b0000011) && (instr[14:12] == 3'b100) && state== EXECUTE) |-> ##[1:20] ($past(wb_ack,2) && (regs[LW_rs1_save] == ((LW_addr_save[1:0]==2'b00) ? {{24{1'b0}},$past(wb_rdata[7:0],2)} : ((LW_addr_save[1:0]==2'b01) ?{{24{1'b0}},$past(wb_rdata[15:8],2)}: ((LW_addr_save[1:0]==2'b10) ?{{24{1'b0}},$past(wb_rdata[23:16],2)}: {24{1'b0}},$past(wb_rdata[31:24],2)})))));	LBU 访存指令，将读出的相应的字节进行零扩展到 32 位后写入 rs1
assert_LHU1	((instr[6:0] == 7'b0000011) && (instr[14:12] == 3'b101) && state== EXECUTE) |-> ##[1:3] (wb_addr == (LW_addr_save & 32'hFFFFFFFE));	LHU 访存指令，地址来自 rs1 加上符号扩展后的立即数
assert_LHU2	((instr[6:0] == 7'b0000011) && (instr[14:12] == 3'b101) && state== EXECUTE) |-> ##[1:20] ($past(wb_ack,2) && (regs[LW_rs1_save] == ((LW_addr_save[1:0]==2'b00) ? {{16{1'b0}},$past(wb_rdata[15:0],2)} : {{16{1'b0}},$past(wb_rdata[31:16],2)})));	LHU 访存指令，将读出的相应的半字进行零扩展到 32 位后写入 rs1
assert_ADDI	((instr[6:0] == OP_ARITH_I) && (instr[14:12] == 3'b000) && state== EXECUTE) |=> regs[instr[11:7]] == ($past(imm_I) + $past(regs[instr[19:15]]));	若执行指令 ADDI，则下一拍 rd 的内容为 rs1 加立即数
assert_SLTI	((instr[6:0] == OP_ARITH_I) && (instr[14:12] == 3'b010) && state== EXECUTE) |=> regs[instr[11:7]] == ($past($signed(regs[instr[19:15]])) < $past($signed(imm_I))) ? 1'b1 :1'b0;	若执行指令 SLTI，则下一拍 rd 的内容为 rs1 是否小于立即数（带符号比较）
assert_SLTIU	((instr[6:0] == OP_ARITH_I) && (instr[14:12] == 3'b011) && state== EXECUTE) |=> regs[instr[11:7]] == ($past($unsigned(regs[instr[19:15]])) < $past($unsigned(imm_I))) ? 1'b1 :1'b0;	若执行指令 SLTIU，则下一拍 rd 的内容为 rs1 是否小于 rs2（无符号比较）
assert_ANDI	((instr[6:0] == OP_ARITH_I) && (instr[14:12] == 3'b111) && state== EXECUTE) |=> regs[instr[11:7]] == ($past($signed(regs[instr[19:15]])) & $past($signed(imm_I))) ;	若执行指令 ANDI，则下一拍 rd 的内容为 rs1 和符号位扩展的立即数的按位与

（续）

断言名称	断言内容	断言描述
assert_ ORI	((instr[6:0] == OP_ARITH_I) && (instr[14:12] == 3'b110) && state== EXECUTE) |=> regs[instr[11:7]] == ($past($signed(regs[instr[19:15]])) | $past($signed(imm_I))) ;	若执行指令 ORI，则下一拍 rd 的内容为 rs1 和符号位扩展的立即数的按位或
assert_ XORI	((instr[6:0] == OP_ARITH_I) && (instr[14:12] == 3'b100) && state== EXECUTE) |=> regs[instr[11:7]] == ($past($signed(regs[instr[19:15]])) ^ $past($signed(imm_I))) ;	若执行指令 XORI，则下一拍 rd 的内容为 rs1 和符号位扩展的立即数的按位异或
assert_ SLLI	((instr[6:0] == OP_ARITH_I) && (instr[14:12] == 3'b001) && (instr[31:25] ==7'b0) && state== EXECUTE) |=> regs[instr[11:7]] == $past(regs[instr[19:15]]) << $past(instr[24:20]) ;	若执行指令 SLLI，则下一拍 rd 的内容为 rs1 逻辑左移，移位次数为立即数低 5 位
assert_ SRLI	((instr[6:0] == OP_ARITH_I) && (instr[14:12] == 3'b101) && (instr[31:25] ==7'b0) && state== EXECUTE) |=> regs[instr[11:7]] == $past(regs[instr[19:15]]) >> $past(instr[24:20]) ;	若执行指令 SRLI，则下一拍 rd 的内容为 rs1 逻辑右移，移位次数为立即数低 5 位
assert_ SRAI_1	((instr[6:0] == OP_ARITH_I) && (instr[14:12] == 3'b101) && (instr[31:25] ==7'b0100000) && state== EXECUTE) |=> regs[instr[11:7]][31] == $past(regs[instr[19:15]][31]);	若执行指令 SRAI，则下一拍 rd 的符号位和 rs1 的符号位相等
assert_ SRAI_2	((instr[6:0] == OP_ARITH_I) && (instr[14:12] == 3'b101) && (instr[31:25] ==7'b0100000) && state== EXECUTE) |=> {1'b0,regs[instr[11:7]][30:0]} == (($past(regs[instr[19:15]])) >> $past(instr[24:20])) & 32'h7fff_ffff) ;	若执行指令 SRAI，则下一拍 rd 的低 31 位等于 rs1 逻辑右移，移位次数为立即数低 5 位

表 8-12　S 类指令断言验证计划

断言名称	断言内容	断言描述
assert_ BEQ	((instr[6:0] == 7'b1100011) && (instr[14:12] == 3'b000)　&& state== EXECUTE) |=> pc == (($past(regs[instr[19:15]]) == $past(regs[instr[24:20]]))? ($past(pc) + $past(imm_B)) : ($past(pc)+4));	若执行条件跳转指令 BEQ，那么下一拍 pc 值为：若 rs1 和 rs2 相等，则是当前 pc 值加上 imm_B，否则就是当前 pc 值加 4。imm_B 来自指令中立即数的 2 倍的符号扩展
assert_ BNE	((instr[6:0] == 7'b1100011) && (instr[14:12] == 3'b001)　&& state== EXECUTE) |=> pc == (($past(regs[instr[19:15]]) != $past(regs[instr[24:20]]))? ($past(pc) + $past(imm_B)) : ($past(pc)+4));	若执行条件跳转指令 BNE，那么下一拍 pc 值需要选择：若 rs1 和 rs2 不相等，则是当前 pc 值加上 imm_B，否则就是当前 pc 值加 4

（续）

断言名称	断言内容	断言描述
assert_BLT	((instr[6:0] == 7'b1100011) && (instr[14:12] == 3'b100) && state== EXECUTE) |=> pc == ((($past($signed(regs[instr[19:15]]))) < ($past($signed(regs[instr[24:20]]))))? ($past(pc) + $past(imm_B)) : ($past(pc)+4));	若执行条件跳转指令BLT，那么下一拍pc值为：若rs1小于rs2（带符号比较），则是当前pc值加上imm_B，否则就是当前pc值+4
assert_BLTU	((instr[6:0] == 7'b1100011) && (instr[14:12] == 3'b110) && state== EXECUTE) |=> pc == ((($past($unsigned(regs[instr[19:15]]))) < ($past($unsigned(regs[instr[24:20]]))))? ($past(pc) + $past(imm_B)) : ($past(pc)+4));	若执行条件跳转指令BLTU，那么下一拍pc值为：若rs1小于rs2（无符号比较），则是当前pc值加上imm_B，否则就是当前pc值+4
assert_BGE	((instr[6:0] == 7'b1100011) && (instr[14:12] == 3'b101) && state== EXECUTE) |=> pc == ((($past($signed(regs[instr[19:15]]))) >= ($past($signed(regs[instr[24:20]]))))? ($past(pc) + $past(imm_B)) : ($past(pc)+4));	若执行条件跳转指令BGE，那么下一拍pc值为：若rs1大于或等于rs2（带符号比较），则是当前pc值加上imm_B，否则就是当前pc值+4
assert_BGEU	((instr[6:0] == 7'b1100011) && (instr[14:12] == 3'b111) && state== EXECUTE) |=> pc == ((($past($unsigned(regs[instr[19:15]]))) >= ($past($unsigned(regs[instr[24:20]]))))? ($past(pc) + $past(imm_B)) : ($past(pc)+4));	若执行条件跳转指令BGEU，那么下一拍pc值为：若rs1大于或等于rs2（无符号比较），则是当前pc值加上imm_B，否则就是当前pc值+4
assert_SW	((instr[6:0] == 7'b0100011) && (instr[14:12] == 3'b010) && ex_state== EXECUTE) |-> ##1 wb_addr == ((($past(regs[instr[19:15]])) + $past(imm_S))&32'hFFFFFFFC) ; //low 2bits tie 0	若执行访存指令SW，那么访问地址wb_addr应该是rs1的值加上立即数，并且总线地址4字节对齐
assert_SW2	((instr[6:0] == 7'b0100011) && (instr[14:12] == 3'b010) && ex_state== EXECUTE) |-> ##[1:4] wb_wdata == (($past($unsigned(regs[instr[24:20]])))) ;	若执行SW2指令，那么wb_wdata应该来自rs2
assert_SH	((instr[6:0] == 7'b0100011) && (instr[14:12] == 3'b001) && ex_state== EXECUTE) |-> ##1 wb_addr == ((($past(regs[instr[19:15]])) + $past(imm_S))&32'hFFFFFFFE) ;	若执行访存指令SH，那么访问地址wb_addr应该是rs1的值加上立即数，并且总线地址2字节对齐
assert_SB	((instr[6:0] == 7'b0100011) && (instr[14:12] == 3'b000) && ex_state== EXECUTE) |-> ##1 wb_addr == ((($past(regs[instr[19:15]])) + $past(imm_S))&32'hFFFFFFFF) ;	若执行访存指令SB，那么访问地址wb_addr应该是rs1的值加上立即数，并且总线地址字节对齐

表 8-13 R 类指令断言验证计划

断言名称	断言内容	断言描述
assert_ADD	((instr[6:0] == 7'b0110011) && (instr[14:12] == 3'b000) &&(instr[31:25]==7'b0000000) && ex_state== EXECUTE) |-> ##1 regs[instr_r[11:7]] == ($past(regs[instr[24:20]]) + $past(regs[instr[19:15]]));	如果为 ADD 指令，rd 的值为 rs1+rs2
assert_SUB	((instr[6:0] == 7'b0110011) && (instr[14:12] == 3'b000) &&(instr[31:25]==7'b0100000) && ex_state== EXECUTE) |-> ##1 regs[instr_r[11:7]] == ($past(regs[instr[19:15]]) - $past(regs[instr[24:20]]));	如果为 SUB 指令，rd 的值为 rs1−rs2
assert_SLL	((instr[6:0] == 7'b0110011) && (instr[14:12] == 3'b001) &&(instr[31:25]==7'b0000000) && ex_state== EXECUTE) |-> ##1 regs[instr_r[11:7]] == ($past(regs[instr[19:15]]) << $past(regs[instr[24:20]][4:0]));	如果为 SLL 指令，rd 的值为 rs1 逻辑左移，移位数组为 rs2[4:0]
assert_SLT	((instr[6:0] == 7'b0110011) && (instr[14:12] == 3'b010) &&(instr[31:25]==7'b0000000) && ex_state== EXECUTE) |-> ##1 regs[instr_r[11:7]] == ($past($signed(regs[instr[19:15]])) < $past($signed(regs[instr[24:20]]))) ? 1'b1: 1'b0;	如果为 SLT 指令，那么当有符号比较结果为 rs1<rs2 时，rd 置 1；否则 rd 置 0
assert_SLTU	((instr[6:0] == 7'b0110011) && (instr[14:12] == 3'b011) &&(instr[31:25]==7'b01000000) && ex_state== EXECUTE) |-> ##1 regs[instr_r[11:7]] == ($past($unsigned(regs[instr[19:15]])) < $past($unsigned(regs[instr[24:20]]))) ? 1'b1: 1'b0;	如果为 SLTU 指令，那么当无符号比较结果为 rs1<rs2 时，rd 置 1；否则 rd 置 0
assert_XOR	((instr[6:0] == 7'b0110011) && (instr[14:12] == 3'b100) &&(instr[31:25]==7'b0000000) && ex_state== EXECUTE) |-> ##1 regs[instr_r[11:7]] == ($past(regs[instr[19:15]]) ^ $past(regs[instr[24:20]]));	如果为 XOR 指令，rd 的值为 rs1 和 rs2 按位异或
assert_SRL	((instr[6:0] == 7'b0110011) && (instr[14:12] == 3'b101) &&(instr[31:25]==7'b0000000) && ex_state== EXECUTE) |-> ##1 regs[instr_r[11:7]] == ($past(regs[instr[19:15]]) >> $past(regs[instr[24:20]][4:0]));	如果为 SRL 指令，rd 的值为 rs1 逻辑右移，移位数组为 rs2[4:0]
assert_SRA	((instr[6:0] == 7'b0110011) && (instr[14:12] == 3'b101) &&(instr[31:25]==7'b0100000) && ex_state== EXECUTE) |-> ##1 $signed(regs[instr_r[11:7]]) == ($past($signed(regs[instr[19:15]])) >>> $past((regs[instr[24:20]][4:0])));	如果为 SRA 指令，rd 的值为 rs1 算术右移，移位数组为 rs2[4:0]
assert_OR	((instr[6:0] == 7'b0110011) && (instr[14:12] == 3'b110) &&(instr[31:25]==7'b0000000) && ex_state== EXECUTE) |-> ##1 regs[instr_r[11:7]] == ($past(regs[instr[19:15]]) | $past(regs[instr[24:20]]));	如果为 OR 指令，rd 的值为 rs1 和 rs2 按位或
assert_AND	((instr[6:0] == 7'b0110011) && (instr[14:12] == 3'b111) &&(instr[31:25]==7'b0000000) && ex_state== EXECUTE) |-> ##1 regs[instr_r[11:7]] == ($past(regs[instr[19:15]]) & $past(regs[instr[24:20]]));	如果为 AND 指令，rd 的值为 rs1 和 rs2 按位与

UART 验证计划见表 8-14。

表 8-14　UART 验证计划

断言名称	类型	断言描述
op_SB_UART_SEND_DATA	assert	如果总线写入寄存器 UART_SEND_DATA，那么该值会在 1～3 拍内写入 UART 的发送 FIFO
assert_LB_UART_RECE_DATA	assert	在 UART 的接收 FIFO 非空的前提下，读寄存器 UART_RECE_DATA，那么 1～3 拍后 UART 内部信号 u0_uart.rx_fifo_rd_data 的值会传递给 CPU 的通用寄存器
assert_write_SB_UART_SEND_DATA_will_trigger_tx_fifo_wr	assert	对寄存器 SB_UART_SEND_DATA 的写操作一定会触发对 UART 的发送 FIFO 的写操作
assert_1write_to_SB_UART_SEND_DATA_get1_in_rx_fifo	assert	在回环模式下，写寄存器 UART_SEND_DATA 若干拍后一定会被 UART 的接收 FIFO 接收到

定时器验证计划见表 8-15。

表 8-15　定时器验证计划

断言名称	类型	断言描述
assert_IRQ_distance_should_be_ge_reload_val	assert	两个有效 IRQ 的间隔周期不小于计数器的初始值，IRQ 高电平有效
assert_counter_eq0_if_IRQ_active	assert	如果 IRQ 有效，那么下一个周期计数器的计数值为 0
assert_counter_never_out_range	assert	计数器的计数值永远不会超过初始值
assert_counter_reload_when_counter_eq0	assert	如果计数器使能，同时计数到 0，那么下一拍的计数值来自初始值寄存器
assert_counter_stable_if_disble_timer	assert	如果定时器未使能，并且没有通过 APB 重新配置初始值寄存器，那么计数器保持不变
assert_no_irq_if_disable_timer	assert	如果计数器未使能，那么不会产生中断
cover_IRQ_active	cover	覆盖属性，查看是否覆盖场景：计数值到 1 后，下个周期置位中断信号 IRQ

8.3　FPV 和 RISC-V SoC 验证平台

FPV 是形式化验证中最重要、最常用的工具，该工具主要通过约束（Assumption）来保证合法激励，然后运行断言（Assertion）来检查待测设计是否满足规范，并且通过覆盖属性（Cover Property）来判断约束和断言的正确性。FPV 会对每一个约束、断言和覆盖属性调用它的形式化算法引擎，在运行一段时间后会给出运行结果，如图 8-7 所示。

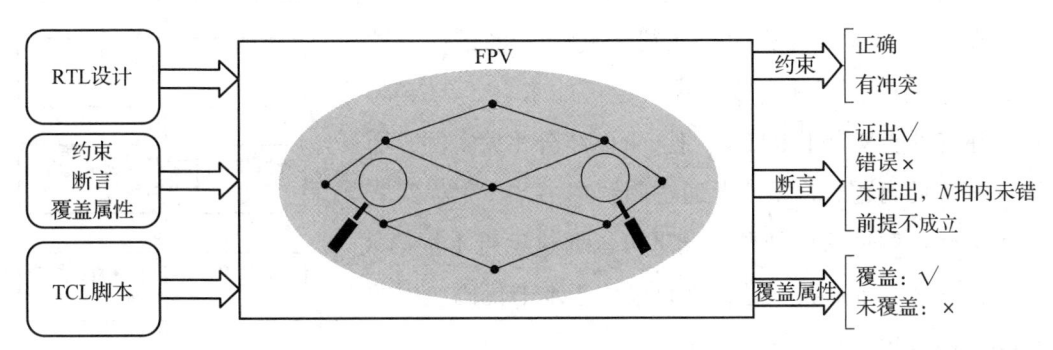

图 8-7　运行结果

对于约束，有两种情况。

1）正确：约束设置成功。

2）有冲突：不同的约束存在冲突，FPV 会报错。

对于断言，FPV 运行结果分为以下四类。

1）证出（Proven）：断言被完全证明。

2）错误（Falsified）：找到了断言的反例。对于此类结果，FPV 会给出反例波形，用于用户调试。

3）未证出（Inconclusive）：断言不能被完全证明，FPV 会给出一个有界证明深度 N，代表在 N 个周期内没有反例。

4）前提不成立：断言的前置条件没有成立。

对于覆盖属性（Cover Property），有两种情况。

1）覆盖：表明覆盖属性可以被覆盖。对于可以被覆盖的覆盖属性，FPV 可以给出如何覆盖的波形。

2）未覆盖：表明覆盖属性不能被覆盖。对于不能被覆盖的覆盖属性，FPV 无法给出波形。

8.4 验证平台搭建和常见问题集锦

本节以 VC Formal 为例，展示如何搭建形式化属性验证工具 FPV 的脚本，FPV 流程如图 8-8 所示。

在实际的验证过程中，往往会碰到很多错误，这些错误可能来自于断言或约束，也可能来自于 TCL 脚本，还有可能来自于 RTL 本身。下面结合相关实例，展示一些常见问题。希望读者通过阅读本书，在工程实践中可以轻松解决这些问题。读者可以通过运行本书第 8 章的例程来复现这些问题，其目录位于本书代码包中的 ch08_FPV/FPV_vcf_setup_issues。

8.4.1 常见问题一：TCL 脚本中没有指定正确的复位信号

运行本书代码包中的 ch08_FPV/FPV_vcf_setup_issues/riscv_fpv_issue1.tcl 脚本，结果很快发现大部分的断言都失败了，例如加法指令的断言 assert_ADD 居然在第二拍就失败了，并且展示出如图 8-9 所示的波形图，从图中可以看出，state 状态机在解复位后就开始进入 "EXECUTE" 状态，该状态意味着指令已经获取并开始执行了，这显然是不合理的。而 rst_n 在解复位后仍然是 0（应该保持为 1），这也是不合理的。

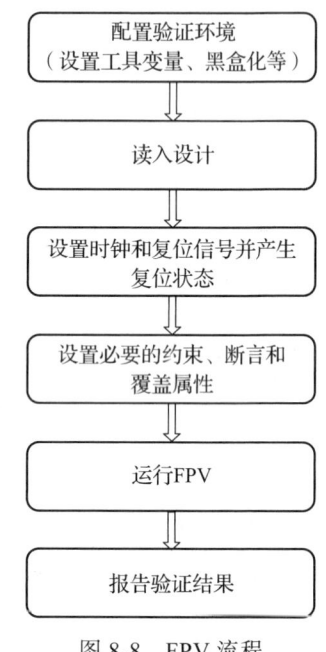

图 8-8 FPV 流程

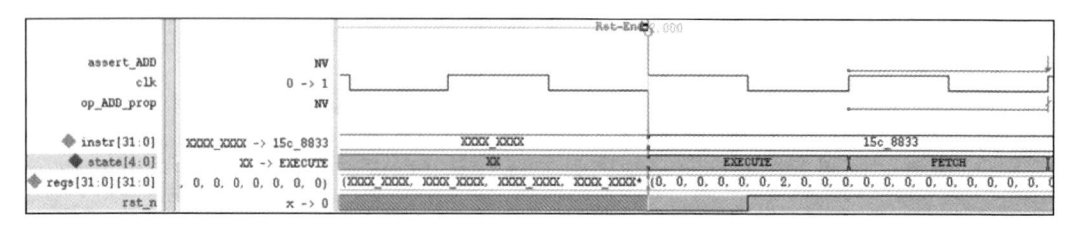

图 8-9 assert_ADD 断言失败的波形图

查看 vcf.log 后，发现 rstn 信号在设计中没有找到，原来是 TCL 脚本里的复位设置信号名写错了，其在脚本里的名称是 "rstn"，而在实际 RTL 里的名称是 "rst_n"，这导致复位没有被正确约束。

8.4.2 常见问题二：错误的约束导致前置条件不成立

用 vcf -f riscv_fpv_issue2.tcl -gui 来运行 FPV，结果发现几乎所有断言都处于失败状态，它们的前置条件不成立，如图 8-10 所示。

status	depth	name	vacuity	witness	type
⊗		soc.u_cpu.assert_ADD	✗		assert
⊗		soc.u_cpu.assert_ADDI	✗		assert
⊗		soc.u_cpu.assert_AND	✗		assert
⊗		soc.u_cpu.assert_ANDI	✗		assert
⊗		soc.u_cpu.assert_AUIPC	✗		assert
⊗		soc.u_cpu.assert_BEQ	✗		assert

图 8-10 issue2 断言检查结果

接着观察覆盖属性运行结果，发现覆盖属性 cover_state_EXECUTE 失败了，如图 8-11 所示，这意味着状态机无法达到指令的执行状态，于是推测是复位出了问题。

status	depth	name	vacuity	witness	type
✗		soc.u_cpu.cover_SW3			cover
✗		soc.u_cpu.cover_state_EXECUTE			cover
✗		soc.u_cpu.cover_state_WAIT_MEM			cover

图 8-11 覆盖属性运行结果

检查脚本里对应复位的约束，发现其为：

```
create_reset rst_n -sense high
```

显然，这里的"high"应该被改为"low"，因为复位是低电平有效的。在实际的工程实践中，错误的情形很可能比这个例子复杂，更不容易定位，但是定位的方法是类似的，主要包括两个途径：

1）覆盖属性（Cover Property），一定要有一些典型场景的覆盖属性，本例就是通过查看覆盖属性发现的。在工程实践中，还有可能需要针对问题增加覆盖属性来帮助调试。

2）查看 vcf.log，里面会给出关于复位问题的提示。

8.4.3 常见问题三：个别标准单元没有 Verilog 模型，导致被黑盒化，功能和预期不符

这个问题常见于**存储**单元和**门控时钟**单元，以存储单元为例，它的模型有可能层层调用很多单元和库文件，而其中个别单元可能在当前的编译列表里不存在，这样一来，在读入设计时就可能无法解析这些单元，此时工具会自动黑盒化这些单元，而黑盒的输出不受控制，这样整个存储单元的行为就和预期的行为不符合，例如写入某个地址不成功，或者对同一地址写入和读出的数据不一致。

在运行 riscv_fpv_issue3.tcl 后，会发现断言 assert_SRAM_write_in 失败了。该断言的含义是如果写 SRAM 的地址 0，那么下一拍 SRAM 中地址 0 的数据应该等于上一拍写入的内容，这个断言的具体内容如下：

```
assert_SRAM_write_in:assert property( @(posedge clk) disable iff (~rst_n)
( wb_we==1 && wb_sel==4'b1111 && wb_addr==32'h2000_0000 && state != IDLE)
   |=> memory[0] == $past(wb_wdata) );
```

双击 GUI 界面中红色的"×"按钮，展开波形排故，如图 8-12 所示，在图中可发现希望写入 SRAM 的数据（wb_wdata）为 1，但实际写入 SRAM 地址 0 的数据为 0，而信号 wb_wdata=1 经过了一个 BUF 单元，该 BUF 单元的输出信号为 wb_wdata_buf=0，显然是这里出了问题。

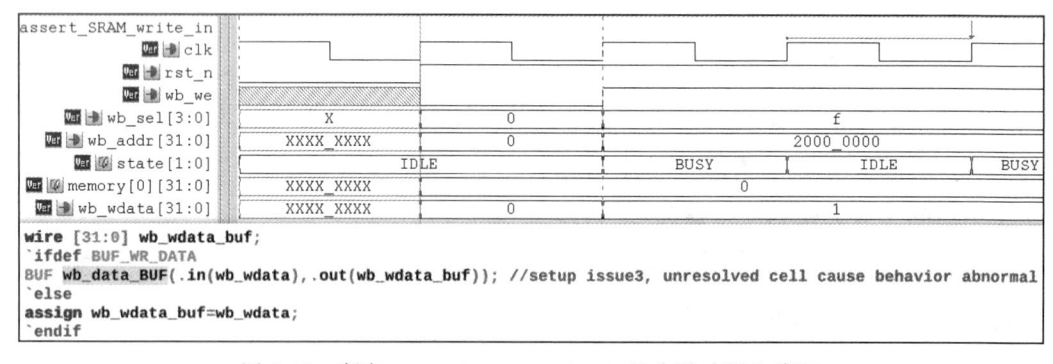

图 8-12 断言 assert_SRAM_write_in 的失败波形和代码

这个 BUF 单元是 SRAM 模型里的一个底层标准单元，它在文件列表 riscv.f 中是没有定义的，所以这个 BUF 单元成为黑盒，会输出任意值，导致 SRAM 模型的行为和预期行为不符。修正的办法是在 riscv_fpv_issue3.tcl 文件里读入设计的时候不要定义宏 BUF_WR_DATA，这样在 DUT 中就去掉了该黑盒模块。

在实际的工程项目中，存储单元的模型非常复杂，可能有 5～10 级实例化层级，因此正向排故很难定位到底是哪个单元无法解析而导致的问题。可以使用工具的命令去了解哪些单元是无法被解析而黑盒化的，例如使用 get_blackbox 命令后，工具会给出哪些单元被黑盒化了。在本例中，get_blackbox 命令给出的结果如下：

{"wb_data_BUF"}

8.4.4　常见问题四：约束有冲突，导致运行终止并报错

开始运行 riscv_fpv_issue4.tcl 后，运行会很快终止，并报告在第 0 拍约束有冲突，该冲突和 wb_we_eq0 这个约束有关系，并且日志还指出可以继续运行 check_constraints 命令来进一步分析。于是运行 check_constraints 命令，工具提示是 wb_we_eq1 和 wb_we_eq0 这两条约束导致了冲突。打开 riscv_fpv_issue4.tcl 文件，不难发现确实是 wb_we_eq0 和 wb_we_eq1 这两条约束存在冲突。

在实际项目中，可能不会这么容易就定位和解决冲突，因为约束不仅可以写在 TCL 文件中，还可以写在 RTL 文件中，除了分析工具在运行过程中给出的信息，还有一个办法是通过 FV 工具把所有的约束都重定向到一个文件里，VC Formal 中的具体操作方法如图 8-13 所示，选中所有约束，然后单击鼠标右键，选择 "Save Contents"，将它们保存为一个 .csv 文件，这样就可以根据报出的冲突信号在这个 .csv 文件里搜索，从而轻松定位。

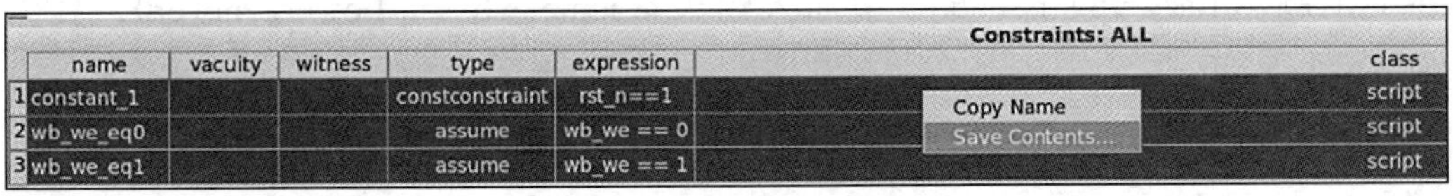

图 8-13　重定向所有约束

8.4.5 常见问题五：内部子模块使用的复位信号不是顶层指定的复位信号，导致断言失败

为介绍这个问题，需要运行 riscv_fpv_issue5.tcl。该示例中 pinmux 单元的复位信号接的是 SoC 顶层的信号 rst_n 打一拍的结果，同时在 SoC 顶层也写了一个断言：

```
assert_test_mode_r : assert property ( @(posedge clk) disable iff (~rst_n)
    test_mode_pin==1'b1 |=> u_pinmux.test_mode_r==1'b1);
```

该断言的含义是：如果 test_mode_pin 信号等于 1，那么下一拍 u_pinmux.test_mode_r 信号也应该是 1。

因为在 pinmux 单元里面，test_mode_r 信号就是对 test_mode 信号简单寄存了一拍，所以断言应该是成立的。

但是在运行 riscv_fpv_issue5.tcl 时，该断言却失败了，失败波形如图 8-14 所示，其原因是 test_mode_r 的复位信号 rst_n_pinmux 比顶层复位信号 rst_n 晚了一拍。

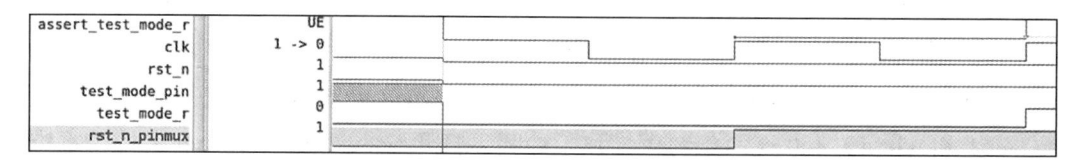

图 8-14 断言 assert_test_mode_r 的失败波形

解决该问题的方案可以是约束在 rst_n 无效后的第一拍 test_mode_pin 信号必须为 0，并在 TCL 脚本中加入 test_mode_inactive_depth1 约束来实现该功能，读者可以自行将该约束使能，然后重新运行，该断言会显示被成功证出。

8.4.6 常见问题六：约束的 SVA 语法有误，导致约束"不符合预期"

这里采用 SRAM 举例，并希望约束 wb_sel[3:0] 的最低两位不会同时为 0，因此在 TCL 脚本 riscv_fpv_issue6.tcl 中加入约束 assume_wb_sel_Lower2_never0，具体如下：

```
fv_assume assume_wb_sel_Lower2_never0 -expr { wb_sel&4'b0011 != 0}
```

同时，这里加入 4 条覆盖属性，以对应 wb_sel[1:0] 为 2'b00、2'b01、2'b10、2'b11

的情况,预期是只有 2'b00 不能覆盖。运行 riscv_fpv_issue6.tcl 后,4 条覆盖属性的结果如图 8-15 所示,该结果表明,预期可以覆盖的 2'b10 没有被覆盖,表明约束存在问题。

	status	depth	name	vacuity	witness	type
1	✗		cover_wb_sel_lower2_00			cover
2	✓0	0	cover_wb_sel_lower2_01			cover
3	✗		cover_wb_sel_lower2_10			cover
4	✓0	0	cover_wb_sel_lower2_11			cover

图 8-15　4 条覆盖属性的结果

分析原因,发现是优先级导致的。约束代码中"&"的优先级是低于"!="的优先级的,需要修改 TCL 脚本中的约束代码,加入小括号后可解决此问题,即:

```
fv_assume assume_wb_sel_Lower2_never0 -expr { (wb_sel&4'b0011) != 0} ;
```

8.4.7　其他常见问题

1)信号层级不对或者信号名称不对,导致断言失败,例如:

```
wire [3:0] temp_grant={`FV_TOP.dut.grant[3:0]};
```

如果有一条断言内容为 $onehot(temp_grant),要求信号 temp_grant 是独热码,但是由于 FV_TOP 宏定义路径不对,导致 `FV_TOP.dut.grant[3:0] 信号无法解析,FV 工具就会把 temp_grant 当作一个自由变量,可以任意改变,此时断言 $onehot(temp_grant) 当然就不会成立了。

2)使用 SVA 语法中的 $stable 约束信号时写法不对。

例如用户使用 $stable(A) 来约束信号 A,希望信号 A 的初始值随机化,然后在整个 FV 分析阶段保持不变,如果这样写是不对的:

```
assume_A_stable: assume property( @(posedge clk) disable iff (~rst_n)  $stable(A));
```

正确的写法是:

```
assume_A_stable: assume property( @(posedge clk) disable iff (~rst_n)   ##1 $stable(A));
```

FV 工程师容易犯这个错误,在一个大型工程里,这种约束错误是容易被忽略的,且 FV 工具本身也不会报错,有可能到了验证后期才会被发现,造成额外的资源和时间浪费。除了 $stable 这个函数,$rose、$fell、$past 等跨越不同时钟周期的 SVA 内置函数都有类似问题,请读者务必注意。

如果使用 TCL 命令,也要注意这个问题,例如 VCFormal 中需要这样使用:

fv_assume -expr { **##1** $stable(A)}

不要写成:

fv_assume -expr {$stable(A)}

3)使用工具时命令次序不对。

这也是一个常见问题,工程师通常会先拿到原来的某个脚本,然后根据自己的需求修改一番,这样很容易使命令的前后次序不对,导致运行和预期不符。VC Formal 有快速使用手册,可根据手册提供的模板来编写脚本,以此避免出错。

不同厂商的形式化验证工具的具体命令和选项可能不同,但是它们的命令和选项往往有很大的相似性,上述常见问题是以 VCFormal 为例的,其他厂商的工具可能出现的问题和解决的方法也大体上类似,读者需要掌握所使用的形式化验证工具的手册,熟悉命令和选项。

8.5 RISC-V SoC 的验证过程和结果

8.5.1 形式化验证重要建议——加入覆盖属性

对于形式化验证,有一个**重要建议**是加入典型场景的覆盖属性,以保证没有过约束或者其他验证环境的问题。针对这里的设计,可以给出 3 条覆盖属性:

1)可以覆盖 ADD 加法指令。

2)可以覆盖典型的 UART 发送操作(检测到了起始位并且发送状态机进入发送第 1 位的状态)。

3)定时器能够触发中断。

3 条覆盖属性的 SVA 代码如代码 8-1 所示。

代码 8-1　3 条覆盖属性的 SVA 代码

```
cover_ADD_instr: cover property (@(posedge clk)
 ((u_cpu.instr[6:0]==7'b0110011 ) &&
  (u_cpu.instr[14:12]==3'b000)&&u_cpu.state==u_cpu.EXECUTE));

cover_uart_send: cover property (@(posedge clk)
     u0_uart.tx==1'b0 && u0_uart.tx_state== 4'b0001);

cover_timer_IRQ: cover property (@(posedge clk) u_timer.IRQ);
```

初始运行的时候，覆盖属性 1）和 2）都可以覆盖到，但是覆盖属性 3），即 cover_timer_IRQ 无法覆盖到。为了便于调试，在 Timer 内部加了很多辅助覆盖点，例如 counter 值为 1、counter 值为 2 和使能中断等，这些都可以覆盖到，甚至触发 IRQ 的信号 timer_interrupt_set 也可以覆盖到，如代码 8-2 所示，但是 cover_timer_IRQ 始终无法覆盖。

代码 8-2　Timer 中 IRQ 的赋值代码

```
always @(posedge clk_cg or negedge rst_n)
begin
  if (~rst_n)
    IRQ <= 1'b0;
  else if (IRQ)
    IRQ <= 1'b0;
  else if (timer_interrupt_set)
    IRQ <= 1'b1;
end
```

下面换一个思路调试：检查所有的约束，看看哪个或者哪些会导致 IRQ 无法触发。分析约束信息栏的约束后，发现一个可疑的约束 assume_no_cpu_irq，如代码 8-3 所示。

代码 8-3　约束 assume_no_cpu_irq 的代码

```
assume_no_cpu_irq: assume property (
 @(posedge clk) disable iff (~rst_n)
    cpu_irq== 1'b0
    );
```

显然这就是问题的核心，因为 cpu_irq 信号就是来自于 u_timer.IRQ 的，但代码 8-3 将 cpu_irq 信号约束为 0，因此 u_timer.IRQ 一直为 0，无法覆盖到为 1 的场景，而这个约束是在验证其他断言的时候为了简化而临时加入的，没有及时去掉，由此引发了该问题。

在实际项目中，约束可能有几十上百个，初期调试时约束出错、约束不全的问题可能需要多次迭代才能解决。

8.5.2　RISC-V SoC 形式化验证发现的 RTL 缺陷和断言缺陷

根据 8.2 节的验证计划，这里把断言按照 SVA 断言语法逐条写出，其中 CPU 相关断言主要放在 cpu.sv 中，Timer 相关断言放在 timer_assert.sv 中，UART 相关断言放在 uart.v 中。除此之外，有些指令会涉及 CPU 和外设，例如访存指令相关断言，那么这些断言就放在 SoC 顶层。

这里要强调的是，虽然简化放在第 14 章介绍，但是实际上在初步尝试一些断言后，为了加速迭代，已经对其做了一些简化，包括缩小 SRAM 空间、缩小 FIFO 深度和黑盒化 ROM 等。

整个 RISC-V SoC 的验证过程迭代次数很多，这里基于几个典型问题来具体介绍一下，其中有关于约束的，有关于断言的，最重要的是存在 5 个关键的 RTL 和断言缺陷。

运行本书代码包 ch08_FPV/FPV_vcf/riscv_fpv_bug.tcl，可以复现缺陷 1、2、4 和 5，这些缺陷都是 RTL 缺陷。接下来运行本书代码包 ch08_FPV/FPV_vcf /riscv_fpv_bugfix.tcl，由于其中加入了 FPV_BUG_FIX 宏定义，可以修复 RTL 缺陷。

对于缺陷 3，由于它是断言缺陷，可以运行本书代码包 ch08_FPV/FPV_vcf /riscv_fpv_and_assert_bugfix.tcl，该脚本同时加入了 FPV_BUG_FIX 宏定义和 ASSERT_BUG_FIX 宏定义，可以修复 RTL 缺陷和断言缺陷。

本节介绍的缺陷是关于 RISC-V SoC 的 RTL 设计或者断言的缺陷，通过分析例程，读者可对形式化验证有更深刻的理解，直观感受到形式化验证的高效与完备。

1. 缺陷 1——对立即数做符号扩展时，20'hFFFFF 写成了 20'hFFFF

断言 assert_BEQ 可以发现这个缺陷。BEQ 指令会判断两个源操作数是否相等，如果相等则跳转到 pc+ 偏移量处，否则继续执行下一条指令，且 pc+4，断言的相关代码如代码 8-4 所示。

代码 8-4　代码包文件 ch08_FPV/FPV_vcf/cpu.sv 中断言 assert_BEQ 的相关代码

```
wire [31:0] imm_B_ref={{20{instr[31]}},instr[7],instr[30:25],instr[11:8],1'b0};
property op_BEQ_prop;
  @(posedge clk) disable iff (~rst_n)
((instr[6:0] == 7'b1100011) && (instr[14:12] == 3'b000)  && state== EXECUTE)
|=>pc==(($past(regs[instr[19:15]])==$past(regs[instr[24:20]]))
        ? ($past(pc) + $past(imm_B_ref))
        : ($past(pc)+4));
endproperty
assert_BEQ: assert property (op_BEQ_prop);
```

imm_B_ref 为辅助代码，用于生成偏移量。形式化验证工具给出的反例波形如图 8-16 所示，pc 值为 32'hf00，两个源操作数 regs[2] 和 regs[3] 的值都是 0，所以满足 BEQ 的跳转条件。立即数符号扩展后本该是 32'hffff_f100（imm_B_ref 信号），但因为 RTL 代码缺陷导致 imm_B 被赋值为 32'h0fff_f100，于是最终算出的新 pc 值为 32'hf00+32'h0fff_f100=32'h1000_0000，而正确的 pc 值应该为 32'hf00+32'hffff_f100= 32'h0000_0000。

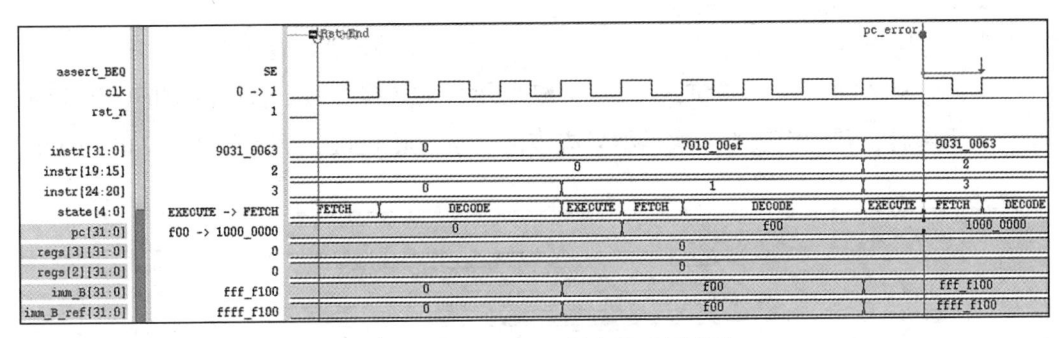

图 8-16　assert_BEQ 断言的反例波形

RTL 代码缺陷如代码 8-5 所示，正确的代码是 20'hFFFFF，实际上被错误写成了 20'hFFFF，读者可以运行修复了该 RTL 代码缺陷的脚本 ch08_FPV/FPV_vcf /riscv_fpv_ bugfix.tcl 进行对比，该脚本加入了宏定义 FPV_BUG_FIX，修复了 RTL 代码缺陷。

代码 8-5　RTL 代码缺陷

```
`ifndef FPV_BUG_FIX
wire [31:0] imm_B = { (signed_imm ? 20'hFFFF : 20'h0), instr[7], instr[30:25],
    instr[11:8], 1'b0 };
`else
wire [31:0] imm_B = { (signed_imm ? 20'hFFFFF : 20'h0), instr[7], instr[30:25],
    instr[11:8], 1'b0 };
`endif
```

2. 缺陷 2——算术右移写成了逻辑右移

在调试断言 assert_SRAI 的过程中会发现这个问题。SRAI 指令的行为是把第一个源操作数（instr[19:15] 指定的寄存器）算术右移，移位次数为 5 位立即数的数值，并将得到的结果写入 instr[11:7] 指定的目的寄存器中，断言的代码如代码 8-6 所示。

代码 8-6　断言 assert_SRAI 的代码

```
property op_SRAI_prop;
  @(posedge clk) disable iff (~rst_n)
((instr[6:0] == OP_ARITH_I ) && (instr[14:12] == 3'b101) && (instr[31:25]
    ==7'b0100000) && state== EXECUTE)
        |=> $signed(regs[instr_r[11:7]][31:0]) == (($past($signed(regs[instr[19:15]]))
            >>> $past(instr[24:20]))) ;
endproperty
assert_SRAI: assert property (op_SRAI_prop );
```

assert_SRAI 断言的反例波形如图 8-17 所示，对源操作数 regs[1]=32'h8000_0000 进行算术右移，移位次数为 3 次，结果应该是 32'hf000_0000，而不是 32'h1000_0000。

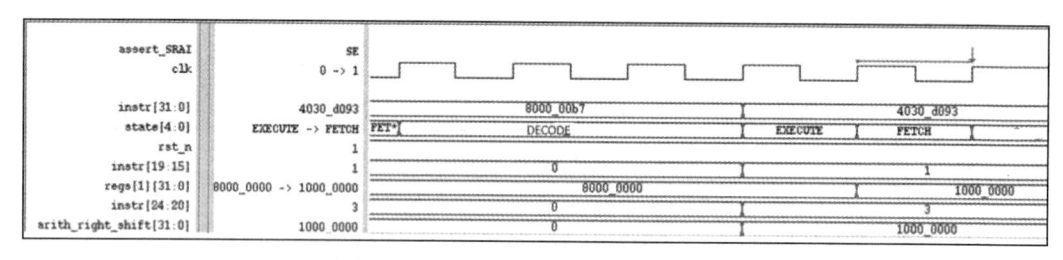

图 8-17　assert_SRAI 断言的反例波形

分析 RTL 发现，信号 arith_shift_right 生成有误，把算术右移符号" >>> "写成了逻辑右移符号" >> "，如代码 8-7 所示。读者可以运行修复了该 RTL 缺陷的脚本 ch08_FPV/FPV_vcf /riscv_fpv_bugfix.tcl 进行对比，该脚本加入了宏定义 FPV_BUG_FIX，修复了 RTL 缺陷。

代码 8-7　arith_shift_right 的代码

```
`ifndef FPV_BUG_FIX
wire [31:0] arith_shift_right = ($signed(alu_src1) >> (op_arith_imm ? { 27'h0,
   instr_shamt } : alu_src2[4:0]));
`else
wire [31:0] arith_shift_right = ($signed(alu_src1) >>> (op_arith_imm ? { 27'h0,
   instr_shamt } : alu_src2[4:0]));
`endif
```

3. 缺陷 3——算术右移的语法语义理解错误导致断言缺陷

在调试 SRAI 指令的过程中，还会发现另外一个断言错误，这个错误也比较典型，是关于 Verilog 表达式结果类型的。

读者可以运行修复了 RTL 缺陷的脚本 ch08_FPV/FPV_vcf /riscv_fpv_bugfix.tcl，此时会发现断言 assert_SRAI_2 报错，该断言的代码如代码 8-8 所示。

代码 8-8　断言 assert_SRAI_2 的代码

```
property op_SRAI_prop2;
  @(posedge clk) disable iff (~rst_n)
((instr[6:0] == OP_ARITH_I ) && (instr[14:12] == 3'b101) && (instr[31:25]
   ==7'b0100000) && state== EXECUTE)
  `ifndef ASSERT_BUG_FIX
      |=> $signed({1'b0,regs[instr_r[11:7]][30:0]}) == (($past($signed(regs[instr
         [19:15]])) >>> $past(instr[24:20])) & 32'h7fff_ffff) ;   //Bug code
  `else
      |=> $signed({1'b0,regs[instr_r[11:7]][30:0]}) == (($past($signed(regs[instr
         [19:15]])) >>> $past(instr[24:20])) & $signed(32'h7fff_ffff)) ;
  `endif
endproperty

assert_SRAI_2: assert property (op_SRAI_prop2 );
```

为了调试这个问题，可以增加调试代码，如代码 8-9 所示，该代码定义了 3 个有符号的 31 位信号 t1、t2 和 t3，($signed(32'h8000_0000)>>>3) 的值是 32'hF000_0000，所以取结果低 31 位的值应该是 31'h7000_0000。实际运行中，打开失败断言 assert_SRAI_2 的 CEX 波形，却发现只有 t2 和 t3 能给出正确值，而 t1 的结果为 31'h1000_0000。这是什么原因呢？

代码 8-9 调试代码

```
wire signed [30:0] t1,t2,t3;
assign t1 = ($signed(32'h8000_0000)>>>3)&31'h7fff_ffff ;
assign t2 = ($signed(32'h8000_0000)>>>3)&$signed(31'h7fff_ffff);
assign t3 = ($signed(32'h8000_0000)>>>3);
```

原来，根据 Verilog 的语法语义，如果任意一个操作数是无符号的，那么结果就是无符号的。此处 t1 的赋值中 31'h7fff_ffff 是无符号的，所以结果也是无符号的，并且在决定了表达式的结果类型后，会强制每一个操作数都为该类型，因此 t1 中的 $signed(32'h8000_0000)>>>3 被强制转换成无符号的右移操作，右移结果为 32'h1000_0000，再和 31'h7fff_ffff 按位与，结果即为 31'h1000_0000。

读者可以在 Verilog 的 IEEE 标准中的"Rules for expression types"章节找到对应的描述。本书在这里进行简要概括，即表达式的最终结果是否为带符号数有如下规则：

1）十进制数字是带符号的（所以 t1、t2 和 t3 中的 3 不需要 $signed 修饰）。

2）指定位宽的信号是无符号的（这里的 31'h7fff_ffff 是无符号的）。

3）任何一个操作数是无符号的，那么结果就是无符号的。

4）决定了表达式结果的类型后，即强制每一个操作数为该类型。

读者可以运行修复了该断言缺陷的脚本 ch08_FPV/FPV_vcf /riscv_fpv_and_assert_bugfix.tcl 进行对比，该脚本加入了宏定义 ASSERT_BUG_FIX，修复了断言缺陷。运行结果表明断言 assert_SRAI_2 通过。

4. 缺陷 4——LH(Load Half-word) 指令中对低 16 位进行符号扩展时错误选择了符号位

LH 指令会从存储器中读取一个 16 位（半字）数值，如果指定地址的最低两位为 0，就是指向整字（4 字节）的低两个字节，否则就是指向整字的高两个字节，在得到两个字节后，将其做符号位扩展到 32 位，写入目的寄存器中。根据此行为，LH 断言代码如代码 8-10 所示。

代码 8-10　LH 断言代码

```
property op_LH_prop2;
  @(posedge clk) disable iff (~rst_n)
((instr[6:0] == 7'b0000011) && (instr[14:12] == 3'b001) && state== EXECUTE)
    |-> ##[1:5] ($past(wb_ack,2) && (regs[LW_rs1_save] == ((LW_addr_
        save[1:0]==2'b00) ? {{16{$past(wb_rdata[15],2)}},$past(wb_rdata[15:0],2)}:
        {{16{$past(wb_rdata[31],2)}},$past(wb_rdata[31:16],2)} )));
endproperty

assert_LH2: assert property (op_LH_prop2 );
```

但运行结果表明 assert_LH2 这个断言失败了，形式化验证工具给出了反例，其波形如图 8-18 所示。

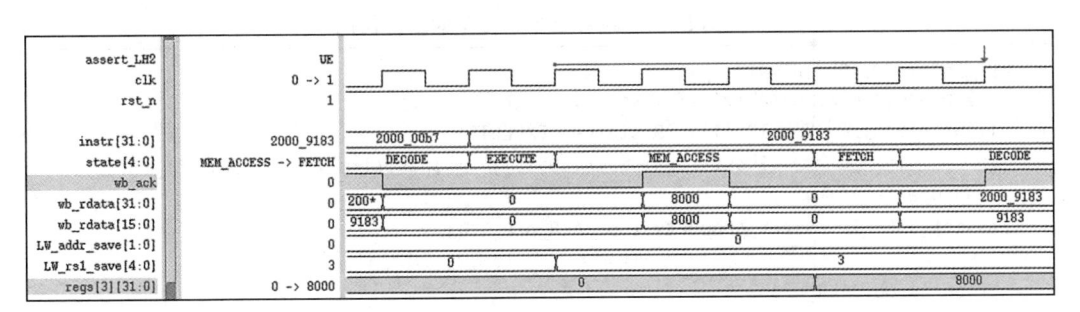

图 8-18　LH 断言的反例波形

这里地址信号 LW_addr_save 的最低两位是 0，所以应该把读回的整字 wb_rdata[31:0] 的低 16 位（16'h8000）做符号扩展后存入目标寄存器 regs[3] 中，其正确结果应该是 32'hffff_8000，而不是图 8-18 中显示的 32'h8000，追溯 RTL 就会发现这个缺陷，原来是 RTL 中做符号位扩展时取错了位，应该选择第 15 位，实际选择了第 16 位，如代码 8-11 所示。

读者可以运行修复了该 RTL 缺陷的脚本 ch08_FPV/FPV_vcf/riscv_fpv_bugfix.tcl 进行对比，该脚本加入了宏定义 FPV_BUG_FIX，修复了 RTL 缺陷。

代码 8-11　LH 指令的 RTL 缺陷

```
`ifndef FPV_BUG_FIX
  load_value = { (instr_mem_signed & bus_rdata[16]) ? 16'hFFFF : 16'h0, bus_rdata[15:0] };
`else
  load_value = { (instr_mem_signed & bus_rdata[15]) ? 16'hFFFF : 16'h0, bus_rdata[15:0] };
`endif assert_LH2: assert property (op_LH_prop2 );
```

5. 缺陷 5——跳转指令 JALR 的目标地址最低位没有清零

跳转指令 JALR 的行为是将 12 位有符号立即数加上源操作数 1，然后将结果的最低位设置为 0，作为跳转后的目标地址。同时将 JALR 指令后面指令的 pc 值（即 pc+4）保存到目的寄存器中。

根据断言复杂度越小越好的原则，可以用两条断言来描述 JALR 的行为，如代码 8-12 所示。

代码 8-12　跳转指令 JALR 的断言代码

```
property op_JALR_prop1;
  @(posedge clk) disable iff (~rst_n)
((instr[6:0] == 7'b1100111) && state== EXECUTE)
     |=> pc == (($past(regs[instr[19:15]]) + $past(imm_I)) & 32'hffff_fffe) ;
endproperty
assert_JALR_1: assert property (op_JALR_prop1 );

property op_JALR_prop2;
  @(posedge clk) disable iff (~rst_n)
((instr[6:0] == 7'b1100111) && state== EXECUTE)
     |=> regs[instr_r[11:7]] == $past(pc) + 4 ;
endproperty
assert_JALR_2: assert property (op_JALR_prop2 );
```

结果断言 assert_JALR_1 失败，其反例波形如图 8-19 所示。

调试过后发现缺陷原因是 RTL 没有对末位清零，如代码 8-13 所示。读者可以运行本书代码包中的脚本 ch08_FPV/FPV_vcf /riscv_fpv_bugfix.tcl 进行对比，该脚本加入了宏定义 FPV_BUG_FIX，修复了 RTL 缺陷。

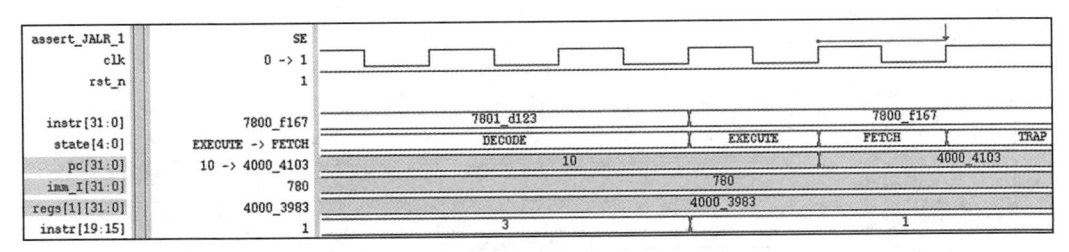

图 8-19 assert_JALR_1 断言的反例波形

代码 8-13 跳转指令 JALR 的缺陷代码和修正后的代码

```
`ifndef FPV_BUG_FIX
  pc_next = rs1_data + imm_I;
`else
  pc_next = ((rs1_data + imm_I) & 32'hffff_fffe);
`endif
```

如果是基于动态仿真的验证，一般会使用编译器生成的代码，这些代码通常会保证加起来的地址最低位是 0，所以在测试时往往会漏掉这种场景，而形式化验证则很容易地捕捉到了这种场景，促使设计工程师对这种情况做出正确的处理。

8.5.3 形式化验证只能发现 RTL 缺陷吗

有时候，形式化验证不仅能发现设计的缺陷，还可以发现架构的缺陷。

仍以 RISC-V SoC 为例，在测试计划中，有一条 CPU 永远不会挂死的断言，如代码 8-14 所示。该断言表示在 Wishbone 总线主设备发起传输时，最终一定能收到从设备的响应，包括正确响应 wb_ack 或者错误响应 wb_err，否则就会挂死。读者可以自行运行 ch08_FPV/FPV_vcf_riscv_hang /riscv_fpv_hang.tcl，此时会发现断言 assert_CPU_never_hang 报错。形式化验证工具给出的反例波形如图 8-20 所示。

代码 8-14 CPU 永远不会挂死的断言代码，选自代码包 rtl_riscv_soc/soc.sv

```
assert_CPU_never_hang: assert property (@(posedge clk) (wb_stb&wb_cyc)  |-> s_
        eventually (wb_ack||wb_err)
);
```

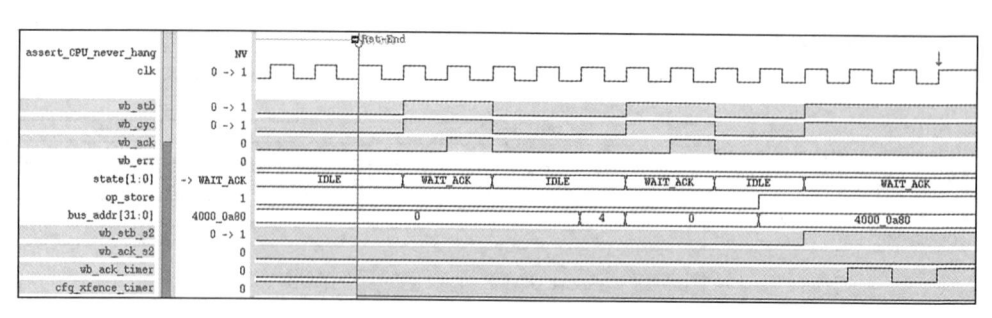

图 8-20 CPU 永远不会挂死的断言的反例波形

波形显示，CPU 向定时器 Timer 发出了 Wishbone 总线的写操作，希望 Timer 给 CPU 返回有效的 wb_ack 信号，但 Timer 并没有返回，继续分析发现 Timer 这个外设已经被 "部分好" 特性（见本书第 12 章）设置为无效外设（cfg_xfence_timer=0），因此 Timer 的所有输出信号都被固定为 0。

这就会促使架构工程师思考，当 "部分好" 特性启用时，该如何处理 CPU 对配置成无效设备的外设的访问。

一个可行的处理方式是**保证 CPU 不能向配置成无效设备的外设发出访问请求**。把该规则加入设计文档，并在代码中加入相应的约束（对应 soc.sv 代码中的 assume_no_stb_if_timer_bad 约束），读者可以运行代码包 ch08_FPV/FPV_vcf_riscv_hang / riscv_fpv_hang_bugfix.tcl，此时断言通过。

8.5.4 约束、断言和覆盖属性的实现方式

1. 在 SVA 等断言语言中实现

这是最常用的一种方式，通过在 SVA 中加入 Assert Property 实现断言；加入 Assume Property 实现约束；加入 Cover Property 实现覆盖属性。SVA 的实现方式有利于增强代码的可重用性和可移植性，同时可以避免因使用 TCL 实现断言、约束和覆盖点引入工具的问题。

2. 用 FV 工具提供的 TCL 命令实现

除了在 SVA 中可以实现断言、约束和覆盖属性之外，FV 工具提供的 TCL 命令也支持加入断言、约束和覆盖属性。

以 VC Formal 为例：

1）fv_assert 命令用于在 TCL 中加入断言。

2）fv_assume 命令用于在 TCL 中加入约束。

3）fv_cover 命令用于在 TCL 中加入覆盖属性。

以下情况推荐使用厂商提供的 TCL 命令实现：

1）在平台建立初期，尤其是在规模比较大的设计中，读入设计需要很长时间，这时可以在 GUI 界面的命令行中直接加入新的约束、断言和覆盖点，然后在 GUI 界面运行新加入的这些属性即可快捷地调试，不需要重新读入设计，从而加速迭代，迅速建立好约束正确的验证环境。

2）在需要对代码进行简化时，使用厂商提供的 TCL 命令可以避免对 RTL 的临时修改，例如"剪断"操作。

8.6 本章小结

本章介绍了基于 RISC-V 的微型 SoC 的整体设计，包括特性、框图、接口、地址映射表和子模块功能等。本章以 RISC-V SoC 为依托，制定 FPV 验证计划，给出断言列表，并进行 FPV 验证。

在 FPV 验证过程中，往往会遇到各类问题。本章挑选其中有代表性的问题进行了展示。希望能帮助读者提前规避类似问题。

第 9 章

时序等价性检查

时序等价性检查会验证两套 RTL 设计在输入序列一致的前提下，输出序列是否每一拍都相等。在第 3 章中，本书详细介绍了时序等价性检查和组合逻辑等价性检查的不同，时序等价性检查不要求两套 RTL 的内部节点完全映射和相等，只看输出端口的行为是否一致。这里所说的两套 RTL，一个是参考设计（Specification），另一个是实际设计（Implementation），它们可以是同一份 RTL 代码，也可以是不同的 RTL 代码。本书第 7 章已经介绍了三大 EDA 厂商的时序等价性检查工具，新思科技的工具是 Sequential Equivalence Checking，即 **SEQ**；楷登电子的工具是 Sequential Equivalence Checking，即 **SEC**；西门子的工具是 Questa Sequential Logic Equivalence Checking，即 **SLEC**。不同厂家工具的用户界面和命令会有所不同，但其基本原理是相同的。如图 9-1 所示，时序等价性检查工具的输入是参考设计、实际设计和 TCL 文件。时序等价性检查工具一般会自动化**映射**（Mapping）两套 RTL 设计中名称一样的输入信号，并且驱动它们行为一致，同时映射两套 RTL 设计中名称相同的输出信号，并且自动为每一个输出信号增加一条断言，断言内容为参考设计和实际设计中映射的信号输出要相等。断言的结果有三种：证出、失败和未证出。

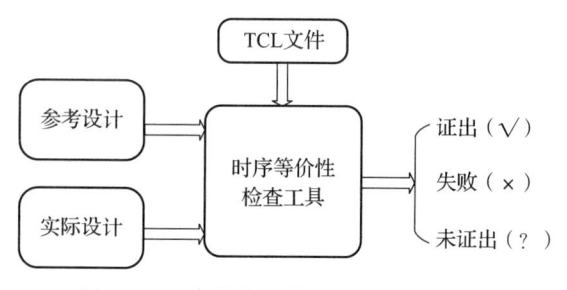

图 9-1 时序等价性检查工具的输入输出

因为时序等价性检查工具会在使用中自动生成映射输出信号的

断言，所以用户在一般情况下是不需要手动写断言的。当然用户需要使用 TCL 脚本"指导"工具如何映射输入，如何定义真正的"相等"。这里的输入相等并非严格要求每一个输入信号都要相等，因为有些应用场景中的个别信号需要定义成不相等的，用户可以自己定义（如 9.4 节中的门控时钟例子会约束常开时钟使能信号不同，以此验证门控时钟功能）。同样的，对于输出一致性检查，用户也可以指定哪些信号不需要检查，或者设置检查条件，还可以指定参考设计或者实际设计相对的延迟周期数。

9.1 时序等价性检查应用场景

在 IC 设计中，很多有关时序、功耗和面积的优化不会改变电路功能，此时就可以用时序等价性检查工具来确保电路改动是正确的。

9.1.1 门控时钟插入验证

在低功耗设计领域，门控时钟一直以来都是降低 IC 功耗的重要手段，电子设备常常使用门控时钟来动态开关总线、控制器、桥接器和处理器等，以实现低功耗的效果。其原理是在部分电路不工作时关闭时钟信号来减少时钟树和寄存器翻转所带来的动态功耗。

图 9-2 所示为门控时钟单元原理，包括原理图、Verilog 代码和波形，从图 9-2 中可以清晰地看到，门控时钟单元由一个锁存器和一个与门构成，控制信号 enable 起到开关的作用，当 enable=1 时，门控时钟输出 gclk 有效，否则 gclk 是关闭的。

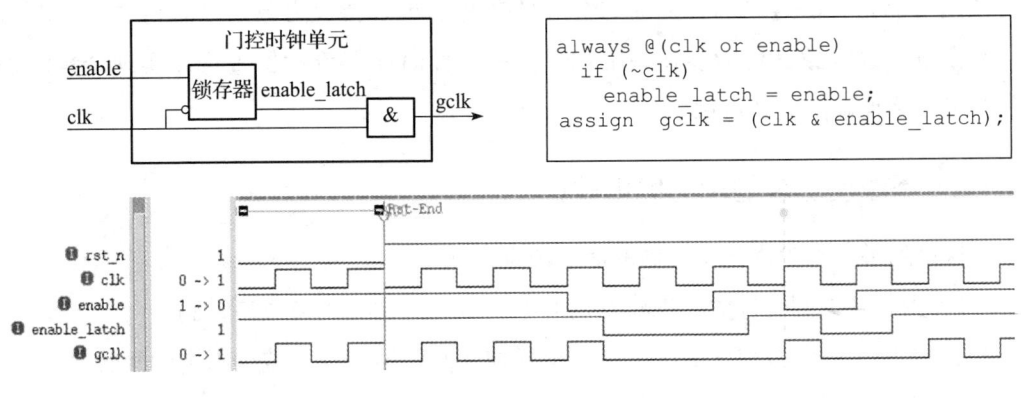

```
always @(clk or enable)
  if (~clk)
    enable_latch = enable;
assign  gclk = (clk & enable_latch);
```

图 9-2 门控时钟单元原理

对于每一个门控时钟域，enable 的典型输入是（~rst_n||unit_busy||csr_clk_free_run），这里的 rst_n 表示低电平有效的复位信号，复位阶段 enable 为高电平，即要打开时钟。unit_busy=1 表示在该单元工作时打开时钟。最后一个信号 csr_clk_free_run 来自寄存器配置，用来控制该门控时钟是否常开，为 1 表示常开。

在使用时序等价性检查工具验证模块级门控时钟时，如图 9-3 所示，参考设计是常开时钟设计，通过约束 csr_clk_free_run=1 实现，图 9-3 中展示了参考设计中常开时钟的效果；实际设计是使能门控时钟的设计，通过约束 csr_clk_free_run=0 实现，图 9-3 中展示了实际设计中的时钟可能会在电路不工作时关闭一段时间。**两份电路设计的代码是完全相同的。**

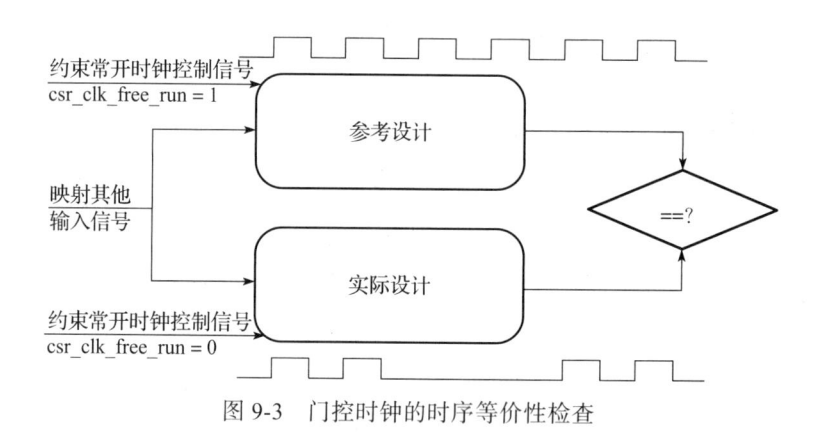

图 9-3　门控时钟的时序等价性检查

如果门控时钟特性出现设计缺陷，例如当电路需要时钟时却没有时钟，这种设计缺陷可能是无法容忍的，因为它会导致芯片的重要特性失效。动态仿真难以覆盖所有激励，这导致其可能会让缺陷逃过检查，而时序等价性检查可以实现全集激励的验证，确保缺陷无处可逃。

9.1.2　不改变功能的功耗优化验证

这里列举一些为优化功耗做的简单改动的例子：

1）为了减少翻转位数，把状态机的编码从二进制编码换成格雷码。

2）为原始的没有加使能的时序逻辑增加一些使能信号，减少无谓的翻转。

3）把原来的电路设计中多处实例化的某种运算逻辑统一成一个时分复用的模

块，以此减少面积。

4）滤除冗余的读存储器操作，以此优化功耗。

这些改动都不改变原始设计的功能，特别适合使用时序等价性检查工具来验证。

9.1.3 重新切割流水线和时序优化验证

RTL 被综合后会报出一些延时较长的关键路径，工程师需要在寄存器之间平衡组合逻辑级数，以此达到消除关键路径的目的。这种情况在 IC 设计中非常普遍，这时只要用时序等价性检查工具证明电路设计在改动前后输出是一致的，就能确保这次改动没有引入缺陷，是安全的。图 9-4 所示为两种时序优化的情形，图 9-4a 是把两级流水线之间的不平衡的组合逻辑修改成平衡的组合逻辑，不改变流水线级数，图 9-4b 是增加一级流水线把原来时延较长的组合逻辑分配到两级来消除关键路径。对于这两种情况，时序等价性检查工具都可以验证。

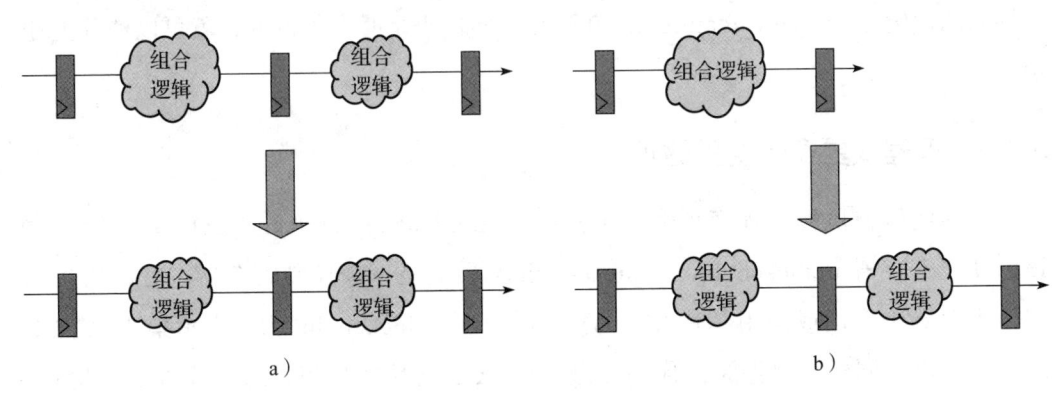

图 9-4 两种时序优化的情形（不改变和改变流水线级数）

9.1.4 删除某个不需要的特性或者删除一些冗余代码

例如某个功能特性，它受使能寄存器 csr_feature_en 控制（1 代表使能该特性，0 代表禁止），在新一代产品中，客户希望去掉这个特性，那么工程师为了防止删除代码的时候删错了，引入缺陷，只要使用时序等价性检查工具，把初始代码作为参考设计，把删除该特性后的代码作为实际设计，并且约束参考设计中 csr_feature_en=0 即可，如果检查通过，就代表改动是安全的，如图 9-5 所示。

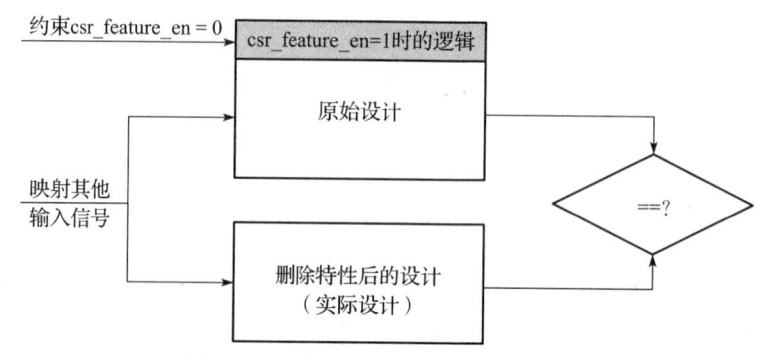

图 9-5 删除特性后的时序等价性检查

9.1.5 新增功能不影响原有功能

在增加某个特性时，要防止新增加的逻辑影响原来设计的逻辑。假设新增加的特性使能寄存器为 csr_new_feature_en，那么只要用时序等价性检查工具验证增加该特性后的代码在 csr_new_feature_en=0 时和原始代码是时序等价的，就可以消除上述担心。

9.1.6 工程变更命令相关验证

芯片项目在执行工程变更命令（Engineering Change Order，ECO）时，经常会设置使能寄存器（chicken_bit），chicken_bit 本质上是一个控制寄存器，可以通过编程该寄存器来启用或禁用芯片 ECO 的改动，例如 chicken_bit 为 1 表示禁止该 ECO 的新加逻辑。同样可以把原始代码和做过该 ECO 之后的代码进行时序等价性检查，确保当禁用该 ECO 的改动时不会影响原来的逻辑，避免因为 ECO 的改动引起其他问题。

9.1.7 硬编码到参数化的设计改动验证

假设在五个子模块中都需要使用 FIFO，但是每个子模块使用的 FIFO 深度和宽度都不相同，且每个子模块都采用硬编码实现了自己的 FIFO，文件分别是 fifo_4x4.v、fifo_8x8.v、fifo_16x16.v、fifo_32x32.v 和 fifo_64x64.v，但是这样做的缺点是维护起来很麻烦，每次修改都要同时改五份代码。因此可以重新写一个通用的模块

fifo.v，为 FIFO 深度和宽度引入参数化设计，在五个子模块调用它的时候，只要配置正确的参数就好。这时候可以采用时序等价性检查工具来验证这个改动是正确的。需要建立五个时序等价性验证的小工程，对于每一个工程，参考设计是五个原始硬编码 FIFO 之一，例如 fifo_4x4.v，实际设计是配置好深度和宽度都是 4 的 fifo.v（时序等价性检查工具支持在 TCL 脚本里配置参数）。只有这五个时序等价性检查工程都通过了，这个改动才是安全的。

9.1.8 寄存器从带复位的改成不带复位的

可能有不少读者会产生疑问，为什么要把带复位的寄存器改成没有复位的，因为通常来说是推荐寄存器带复位的代码风格的。这个问题的回答是这样的：在同样的工艺下，带复位的寄存器面积要比不带复位的寄存器大。因此在大型芯片的设计中，为了节约面积，很多寄存器是可以不加复位的。当然，不是所有的寄存器都可以不带复位，只有那些在需要使用的时候可以确保被初始化过或者更新过的寄存器才可以，例如算术逻辑单元（Arithmetic Logic Unit，ALU）流水线上的一些与运算相关的寄存器，一般会有 valid 信号控制，可保证在 valid=1 的时候它们一定是有确定值的；又例如 DMA 操作的一组配置寄存器（用来指定源地址、目的地址和长度等），软件驱动程序首先会将这组配置寄存器初始化，然后启动 DMA 操作，所以这组寄存器也是不需要带复位的。

为了验证改动是安全的，可以使用时序等价性检查工具。其方法**可以是把改之前和改之后的代码比较，也可以是改之后的代码和自身比较**，如果输出时序不等价，那么表示该寄存器由于不定态产生了不同的复位初始值，导致输出不同，证明有可能把某些不应该删除复位的寄存器的复位给删除了。如果是代码自身和自身比较，要特别注意**不要设置在参考设计和实际设计之间映射未初始化的寄存器，也不要把未初始化的寄存器初始化成确定值**，否则问题就呈现不出来了。

9.1.9 在可测性设计使能扫描模式下，确保 X 态不会传播到下游逻辑

在 DFT 扫描模式下，一些未初始化的寄存器、X 态赋值和数组越界访问等都会产生 X 态，通常不希望这些 X 态传播到模块输出或者一些关键点处，此时可以使用

时序等价性检查，参考设计和实际设计都是同一份设计，但是内部节点可能有一些 X 态，验证时同样需注意不要映射这些产生 X 态源的单元，也不要给未初始化的寄存器配置初始值。

9.2 验证环境和脚本流程

不同 EDA 厂商的时序等价性检查工具的具体命令各不相同，但是总体的脚本流程是类似的，如图 9-6 所示。

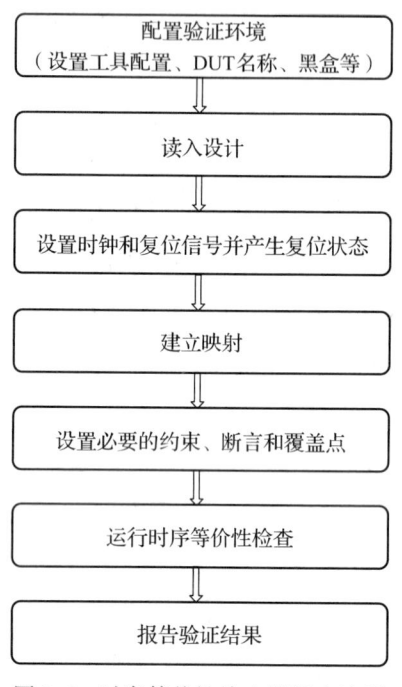

```
配置验证环境
（设置工具配置、DUT名称、黑盒等）
        ↓
     读入设计
        ↓
设置时钟和复位信号并产生复位状态
        ↓
     建立映射
        ↓
设置必要的约束、断言和覆盖点
        ↓
   运行时序等价性检查
        ↓
     报告验证结果
```

图 9-6 时序等价性检查的脚本流程

下面以一个简单的例子来介绍新思科技的 VC Formal SEQ 的流程和操作。如图 9-7 所示，pipe 模块的功能是对数据 data[7:0] 寄存两拍，对应的流水线使能信号 data_vld 也是延迟两拍输出的，为了节省面积功耗，这里把数据路径相关寄存器全部换成**没有复位**的。图 9-7 展示了代码改动前后的文件 pipe.v（左）和 pipe_no_rst.v（右）的内容。

```
module pipe(
input            clk, rst_n,
input    [7:0]   data,
input            data_vld,
outputreg [7:0]  data_o,
outputreg        data_o_vld);

reg data_vld_q0;
always @(posedge clk or negedge rst_n)
if(~rst_n)
  data_vld_q0<=1'b0;
else
  data_vld_q0<=data_vld;
always @(posedge cik or negedge rst_n)
if(~rst_n)
  data_o_vld<=1'b0;
else
  data_o_vld<=data_vld_q0;

reg [7:0] data_q0;
always @(posedge clk or negedge rst_n)
if(~rst_n)
  data_q0 <=8'h00;
else if(data_vid)
  data_q0 <= data;
aiways @(posedge clk or negedge rst_n)
if(~rst_n)
  data_q0<= 8'h00;
else if(data_vld_q0)
  data_o<=data_q0;

endmodule
```

```
module pipe(
input            clk, rst_n,
input    [7:0]   data,
input            data_vld,
outputreg [7:0]  data_o,
outputreg        data_o_vld);

reg data_vld_q0;
always @(posedge clk)
  data_vld_q0<=data_vld;



always @(posedge clk or negedge rst_n)
if(~rst_n)
  data_o_vld<=1'b0;
else
  data_o_vld<=data_vld_q0;


reg [7:0] data_q0;
always @(posedge clk)
if(data_vld)
  data_q0 <=data;
always @(posedge clk)
if(data_vld_q0)
  data_o<=data_q0;


endmodule
```

图 9-7 pipe 模块去除寄存器的复位信号改动

代码 ch09_SEQ/pipe/vcf_SEQ/pipe_seq.tcl 展示了 VC Formal SEQ 的 TCL 脚本。该脚本的命令流程和图 9-6 所示的步骤是一一对应的。

该示例中,为了验证改动之后是否会在模块输出控制路径上产生不定态,可以把修改之后的代码 pipe_no_rst.v 和其自身比较,同时输出信号 data_o 的断言没有采用工具默认的参考设计和实际设计输出相等的行为,而是在脚本中加入在 data_o_vld=1 条件成立的时候才检查 data_o 是否相等的断言。

对于 SEQ 工具,代码 ch09_SEQ/pipe/vcf_SEQ/pipe_seq.tcl 的映射输入命令中加了 -input 的选项,表示只映射输入,然后在脚本中定义了两个输出信号的断言 ast_ data_o_vld 和 ast_data_o，以此实现在 data_o_vld=1 的时候才检查 data_o 是否相等。

运行脚本 ch09_SEQ/pipe/vcf_SEQ/pipe_seq.tcl，可以发现断言是不通过的，如图 9-7 中加黑部分所示，因为删除数据路径寄存器复位信号时不小心把控制信号 data_vld_q0 的复位信号也删除了，在文件 pipe_no_rst_fix.v 中把该复位信号添加回来，运行脚本 ch09_SEQ/pipe/vcf_SEQ/pipe_seq_fix.tcl，两条断言便通过了。这证明时序等价性检查工具可以有效验证删除寄存器复位信号的改动。

这里特别要注意的是，示例中在建立映射阶段**不要将参考设计和实际设计的未初始化寄存器进行映射，也不要将未初始化寄存器初始化成固定值**。因为不带复位信号的寄存器初始值可能为 0，也可能为 1，如果将参考设计和实际设计的未初始化寄存器进行映射，会导致未初始化寄存器的值同时为 0 或者同时为 1，然而它们在实际上可以一个为 0 一个为 1，因此会导致忽视缺陷。此外，如果将未初始化寄存器初始化成固定值，例如固定为 0，那就可能忽视初始值为 1 引起的缺陷。具体可见代码 ch09_SEQ/pipe/vcf_SEQ/pipe_seq.tcl，该代码注释了配置和初始化命令 seq_config，读者可以尝试恢复该命令，然后重新运行 pipe_seq.tcl，此时可以发现断言是全部通过的，证明这些设置会导致忽视缺陷。

9.3 时序面积优化验证示例

接下来用两个示例来展示对时序面积的优化。9.3.1 节中 mxor 模块的示例优化前后流水线级数不变，但是端口信号多了一个 pipe_en；9.3.2 节中 32 位加法器的示例在 adder 优化前后流水线级数改变，其在优化时序后流水线多了一级。

9.3.1 流水线级数不变的多位数据按位异或设计

如图 9-8 所示，mxor 模块可实现对一个位宽为 400 的输入信号 a[399:0] 进行按位异或，其原始实现分别在两级流水线中进行了位宽 300 的异或和位宽 101 的异或。显然，这样的两级流水线逻辑并不平衡，而且对高 100 位输入进行的寄存浪费了大量面积。

可以从三个方面优化该设计：

1）更好地平衡两级流水线的异或门个数。

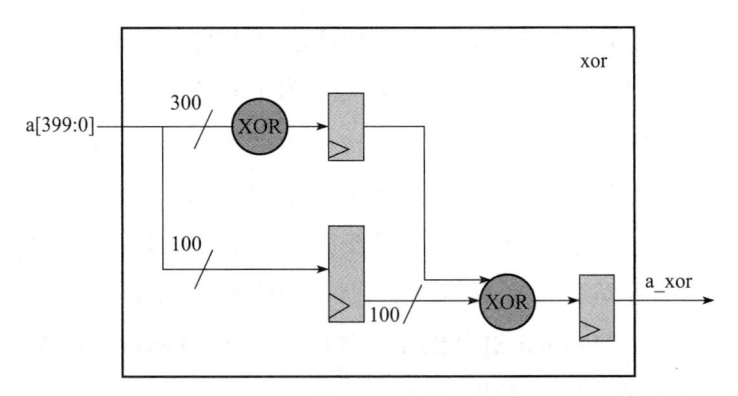

图 9-8 两级流水线 400 位输入信号按位异或设计（优化前）

2）减少寄存器的浪费。

3）给两级电路加入使能信号来减少功耗。

优化后的设计如图 9-9 所示，400 个信号被分成 20 组，每组 20 个，在流水线的第一级实现组内 20 个信号的按位异或，结果用 1 位寄存器寄存，在流水线的第二级对 20 组信号的 20 个结果进行按位异或。这样一来，两级流水线的组合逻辑显然就平衡了，而且寄存器位数从 102 减少到 21，面积也被优化了。同时还加入了流水线使能信号 pipe_en，只有 pipe_en 为高电平的时候流水线上寄存器的输出才改变，从而减少了不必要的翻转，在两级打拍之后和 a_xor 对齐输出，信号名为 a_xor_vld。

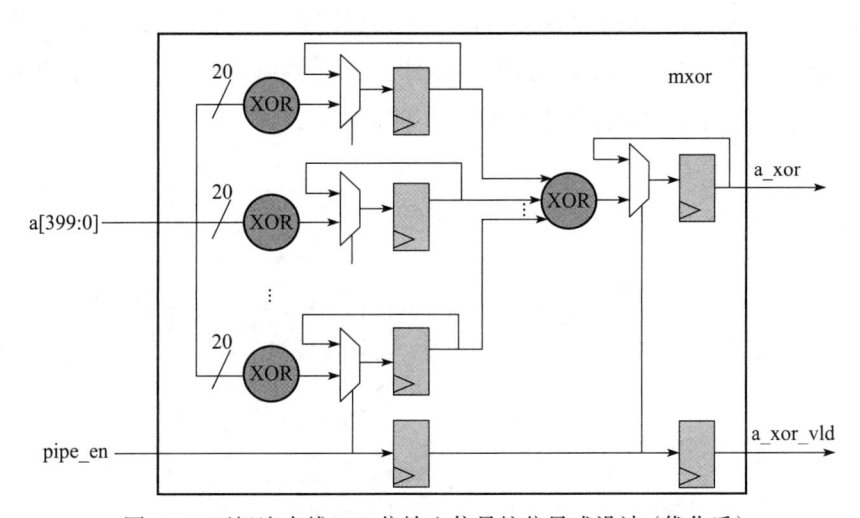

图 9-9 两级流水线 400 位输入信号按位异或设计（优化后）

此时就可以用时序等价性检查工具来验证这个两级流水线 400 位输入数据按位异或设计的时序面积优化是否改变了其功能。为了验证图 9-8 和图 9-9 所示设计的输出信号 a_xor 一致，需要约束实际设计一端新增加的信号 pipe_en=1。同时需要注意，和 9.2 节 pipe 设计去除数据路径寄存器复位的优化案例不同，这个案例的参考设计和实际设计不是同一个设计，所以在使用形式化验证工具的时候，要注意在读入设计步骤选择正确的命令和选项，代码 ch09_SEQ/mxor/vcf_SEQ/mxor/mxor_seq.tcl 是该例子的 VC Formal SEQ 的 TCL 脚本，运行该例程，可发现断言 _map_output_a_xor 是通过的，由此证明该优化正确无误。

9.3.2　32 位加法器从一级增加到两级流水线

时序等价性检查工具不仅能验证时序面积优化后流水线级数不变的情况，对于流水线级数变化的情况它也可以处理。芯片切换到先进工艺时，有可能让流水线级数变少。如果目标频率很高，关键路径上组合逻辑层级太多，可能需要增加流水线级数。这里给出一个简单的示例来说明时序优化前后流水线级数不同的情况下，如何用时序等价性检查工具进行验证。

如图 9-10 所示，在原始设计中，adder 模块接收两个位宽 32 的数据 a 和 b 输入，然后把它们相加，结果存入寄存器 c 并输出。现在因为要做一款高性能芯片，这个加法器的输出结果 c[31:0] 被综合工具报出在关键路径，为了优化时序，工程师决定为其加一级流水线，修改 adder.v 的代码成图 9-10 右侧所示结构，为了验证此次改动没有引入缺陷，可以使用时序等价性检查工具来验证。

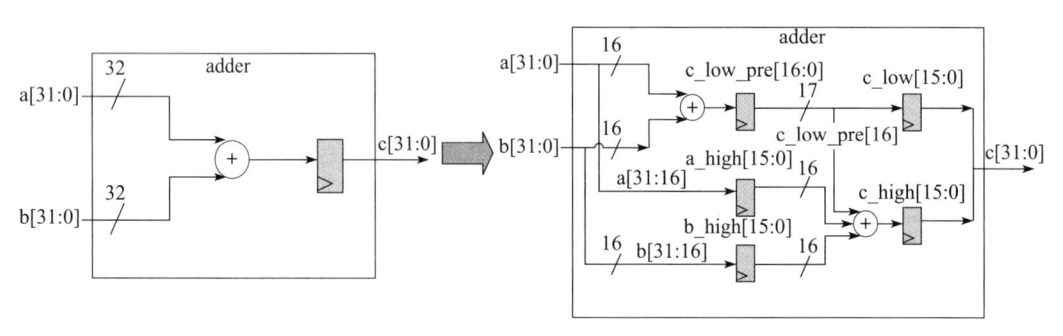

图 9-10　32 位加法器从一级增加到两级流水线

代码 ch09_SEQ/adder/vcf_SEQ/adder_seq.tcl 展示了使用 VC Formal 的 SEQ 验证该改动的脚本。和 9.3.1 节相比，此例的最大区别是在时序优化改动前后，流水线级数多了一级，所以优化后的代码相比优化前，输出信号 c[31:0] 有了一拍的延迟。注意代码中映射命令的选项，工具都是在建立映射阶段处理该延迟的，VC Formal 工具使用映射命令的选项 "-impl_latency 1" 来实现。

而映射命令默认是不指定延迟的，工具生成的断言是：

assert_c: assert property (@(posedge clk) ##1 (impl.c[31:0] == $past(c[31:0], 1)));

而默认不指定延迟的，工具生成的断言是：

assert_c: assert property (@(posedge clk) (impl.c[31:0] == c[31:0]));

运行该例程，可发现断言 _map_output_c 是通过的，这证明该优化正确无误。

9.4 RISC-V SoC 门控时钟案例

9.1 节详细介绍了门控时钟的原理。在基于 RISC-V 架构的 SoC 设计中，已经实现了模块级门控时钟，如图 9-11 所示，定时器（Timer）和异步串行收发器（UART0 和 UART1）内部都有门控时钟单元。

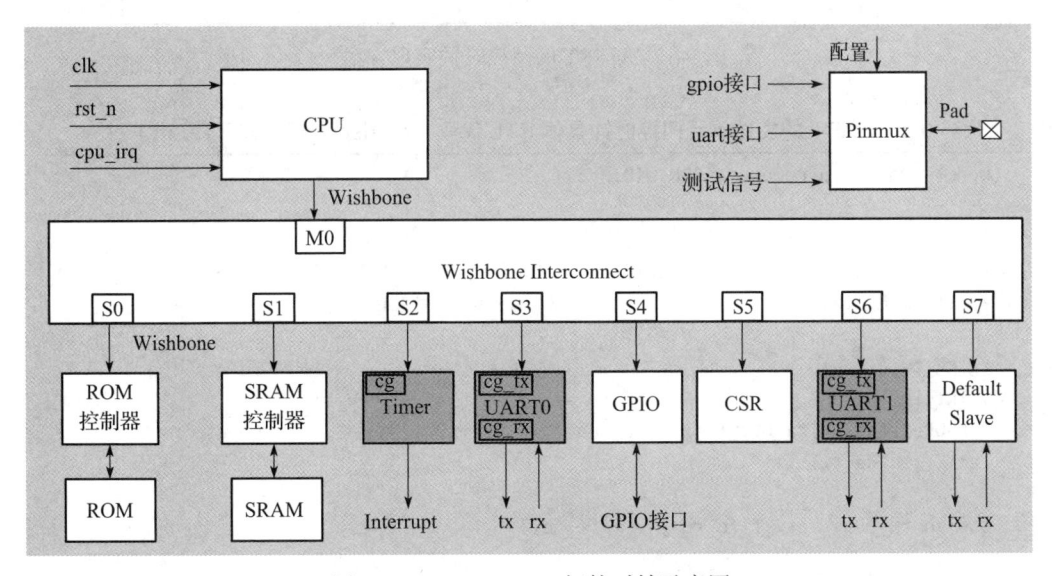

图 9-11 RISC-V SoC 门控时钟示意图

图 9-12 所示为 UART 的门控时钟实现方案，其发送单元（uart_tx）和接收单元（uart_rx）分别实现了一个门控时钟，即 cg_tx 和 cg_rx 单元。cg_tx 单元输入常开时钟信号 clk，当 uart_tx 正在工作时，tx_busy=1，tx_clk 就会是有效的，驱动 uart_tx 内部的发送电路，而当 tx_busy=0，也就是发送电路不工作时，tx_clk 是被关闭的。当然，也可以设置控制寄存器 tx_free_run=1，这样一来，不管 uart_tx 在不在工作，tx_clk 都是有效的，相当于发送单元的门控时钟功能被旁路了。

UART 接收单元和定时器的门控时钟单元都具有类似的电路结构。代码 9-1 所示为 UART 的发送单元门控时钟具体 RTL 代码。

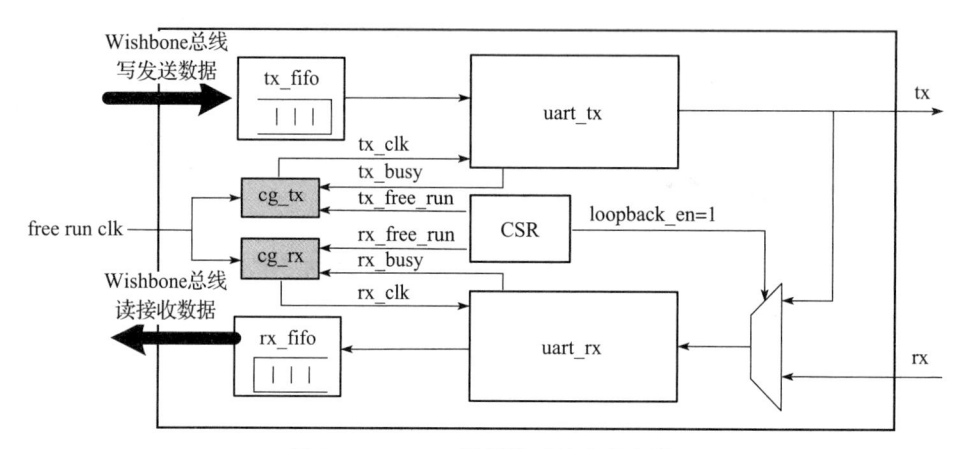

图 9-12 UART 的门控时钟实现方案

代码 9-1　UART 的发送单元门控时钟具体 RTL 代码　rtl_riscv_soc/UART/uart.v cg.v

```verilog
module uart #(parameter ADDR_WIDTH=8)(
...
);
wire tx_free_run= csr_uart_ctrl[1];    // 常开时钟配置寄存器
wire clk_cg_tx;                        // 发送单元门控时钟

cg cg_tx(
.clk(clk),
.enable(~rst_n||tx_busy||tx_free_run),
.gclk(clk_cg_tx) );

assign tx_busy = tx_fifo_rd | ~tx_is_idle;
```

```
//…省略 uart 其他部分代码
endmodule

module cg (
input         clk,           // 常开时钟
input         enable,        // 时钟使能
output        gclk           // 门控时钟输出
);
reg enable_latch;
always @(clk or enable)
  if (~clk)
    enable_latch = enable;
assign  gclk = (clk & enable_latch);
endmodule
```

在芯片正常工作时，tx_free_run 默认为 0，表示门控时钟使能，可通过 tx_busy 来控制 tx_clk 的开关，所以这里最关键的是产生 tx_busy 的逻辑是否正确，当 UART 发送单元正在工作（包括正在读 FIFO 或者正在发送 UART 数据）时，时钟需要开启，如果没有开启 tx_clk，这就是门控时钟功能的缺陷。如果芯片流片后才发现这种缺陷，只能把对应的控制寄存器 tx_free_run 设置为 1，即关闭门控时钟功能，但这样做就无法达到功耗优化的目的了。时序等价性检查工具特别适合做门控时钟的验证，它可以遍历全集，以保证门控时钟设计万无一失。

整个基于 RISC-V 的 SoC 设计中，包含定时器 u0_timer 的一个门控时钟域、u0_uart 的发送和接收两个门控时钟域和 u1_uart 的发送和接收两个门控时钟域，总计有 5 个门控时钟域，其中每一个门控时钟域都有一个常开时钟控制寄存器，因为这些寄存器在子模块的设计内部，所以当顶层设计是 SoC 时，需要分别断开这 5 个寄存器，并在参考设计和实际设计中分别约束成 1 和 0。代码包 ch09_SEQ/riscv_cg/vcf_SEQ/riscv_cg_seq_bugfix.tcl 给出了 VC Formal SEQ 的验证脚本。

关于门控时钟 SEQ 的运行结果在 9.5 节和 9.6 节中给出，9.5 节介绍了调试过程中捕捉到的设计缺陷，9.6 节介绍了各种简化方法及运行结果。

在实际的工程项目中，某个门控时钟的扇出寄存器个数是评估门控时钟颗粒度的重要指标，这个数值不能太大，否则会有两个问题：

1）后端布局布线无法收敛。

2）扇出太大导致门控时钟颗粒度太粗，不利于功耗优化。

扇出寄存器的个数最好不要超过一定数量，如果数量过大，可以考虑增加门控时钟域。这里以 RISC-V 为例，给出得到定时器门控时钟扇出寄存器个数的基于 VC Formal 的 TCL 脚本，请参考代码包 ch09_SEQ/riscv_cg/vcf_SEQ/riscv_cg_seq_bugfix.tcl。

在 VC Formal 中运行该 TCL 脚本，可以得到定时器的门控时钟信号 spec.u0_timer.clk_cg 中所有扇出寄存器的位数累加起来是 101 个，具体如下：

```
get spec.u0_timer.clk_cg fanout registers number
spec.u0_timer.wb_dat_o width=32 totalWidth=32
spec.u0_timer.csr_regs_reload width=32 totalWidth=64
spec.u0_timer.counter width=32 totalWidth=96
spec.u0_timer.csr_regs_ctrl width=2 totalWidth=98
spec.u0_timer.csr_regs_intr_en width=2 totalWidth=100
spec.u0_timer.IRQ width=1 totalWidth=101
gated clock spec.u0_timer.clk_cg has fanout registers 101
```

9.5 使用 SEQ 工具验证的常见问题

使用 SEQ 工具时可能会碰到一些问题，这里结合 9.3.1 节和 9.4 节的示例来具体介绍。本书代码包附有这两个示例的源代码，在代码包目录 ch09_SEQ 内，读者可以一边运行代码一边学习。在时序等价性检查中，参考设计和实际设计可能是不同的，例如 9.3.1 节中针对时序优化改动的验证；也可能是相同的，例如 9.4 节中针对门控时钟的验证。

9.5.1 使用 SystemVerilog 语法中的 bind 操作错误

由 9.3.1 节可知，在 mxor 模块的示例中，实际设计与参考设计相比，输入信号多了 pipe_en，因此需要约束 pipe_en=1 才能让两者比对通过，这里增加了约束文件 mxor_cons.sv，并用 SV 语法中的 bind 把该模块绑定到实际设计中。在具体操作时，初学者容易出现下面两个问题：

（1）没有 bind 到正确的路径

为了把约束模块 mxor_cons 绑定到实际设计中，初学者可能会这样写：

bind **impl** mxor_cons cons(.*);

但这里的 impl 路径是不对的，因为在实际情况中，不同时序等价性检查工具的这个"实际设计"路径是不同的，例如对于 VC Formal 的 SEQ 工具，需要这样写：

bind **seq_top.impl** mxor_cons cons(.*);

这是由于 SEQ 工具会默认把参考设计和实际设计实例化到工具自动生成的 seq_top 这个顶层模块，如代码 9-2 所示。

代码 9-2　VC Formal 自动生成的默认顶层模块 seq_top

```
module seq_top ;
    mxor spec( );
    mxor impl( );
endmodule
```

（2）没有 bind 到正确的对象上

在优化 mxor 模块的设计后，增加了 pipe_en 信号，同时在 mxor_cons.sv 文件中增加了让其恒为 1 的约束，即：

assume_pipe_en: assume property (@(posedge clk) pipe_en);

然而下面的写法会把约束绑定到参考设计：

bind seq_top.spec mxor_cons cst (.*);

参考设计中是没有 pipe_en 信号的，因此修改成如下命令才是正确的：

bind seq_top.**impl** mxor_cons cst (.*);

9.5.2　真正的设计缺陷

9.5.1 节中介绍的问题大多是建立工程阶段工具使用或者 SVA 约束错误等问题，解决完这些问题后，真正的设计缺陷才会浮现出来。在验证 RISC-V SoC 的门控时钟方案时，使用时序等价性检查找到了初始设计的一个缺陷。运行 TCL 脚本 ch09_SEQ/riscv_cg/vcf_SEQ/riscv_cg_seq_bug.tcl，显示断言_map_output_PAD_IO_0 失败，图 9-13 所示为反例波形，从图中可以看到，实际设计中定时器的中断信号 u0_timer.IRQ 从 0 跳变到 1 之后，持续为高电平，而在参考设计中，u0_timer.IRQ 是一拍有效的，两者出现了不匹配，所以报错。

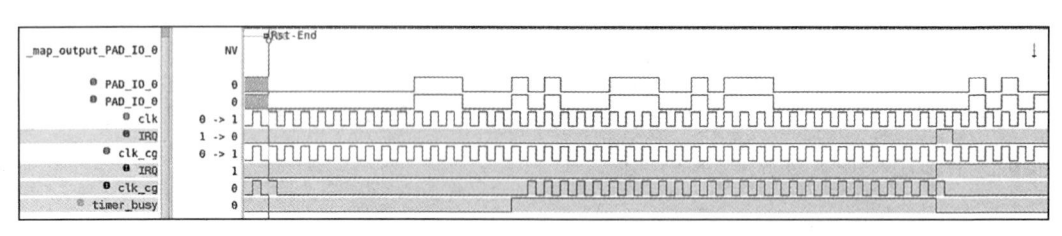

图 9-13　RISC-V SoC 门控时钟定时器 timer_busy 逻辑缺陷导致断言失败

根据定时器的 RTL 代码可知，IRQ 是一个一拍有效的信号，显然在实际设计中 IRQ 的行为不对，从波形中可以看到，它的时钟信号 soc_imp.u0_timer.clk_cg 在 IRQ 上升沿之后就没有翻转了，导致 soc_imp.u0_timer.IRQ 没有被清零。继续分析为什么这里没有时钟信号，观察表示定时器繁忙的信号 timer_busy 的波形，可以看到在 IRQ=1 时，总线配置定时器关闭，timer_busy 变成低电平，则 IRQ 信号没有时钟，所以一直保持为高电平，这个行为显然是不对的。修改的方法是把 IRQ 也或入 timer_busy 的生成逻辑，保证 IRQ 为高电平时定时器的时钟使能，如代码 9-3 中加黑的部分所示。

代码 9-3　定时器门控时钟设计缺陷　rtl_riscv_soc/TIMER/timer.v

```
`ifndef SEQ_BUG_FIX
wire timer_busy = wb_cyc_i || csr_regs_ctrl[0];
`else
wire timer_busy = wb_cyc_i || csr_regs_ctrl[0] || IRQ;
`endif
```

请读者运行 riscv_cg_seq_bugfix.tcl 脚本，该脚本在读入设计时加入了 SEQ_BUG_FIX 宏定义，修复了上述缺陷，在重新运行后，断言错误便消失了。

调好环境之后，门控时钟时序等价性检查的一般错误原因主要有以下两个：

1）非法输入引起的参考设计和实际设计输出不匹配。

2）真正的 RTL 缺陷，如需要时钟有效的时候却没有时钟。

本节介绍的问题就是第二种。

9.6 简化和签核

最后介绍一下时序等价性检查中最常见，或者说形式化验证中最常见的一个问题。那就是**复杂度问题**。如果设计非常简单，那么验证其时序优化等价性时就不需要任何简化，工程可在几分钟内就证明出所有的断言。然而对于复杂度较大的设计，简化对于时序等价性检查就非常重要。以 RISC-V SoC 门控时钟为例，如果不做任何形式的简化，使用 VC Formal 运行 1h 后才能发现定时器门控时钟的缺陷，然而在使用一些方法简化后，几分钟内就可以报出 CEX，这大大提高了迭代效率。在修改完 timer_busy 的缺陷后，如果不做简化，运行 1h 后才能完全证出，而如果使用了简化技术，几分钟内就可以 100% 证出所有断言。在实际的工程应用中，如果设计规模比较大，可能无法 100% 证出，只能使用边界深度去做签核，此时使用简化策略可以大大提高边界深度，从而发现更多隐藏的缺陷。

在形式化验证中，简化设计是一个常用的手段，应该在工程的早期阶段就考虑使用，而不是到了工程的后期阶段才使用。商业化的时序等价性检查工具手册都会提供如何简化设计的策略，用户需要反复阅读和理解这些策略，并记住对应的命令，以便熟练应用到自己的设计中。一般的简化策略包括：

1）黑盒化模块：让该模块的输入成为新的断言，输出则自由变化（可以增加必要的约束）。

2）剪断某根信号：让该信号不受前级驱动，作为下一级的新输入（可以增加必要的约束）。

3）简化运算单元：把运算单元（例如乘法器、加法器等）替换成简化模型。

4）分治法：把状态空间分成若干种情况并分别验证，或者把大模块分成几个子模块。

简化设计的第一步是查看设计的复杂度，VC Formal 的 SEQ 可以报出 RISC-V SoC 的复杂度，如图 9-14 所示。

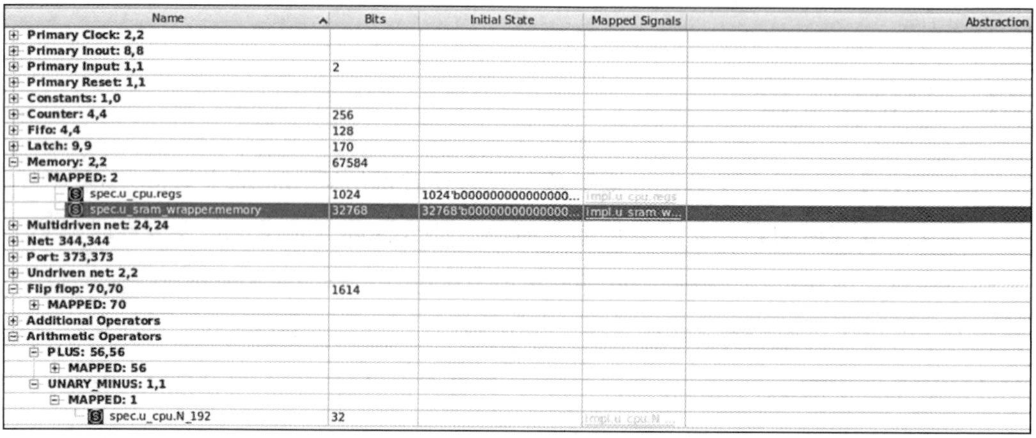

图 9-14 RISC-V SoC 的复杂度报告

从图 9-14 中可以看到，该设计中两块存储器 spec.cpu.regs 和 spec.u_sram_wrapper 分别贡献了 1024 和 32768 个状态位。而观察 9.4 节中的 RISC-V SoC 的门控时钟方案，这两个模块和门控时钟功能完全无关，进一步说，整个 CPU 模块都和门控时钟功能无关。除此之外，该设计中包含 56 个加法器，且很多加法器都是 32 位的，因此也可以简化它们。

根据对复杂度报告的观察，下面 3 个简化策略是特别针对门控时钟时序等价性检查的：

1）黑盒化设计：只要是和门控时钟无关的设计都可以黑盒化，例如本设计中 sram_wrapper、CPU 和 GPIO 等模块都和门控时钟无关，因此都可以黑盒化。

2）简化计数器、运算单元等：门控时钟功能更关注时钟在需要的时候有没有，而不是计算得对不对，因此在数据路径上的一些运算单元（如加法器、乘法器和取模运算等）是可以简化的。工具也会提供相应的命令来支持相关的简化操作。

3）在含有多个门控时钟的设计中，可以实施两种基于**分治法**的简化方法。

方法一：每次只使能其中一个门控时钟，其余全部设置成常开时钟。本例共有 5 个门控时钟，所以需要 5 个脚本，例如第一个脚本 riscv_cg_seq_en_timer.tcl 表示仅使能定时器的门控时钟,而该脚本中的其他四个门控时钟(UART0 和 UART1 的发送和接收时钟)被设置为常开时钟。

方法二:把门控时钟和对应的子模块独立出来验证。

方法一的优点是操作简单,不需要重新建立验证环境。

方法二需要重新建立 SEQ 环境,可能需要加入新约束,所以比起方法一需要投入的时间和精力更多,但是收益也更大,新建立的包含一个门控时钟的子模块通常可以达到 100% 证出,这大大提高了签核的质量。

作为示例,这里同时采用两种方法。方法一有 5 个门控时钟域;方法二是对 UART 和 Timer 单独建立时序等价性检查环境。因为这里的门控时钟单元 cg 在子模块 UART 和 Timer 内部,所以可以直接建立测试环境。如果 cg 单元在子模块外部,可以使用 bind 方式搭建环境,就是在参考设计中不需要 cg 单元,而在实际设计中 bind 一个 cg 单元,并通过 TCL 脚本把该 cg 单元的输出时钟和参考设计的输入时钟连接到一起。这个做法的好处是不需要额外创建一个把实际设计和 cg 单元实例化的包裹单元,可以缩短开发周期。

表 9-1 展示了 RISC-V 不同策略运行结果,因为设计的复杂度不高,所以所有的运行都是可以 100% 证出的,但是简化和不简化的运行时间是大相径庭的,简化后甚至可以达到**指数级**的提速。表 9-1 中的分治法方法 1 在黑盒化 SRAM 和 CPU 的基础上,把 5 个门控时钟分别运行,可以看到这种策略的运行时间从 22 个时间单元降低到了 4~12 个之间,总体提速效果一般;而分治法方法 2 建立了子模块的验证环境,Timer 和 UART 单元独立验证门控时钟设计,分别只需要运行 1 和 3 个时间单元就可以达到 100% 证出,总共只要 4 个时间单元,而"黑盒化 SRAM+CPU"需要 22 个时间单元,提速效果显著,当然其代价是要重新建立两个子模块 UART 和 Timer 的验证环境。

表 9-1 RISC-V 不同策略运行结果

场景	对应脚本名称	运行时间(倍数关系)
无任何简化	riscv_cg_seq_bugfix.tcl	×300
黑盒化 SRAM	riscv_cg_seq_abs_sram.tcl	×192
黑盒化 SRAM+CPU	riscv_cg_seq_abs_sram_cpu.tcl	×22

(续)

场景	对应脚本名称	运行时间（倍数关系）
分治法方法 1 （每次只设置一个门控时钟有效）	riscv_cg_seq_en_timer.tcl	×6
	riscv_cg_seq_en_uart0_tx.tcl	×11
	riscv_cg_seq_en_uart0_rx.tcl	×4
	riscv_cg_seq_en_uart1_tx.tcl	×12
	riscv_cg_seq_en_uart1_rx.tcl	×4
分治法方法 2 （建立子模块的验证环境）	timer_cg_seq.tcl	×1
	uart_cg_seq.tcl	×3

经过一系列的简化策略，RISC-V SoC 的门控时钟验证已经可以进入签核阶段。这里给出一个签核标准和 RISC-V SoC 的门控时钟对应结果，见表 9-2。

表 9-2 RISC-V SoC 的门控时钟签核

签核标准	描述	RISC-V SoC 的门控时钟签核
所有的约束要和设计工程师确认过	确保约束正确，尤其是要确认过约束风险可控	除了门控时钟使能信号，没有额外的约束
每个时钟域对应的 busy 翻转都能覆盖到	确保没有约束不当的情况	5 个门控时钟域对应的 busy 信号都可以覆盖到翻转 2 次
没有违例的 CEX	清理了所有的断言或者覆盖点错误，不管是约束错误、断言错误、脚本错误还是设计问题引起的错误，确保全部修好	100% 通过
边界深度 N 要达标	N 的大小需要讨论后给出，在门控时钟设计中，N 要大于所有时钟域 busy 覆盖点最深的深度	完全证出
证出率要达到工程规定的标准	证出率 = 证出断言个数 / 断言总数 对于门控时钟，还可以看包括内部节点的证出率	证出率 100%
最大程度地使用服务器并行运行过	这里的最大程度运行包含： 1）使用工具提供的命令确保子任务可以并行运行 2）使用工具提供的各种模式运行过 3）运行时间上限达到要求	不需要（设计 100% 证出）
所有记录的问题都已经解决	通常项目到了某个节点之后，发现的问题需要记录到缺陷跟踪系统	只发现了一个设计问题，并已解决和记录

9.7 本章小结

本章介绍了时序等价性检查工具在 IC 设计中的各种使用场景，包括门控时钟、时序优化改动、功耗优化改动、增删特性改动、参数化改动和寄存器复位改动等场景，让读者在选择验证策略时有章可循。

9.2 节介绍了使用时序等价性检查工具建立工程的流程。

9.3 节给出了两个关于时序优化的例子，两者分别针对流水线级数不变和改变的情况进行了时序优化。

9.4 节详细介绍了 RISC-V SoC 门控时钟设计方案。

9.5 节展示了时序等价性检查过程中可能碰到的常见问题，让读者可以快速掌握时序等价性检查的实操技术。

9.6 节详细介绍了时序等价性检查的简化和签核技术，让读者可以完成从入门到提高的过程。

通过本章的学习，可以总结出时序等价性检查的一般流程为：

1）建立验证环境并调试。

2）简化设计并迭代。

3）签核。

具体每一步的实施内容和质量活动如图 9-15 所示。

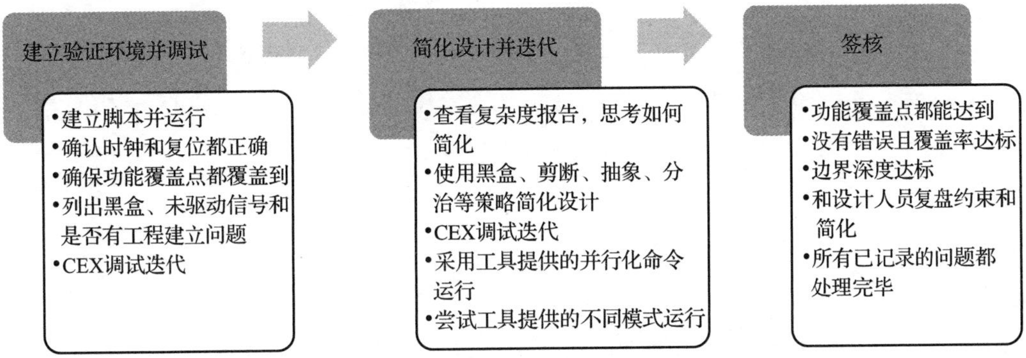

建立验证环境并调试	简化设计并迭代	签核
• 建立脚本并运行 • 确认时钟和复位都正确 • 确保功能覆盖点都覆盖到 • 列出黑盒、未驱动信号和是否有工程建立问题 • CEX调试迭代	• 查看复杂度报告，思考如何简化 • 使用黑盒、剪断、抽象、分治等策略简化设计 • CEX调试迭代 • 采用工具提供的并行化命令运行 • 尝试工具提供的不同模式运行	• 功能覆盖点都能达到 • 没有错误且覆盖率达标 • 边界深度达标 • 和设计人员复盘约束和简化 • 所有已记录的问题都处理完毕

图 9-15　实施内容和质量活动

关于时序等价性检查的注意事项如下：

1）在建立验证环境阶段，可以参考 EDA 厂商提供的例程。

2）简化技术应该经常被考虑，而且建议在工程的早期阶段就实施。

3）多写覆盖属性，防止过约束或者约束不当。

4）每一次运行时序等价性检查后，最好看一下日志文件，因为很多问题其实在日志文件中已经展示了。

5）学习时序等价性检查工具时，需要仔细研读厂商提供的手册。

6）把常用的操作写成 TCL 函数，甚至可以建立自动化的时序等价性检查流程，提高平台的复用性和效率。

7）如果有之前的项目留下来的相关文档和工程，最好先学习一下。

8）如果有技术支持团队，那么在遇到问题时首先发给他们，他们解决不了的问题再向厂商 FAE 求助，不要直接发给厂商 FAE。因为同类问题很可能别的项目已经遇到过了，且厂商通过技术支持团队已经解决了，此时再去发给厂商 FAE，就会带来很多不必要的交流。

第 10 章 不可达检查

10.1 什么是不可达检查

在芯片研发过程中,一个重要环节就是进行代码覆盖率分析,代码覆盖率分析的主要目的是查看激励是否完备,哪些覆盖点还没有被覆盖,然后根据代码覆盖率分析结果,决定是否需要补充测试用例。动态仿真的验证环境通常包括多个测试用例,每个测试用例都可以覆盖一部分代码,验证工程师通过合并各个测试用例的覆盖率,得到总的覆盖率结果。设计工程师则根据覆盖率结果,分析哪些是需要补充测试用例的,哪些是不需要关心,即可以屏蔽(Waive)的。如果不需要关心,那么设计工程师会手动屏蔽覆盖点,然后将结果保存到屏蔽文件中。验证工程师根据屏蔽之后的结果,补充测试用例,再给出新的覆盖率结果,继续提供给设计工程师,设计工程师继续进行新一轮的分析和屏蔽。通过这种方式不断迭代,可以提高代码覆盖率,最终达到交付标准。

代码没有被覆盖的原因包括:

1)验证不充分导致没有覆盖。

2)设计本身导致覆盖不可达,例如信号固定为常量之后无法实现翻转覆盖、完整 case 语句的 default 语句无法覆盖等。

对于大型设计,代码覆盖率的迭代完善是非常耗时的,其中可能包含大量由于设计本身导致的覆盖不可达。传统的方法需要工程师仔细分析、追踪以及确认之后,才可确定不可达,然后手动屏蔽,这个过程需要耗费大量的时间,而且在筛查的过程中,人工分析可能会出错,即屏蔽了不应该屏蔽的覆盖点。

形式化验证厂商提供了不可达检查工具,它通过形式化验证的静态分析方法,在数学上证明了哪些覆盖点是不可达的,从而减少了人工分析的时间,有助于加速代码覆盖率的收敛。因此,形式化验证的不可达检查在芯片开发过程中得到了广泛应用。

形式化验证的不可达检查的优势主要包括:

1)不需要写断言,因此不需要复杂的形式化验证知识。
2)减少了人工分析代码覆盖率的时间。
3)避免了人工分析过程中潜在的分析错误。

10.2　常见的代码覆盖率的种类

代码覆盖率主要包括行覆盖率、条件覆盖率、分支覆盖率、翻转覆盖率和有限状态机覆盖率等。

1)行覆盖率分析代码行是否被执行过,覆盖率分析工具会给出每行代码是否被执行过的报告。

2)条件覆盖率分析条件表达式中变量的值或子表达式的值,即分析变量或子表达式的不同取值是否得到了验证。

3)分支覆盖率衡量代码中的分支覆盖情况,包括 if-else 语句覆盖情况、case 语句覆盖情况等。

4)翻转覆盖率(Toggle Coverage)判断信号每个位的值是否发生了 $0 \to 1$ 翻转或 $1 \to 0$ 翻转。翻转覆盖率通常是最难收敛的部分。

5)有限状态机覆盖率(FSM Coverage)分析有限状态机的各种状态是否被覆盖,以及状态之间的跳转是否被覆盖等。

10.3　常见的不可达的场景

上文介绍了由于设计原因导致覆盖点不可达,那么都有哪些场景呢?本节列举了常见的不可达的场景。

10.3.1 信号值固定

如果信号值固定为 0 或者固定为 1，可能导致对应条件永不成立或分支永不执行，同时信号自身的翻转覆盖率也不可达。如代码 10-1 所示，信号 *a* 被固定为 1，那么（a == 1'b0）的条件永不成立，相应的分支永不执行，同时信号 *a* 的翻转覆盖率也不可达。

代码 10-1　信号值固定代码示例

```
wire  a;
assign  a = 1'b1;

if(a == 1'b0) begin     // 条件永不成立
    b <= 1'b0;          // 分支永不执行
end
else begin
    b <= 1'b1;
  end
```

在实际的应用中，有些信号值的固定往往并不能直接找出，需要经过对代码的层层追踪和分析所有可能分支的赋值，才能最终确认不可达。这个人工确认的过程费时费力，并且存在潜在的分析错误的风险。使用不可达检查工具可以直接用数学方式证明不可达，由此降低了错误的风险，节省了时间。

10.3.2 某些功能的禁用导致不可达

如图 10-1 所示，同一个模块被实例化了 2 次，根据输入的 type 信号取值的不同，可以进入不同的分支，由此即出现了不同的不可达代码。类似地，如果同一个模块的实例化参数不同，也有可能出现不同的不可达代码。

例如在一次工程实践中，某个子模块出现了大量的根据 type 类型走到不同分支的代码，结果在该模块没有使用 UNR 之前，代码覆盖率只有 78%，而在加入不可达检查结果之后，代码覆盖率达到了 91%，不可达条目有 188701 个。如果这些条目全靠工程师手动操作去屏蔽，即使一秒钟一个，也需要 188701/3600h=52.4h，即使一个工程师一天 8h 一刻不停地工作，也需要近 7 个工作日。而使用 UNR 后，在工具运行期间不需要人工参与，5h 便得到了这 188701 个不可达条目。

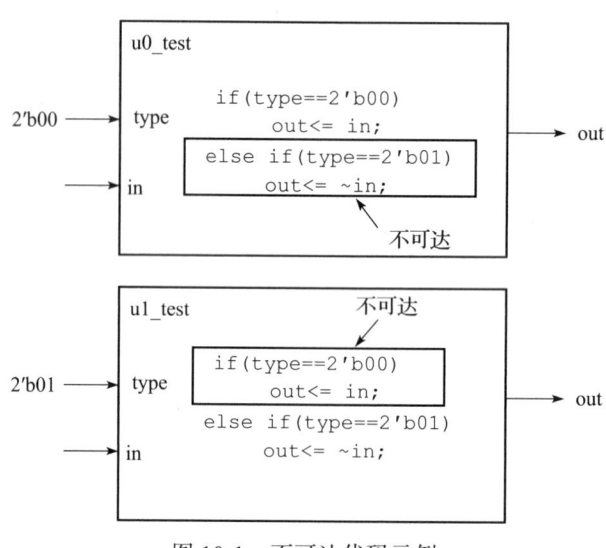

图 10-1　不可达代码示例

10.3.3　RTL 存在冗余代码

如代码 10-2 所示，其中的 else 语句为冗余代码。对于这种情况，工程师可以根据不可达检查的结果，修改 RTL，消除冗余代码。

代码 10-2　冗余代码示例

```
always @(posedge clk) begin
    if(a)   dout <= din;
    else if(!a && b)    dout <= ~din;
    else if(!a && !b)   dout <= din;
    else dout <= din;          // 冗余代码
end
```

10.3.4　RTL 中信号存在多余位

如代码 10-3 所示，cnt[3] 永远为 0，因此不会发生 0 → 1 翻转或 1 → 0 翻转。

代码 10-3 多余位 Verilog 代码示例

```
reg[3:0]  cnt;
always @(posedge clk) begin
  if (rst)
    cnt <= 4'b0;
  else begin
    if (cnt != 4'd4)
        cnt <= cnt + 4'b1;
    else
        cnt <= 4'b0;
  end
end
```

10.3.5 信号之间存在依赖关系导致不可达

如代码 10-4 所示，当 fifo_wr 信号为高电平时，fifo_full 必然为低电平。因此当分析条件表达式（fifo_wr && ~fifo_full）的条件覆盖率时，就会发生"fifo_wr 为高电平"并且"fifo_full 为高电平"的条件覆盖率不可达。

代码 10-4 信号之间存在依赖关系导致不可达的 Verilog 代码示例

```
wire   fifo_wr;
assign  fifo_wr = valid && (~fifo_full),
always@(posedge clk or negedge rst_n)
if(!rst_n) begin
    wr_ptr_e <= 0;
end
else if( fifo_wr && ~fifo_full ) begin
    wr_ptr_e <= wr_ptr_e + 1'b1;
    fifo_mem[wr_ptr] <= fifo_wr_data;
end
```

10.3.6 RTL 代码本身存在缺陷导致不可达

这种不可达是由于 RTL 设计问题导致的，因此需要修改 RTL。例如计数器高位没有赋值、RTL 条件语句设计错误导致分支不可达、状态机包含无效状态等。通过不可达检查，可以尽早发现设计缺陷，而不需要在后期的动态仿真收集覆盖率阶段才发现。

10.4　不可达检查流程

VC Formal 的不可达检查功能包含在 FCA APP 的 UNR 功能里面。本节以 VC Formal 为例，介绍不可达检查流程。不可达检查流程如图 10-2 所示。

不可达检查工具的输入包括 RTL 代码、TCL 脚本以及可选的动态仿真的覆盖率数据库文件。如果已有动态仿真的覆盖率数据库文件，那么不可达检查工具可以读入这些文件，然后只针对数据库中未覆盖的路径进行不可达分析，从而减少状态空间，节省 FV 工具的运行时间。运行不可达检查之后，工具会给出不可达检查的结果。包括证明可达、证明不可达和未完全证明。

在进行不可达检查之前，需要仔细评估将要进行检查的设计规模，设计规模过大会导致运行时间过长。不可达检查工具在运行时，会自动给出覆盖点的个数统计。

如果少数路径的不可达检查长时间不能给出结果，那么可以停止运行，保存当前结果，对剩余的路径进行人工分析。

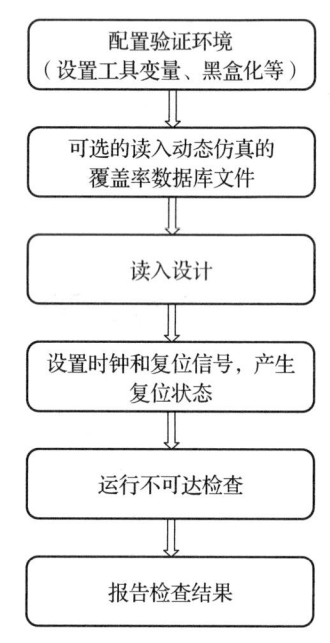

图 10-2　不可达检查流程

运行不可达检查是可以不提供约束的，这也意味着不可达检查时对应的状态空间可能比实际的情况要大，这样的结果是不可达检查会少报一些不可达路径，例如实际可能有 100 条路径，但工具只报出 80 条，不过这也意味着工具报出的不可达结果是准确的，是实际不可达结果的子集。

对于大型设计，UNR 的运行速度会受到很大影响。为了解决这个问题，一种常用的方法是将设计手动分割成一些小模块，然后分别执行。但是手动分割存在分割方式需要迭代的问题，因为如果分割方案不合适，则需要重新分割。同时手动分割可能会导致来自上层模块的 parameter 和常量等信息的丢失。FCA 推出了 Auto-Scale 方案来解决这类问题。通过脚本可以设置并行运行不同维度的覆盖率分析，例如行覆盖率、条件覆盖率、分支覆盖率、状态机覆盖率和翻转覆盖率等。每种维度还可以设置并行运行的任务数量。通过这种分而治之的方式，FCA 可分别给出各个子任务的覆盖率分析结果，并将它们聚合，得到完整的覆盖率分析结果。

当工具发现不可达之后，需要工程师进一步分析不可达的原因。这里需要指出的是，工具发现不可达之后无法给出波形，所以需要结合代码进行分析。如果是因为设计的正常行为导致不可达，那么不需要进一步分析；如果设计期望为可达，但检查结果为不可达，那么就可能存在设计缺陷，需要进一步分析根本原因。

10.5 不可达检查的使用阶段

不可达检查可以在项目周期的多个阶段使用，同时通过对不可达结果的分析，可以获得为其他测试验证创建场景的方案。

10.5.1 早期验证阶段

在早期验证阶段，还没有建立仿真环境和测试用例，且没有覆盖率数据库可用。此时的不可达检查可以只根据 RTL 进行，提取设计中的不可达结果，并对其进行分析，如图 10-3 所示。不可达检查在这一阶段可以帮助发现缺陷或冗余代码，并根据检查结果进行缺陷修复或冗余代码删除。

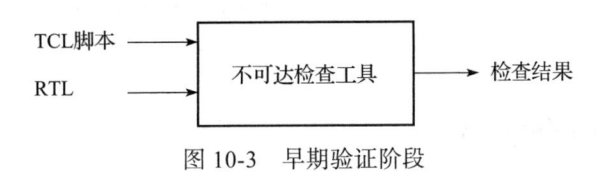

图 10-3 早期验证阶段

10.5.2 动态仿真测试平台可用阶段

在这个阶段，已经有了动态仿真测试用例，并收集了部分的代码覆盖率结果，它可以被读入不可达检查工具，如图 10-4 所示。不可达检查工具在加载原有覆盖率数据库文件的基础上，针对还没有被覆盖的点，进行不可达检查，并将不可达检查结果与原有覆盖率结果合并，保存为新的覆盖率数据库文件。这个阶段需要不断迭代来提高覆盖率，且不可达检查可以加速覆盖率的迭代收敛。

```
      TCL脚本  ──→  ┌─────────┐
          RTL  ──→  │不可达检查工具│ ──→ 检查结果
覆盖率数据库文件,──→ └─────────┘
      如simv.vdb
```

图 10-4　动态仿真测试平台可用阶段

10.5.3　动态仿真测试平台成熟阶段

在这个阶段，通过之前的迭代，DUT 和验证环境都已不断完善。不可达检查工具结合覆盖率数据库文件生成不可达结果，并保存为排除文件（Exclusion 文件），对于分析之后认为可以屏蔽的覆盖点，工程师也会将其保存为排除文件。不可达检查工具结合覆盖率数据库文件和排除文件，生成新的覆盖率结果，如图 10-5 所示。

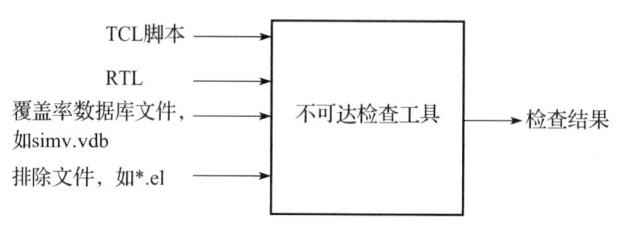

```
      TCL脚本  ──→  ┌─────────┐
          RTL  ──→  │         │
覆盖率数据库文件,──→ │不可达检查工具│ ──→ 检查结果
      如simv.vdb    │         │
  排除文件，如*.el ──→ └─────────┘
```

图 10-5　动态仿真测试平台成熟阶段

10.6　不可达检查实例

10.6.1　不读入覆盖率数据库的 RISC-V SoC 的不可达检查

下面采用新思科技的 FCA 形式化验证工具，对 RISC-V SoC 的设计进行不可达检查。对于不读入覆盖率数据库的不可达检查，FCA 工具运行需要的 TCL 脚本位于本书代码包 ch10_UNR/vcf_UNR/run.tcl 中。将 TCL 脚本加载到 FCA 工具中，启动不可达检查。

不可达检查的运行结果表明，覆盖率统计的路径共 13000 多条，其中已证明不可达的有 1300 多条，未完成的有 150 多条。经过分析，未完成的原因是设计中包含位宽 32 的计数器，其状态空间过多，导致不可达检查难以完成。这些未完成的覆盖率条目后续可通过工程师进行人工分析。

不可达检查工具发现了 1300 多个不可达的覆盖点，约占总数的 10%，这也意味着节省了工程师人工分析 1300 多个覆盖点的时间。RISC-V SoC 只是一个规模较小的模块，在实际的芯片设计中，模块规模更大，不可达的覆盖点也更大，如果全部由人工完成，往往需要工程师花费数周甚至数月的时间分析，而且可能出现分析错误的情况。因此，采用不可达检查可以节省大量的时间和人力成本。

10.6.2 动态仿真的覆盖率结果

在搭建动态仿真环境后，这里采用新思科技的 VCS 工具对 RISC-V SoC 的设计进行动态仿真。动态仿真验证环境的路径位于代码包 sim_riscv_soc/，其核心脚本是 regress.csh，这是一个回归测试脚本，基于新思科技的 VCS 仿真工具，包含了多个 test_idx 序号，每个序号对应一组测试用例。根据调用的 test_idx 不同，可在 rom_wrapper.v 中读入不同的 rom code 文本文件，如代码 10-5 所示。RISC-V SoC 中的 CPU 解复位后从 rom code 中启动，并根据 rom code 中包含的指令运行程序。

代码 10-5　rom_wrapper.v 部分代码

```
initial begin
  if($value$plusargs("test_idx=%d",test_idx)) #读入参数
    idx=test_idx;
  else
    idx=0;
  if(idx == 0)
    $readmemh("tests/fibonacci", memory); #读入 rom code 文件
  else if(idx == 1)
    $readmemh("tests/all_instr", memory); #读入 rom code 文件
  else if(idx == 10)
    $readmemh("tests/csr.txt", memory);   #读入 rom code 文件
    ...
end
```

rom code 文本文件位于本书代码包 sim_riscv_soc/tests/ 目录下，不同的文本文件

包含不同的指令，以 csr.txt 文件为例，该模块用于测试 RISC-V SoC 的部分寄存器功能，其内部包含了不同的指令码。

运行 regression.csh（例如 source regression.csh），可以得到合并各个测试用例之后的动态仿真覆盖率结果，如图 10-6 所示。可以看出，顶层模块 u_soc 的整体代码覆盖率为 84.47%。

Name	Score	Line	Toggle	FSM	Condition	Branch
tb_soc	84.41%	93.47%	77.83%	60.00%	84.85%	90.33%
u_soc	84.47%	93.29%	77.82%	60.00%	85.18%	90.56%

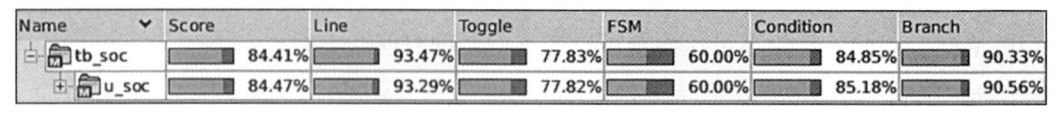

图 10-6　动态仿真覆盖率结果

10.6.3　读入覆盖率数据库文件的不可达检查

加载覆盖率数据库文件的 TCL 读入了覆盖率数据库文件 simv.vdb，其 TCL 脚本位于代码包 ch10_UNR/vcf_UNR_simv/run.tcl。

运行结果表明，不可达检查总的覆盖点只剩余 2000 多个，相比于不加载 simv.vdb 的检查结果，不可达检查需要分析的覆盖点已经大大减少了，并且由于需要分析的覆盖点减少，不可达检查的速度也大大加快了。该脚本可以将不可达检查的结果保存为排除文件。如果不希望运行时间过长，读者可以手动停止运行，并通过 TCL 命令将已经运行的结果保存为排除文件。

10.6.4　动态仿真和形式化验证合并的覆盖率结果

合并动态仿真的覆盖率结果和不可达检查生成的排除文件，合并之后的覆盖率结果如图 10-7 所示，顶层模块 u_soc 的整体代码覆盖率为 93.35%。相比只读入动态仿真的情形，整体代码覆盖率提高了约 9%。这个提高还是比较可观的，节省了大量的时间成本和人力成本。

Name	Score	Line	Toggle	FSM	Condition	Branch
tb_soc	93.27%	94.11%	86.58%	98.28%	89.43%	91.24%
u_soc	93.35%	93.95%	86.59%	98.28%	89.83%	91.47%

图 10-7　动态仿真和不可达检查的合并覆盖率结果

10.6.5 子模块的不可达检查结果合并

不可达检查受设计规模的影响较大,如果设计规模过大,不可达检查的运行速度会变慢。为了克服该问题,可以分别进行 DUT 内部多个子模块的不可达检查,然后合入动态仿真的覆盖率结果。下面以 Timer、UART0 和 UART1 这 3 个模块分别进行不可达检查为例,介绍这种方法。

在本书实例 ch10_UNR/vcf_UNR_sub 目录下,有 run_timer.tcl、run_uart0.tcl 和 run_uart1.tcl,它们分别包含了 Timer、UART0 和 UART1 模块的不可达检查脚本。

run_timer.tcl 将顶层模块设置为 Timer,读入 simv.vdb。run_uart0.tcl 和 run_uart1.tcl 与 run_timer.tcl 类似,区别是顶层模块不同。分别运行 run_timer.tcl、run_uart0.tcl 和 run_uart1.tcl 之后,生成 unr_timer.el、unr_uart0.el 和 unr_uart1.el 这 3 个不可达检查结果。接下来在 filelist_el.txt 文件里加入这 3 个文件的目录,使用 Verdi 工具查看覆盖率结果时,通过加载 filelist_el.txt,就可以加载 3 个子模块的不可达检查结果,读者可以对比加载前后覆盖率的变化。

10.7 本章小结

本章首先介绍了不可达检查的概念,然后梳理了常见的不可达检查的场景,接下来描述了不可达检查的流程和使用阶段,最后以 RISC-V SoC 为例进行不可达检查,并给出运行结果。

不可达检查是形式化验证的一个非常实用的工具。相信经历过手动屏蔽覆盖点的读者都知道,这个过程往往是耗时、辛苦和枯燥的,使用不可达检查工具可以节省大量的人工分析覆盖率的时间,节省项目的研发时间成本。

第 11 章

连接性检查

11.1 连接性检查概述

在芯片设计中,信号之间包含成千上万的连接。检查这些信号之间的连接的正确性已经成为芯片验证的一个重要的步骤。这里的连接不仅指直连,有些信号可能会经过选择器之后进行连接,或者在加入寄存器延时之后进行连接。

传统的连接性验证一般通过动态仿真实现,随着形式化验证的发展,形式化验证厂商也提供了连接性检查工具。

既然传统的验证方法可以验证连接性,那么为什么要引入形式化验证的连接性检查工具呢?

形式化验证的连接性检查的主要优点如下:

1)速度快。对于大型设计的顶层信号的连接性检查,如果采用传统的动态仿真手段,由于设计规模过大,会导致仿真速度很慢,并且需要额外增加测试用例来验证设计是否符合规范,这通常需要运行数天甚至数周的时间。形式化验证的连接性检查工具可以通过将不相关的模块黑盒化的方式,提高形式化验证的速度。

2)形式化验证的连接性检查是完备的。采用传统的动态仿真方法进行完备的连接性验证是比较困难的。

3)更容易建立验证平台。连接性检查工具不需要搭建复杂的 UVM 验证环境,不需要写断言,因此也就不需要熟悉复杂的断言相关知识。连接性检查工具可根据

DUT 和连接规范自动生成断言。

4）连接性检查主要关注连接性，且通常只关注设计的一小部分，因此其他设计可以黑盒化，再施加一些约束条件，可使形式化验证易于收敛。

5）连接性检查可以采用表格的方式提供检查项，非常直观，容易检视。

6）连接性检查容易调试。如果发现 DUT 和设计规范不匹配，利用形式化验证工具给出的反例波形，可以快速定位问题。

7）RTL 的变动对验证的影响较小，只需要调整连接规范即可，而动态仿真需要修改测试用例。

由于连接性检查的诸多优点，它在芯片设计中被广泛应用。连接性检查的主要应用场景包括：

1）芯片顶层设计的连接性检查。芯片顶层通常包含 I/O 引脚，为了减少引脚数目，常采用引脚复用的方式，也称为 Pinmux 功能，一个引脚可以通过选择信号实现不同的功能，如图 11-1 所示。由于芯片引脚众多，Pinmux 功能往往比较复杂，而且芯片顶层通常包括大量的信号连接，容易出错。此外，由于芯片顶层设计的规模比较大，所以芯片顶层的动态仿真速度通常比较慢。如果采用连接性检查，可以将不相关的模块黑盒化，大幅减小需要验证的设计规模。基于以上原因，芯片顶层设计适合使用连接性检查进行验证。

2）不同模块之间信号的连接性检查。模块之间有大量信号，通过连接性检查可以验证连接的位置、位宽等是否准确，如图 11-2 所示。

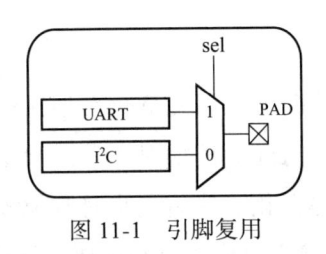

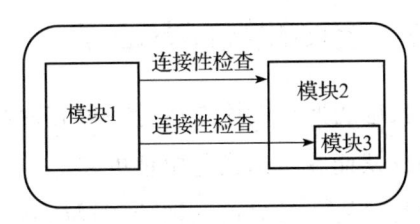

图 11-1　引脚复用

图 11-2　不同模块之间信号的连接性检查

3）多 die 场景的连接性检查。die 与 die 之间可能有大量的互连信号，因此可以进行连接性检查。

4）常量的连接性检查。设计中有些信号是常量，或者在某些模式下为常量，因此可以通过连接性检查来验证常量的连接是否正确。

5）扫描模式的连接性检查。扫描模式的相关信号通常在功能仿真的时候是不使能的，难以验证连接的正确性，因此可以采用连接性检查来验证 scan_mode 等信号与 RTL 的连接性，如图 11-3 所示。

6）时钟、复位信号的连接性检查。时钟、复位信号是芯片设计中至关重要的信号，对于复杂的设计，时钟结构和复位结构往往比较复杂，通过连接性检查，可以验证各个模块的时钟、复位信号是否准确连接。

7）调试信号的连接性检查。设计中有些代码是用于调试的，例如输出到调试引脚的信号、写入内存的调试信号等，如图 11-4 所示。这类信号主要用于回片后的调试以及问题定位，所以其在动态仿真过程中的优先级通常比较低，一般在验证的后期，即正常功能验证完成后才会关注。提前进行调试信号的连接性检查，有助于提前发现问题，减少后期的代码修改甚至复杂的 ECO 流程。

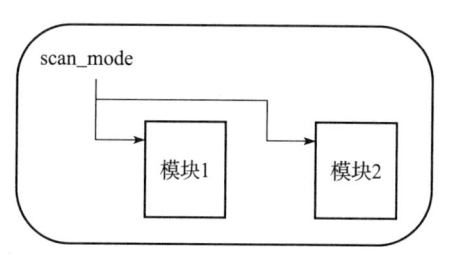

图 11-3　扫描模式的连接性检查

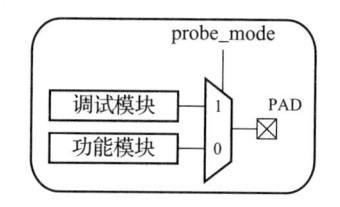

图 11-4　调试信号的连接性检查

11.2　连接性检查方法学

顶层的连接性检查运行在整芯片层级，这种情况下可以黑盒化与连接性无关的逻辑，从而减少形式化验证的状态空间，节省运行时间。例如对于芯片顶层信号的连接性检查，首先可以把除了顶层外的所有模块黑盒化，然后逐步对其他模块去黑盒化。这种做法的好处是从一开始就容易收敛，可建立对形式化验证环境的信心。

连接性检查需要指定内容，例如源端信号、目的端信号、使能信号以及其他一些条件。可以通过表格或者 TCL 命令等方式提供。

有时也需要加入适当的约束，否则连接性检查的结果可能不是希望的结果，例如关闭扫描模式、关闭调试模式等。

连接性检查的输入输出如图 11-5 所示。

连接性检查工具的输入主要包括：

1）TCL 脚本，其中可以包含一些简化和约束等。黑盒化是连接性检查常用的简化方法，如图 11-6 所示。连接性检查只检查模块 1 和模块 2 之间的信号连接，因此模块 3 和模块 4 可以黑盒化。通过黑盒化可以减少状态空间，加速连接性检查的收敛。

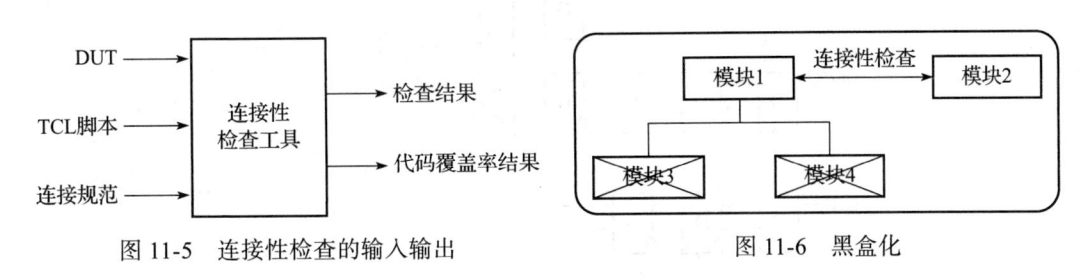

图 11-5　连接性检查的输入输出

图 11-6　黑盒化

2）DUT，即待测设计的 RTL 代码。

3）连接规范，即通过表格或 TCL 命令等方式提供的连接性检查规则。

连接性检查输出的检查结果与其他形式化验证工具类似，包括证明通过、证明失败和未完成。同时，连接性检查工具还可以输出代码覆盖率结果，通过查看代码的覆盖情况，可以进行后续的迭代。

连接性检查失败的原因主要包括：

1）DUT 实际上没有连接。

2）DUT 采用了不正确的选择器的选择信号。

3）DUT 的选择器的选择信号极性出错。

4）DUT 的延时与连接规范不一致。

5）连接规范不正确。

6）约束不正确。

连接性检查的流程如图 11-7 所示。

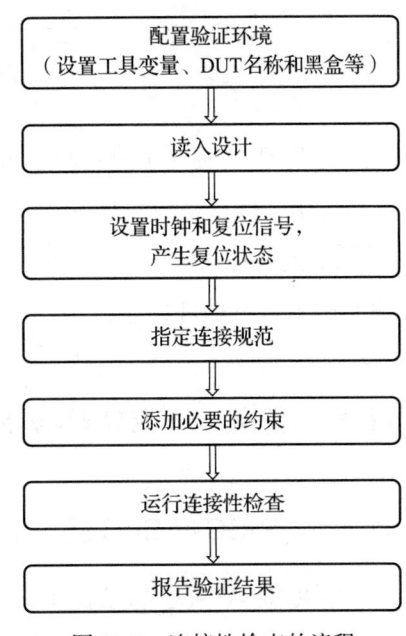

图 11-7　连接性检查的流程

11.3 基本流程示例

下面以一个简单的示例来说明连接性检查的基本流程。该示例的 Verilog 代码请参考 ch11_CC/simple_test/simple_test.v，它描述的电路结构如图 11-8 所示。

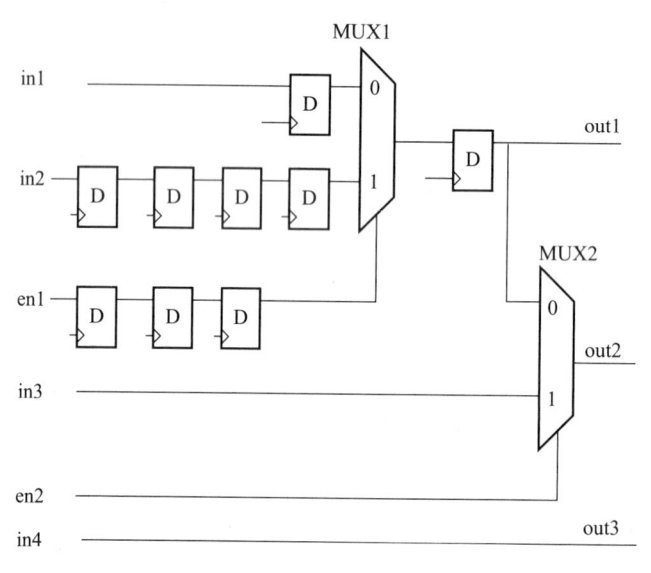

图 11-8 示例的电路结构

要验证的是 in1 → out1、in2 → out1、in1 → out2、in2 → out2 和 in4 → out3 路径的连接，这里采用新思科技的 VC Formal CC 工具，其 TCL 脚本位于代码包 ch11_CC/simple_test/run.tcl，在 TCL 脚本中加入了要检查的连接规范。读者可以运行 TCL 脚本进行测试。

11.4 实例——RISC-V SoC 的连接性检查

11.4.1 RISC-V SoC 的设计规范

在 RISC-V SoC 的设计中，有 8 个双向的输入/输出引脚，分别是 PAD_IO_0～PAD_IO_7，另外还有一个 test_mode_pin 引脚，用于使能或禁止测试模式，当 test_ mode_pin 为高电平时,使能测试模式,该模式下部分芯片的内部信号会输出到引脚,用于调试。

在芯片设计中,芯片外部引脚的资源是很宝贵的,为了节省引脚,常用的一种手段是复用,即同一引脚在不同配置下实现不同的功能,例如同一引脚可以配置为 UART 的引脚或者 GPIO 的引脚,根据实际情况选择。本设计也采用了复用的方式,复用 UART、GPIO 和测试信号输出的引脚,本设计中的 Pinmux 模块主要用于实现该功能。

这里的引脚设计需求规范如下:

1)测试模式,即 test_mode_pin 为高电平时,PAD_IO_0~ PAD_IO_7 作为输出信号,输出信息来自 SoC 内部信号,用于调试。SoC 的内部调试信号有 3 路,通过配置寄存器选择其中一路。

2)非测试模式,即 test_mode_pin 为低电平时,如果 UART0 配置使能,那么 PAD_IO_0 作为输出引脚,连接 UART0 的 TX 信号。如果 UART0 配置不使能,那么 PAD_IO_0 连接到 GPIO 模块,根据 GPIO 模块的寄存器配置作为输入或输出引脚。

3)非测试模式,如果 UART0 配置使能,那么 PAD_IO_1 作为输入引脚,给到 UART0 的 RX 信号。如果 UART0 配置不使能,那么 PAD_IO_1 连接到 GPIO 模块。

4)非测试模式,如果 UART1 配置使能,那么 PAD_IO_2 作为输出引脚,输出 UART1 的 TX 信号。如果 UART1 配置不使能,那么 PAD_IO_2 连接到 GPIO 模块。

5)非测试模式,如果 UART1 配置使能,那么 PAD_IO_3 作为输入引脚,给到 UART1 的 RX 信号。如果 UART1 配置不使能,那么 PAD_IO_3 连接到 GPIO 模块。

6)非测试模式,并且 UART0 和 UART1 都不使能,那么 PAD_IO_0~ PAD_IO_7 连接到 GPIO 模块。

11.4.2 连接规范对应的电路

PAD_IO_0 的电路示意如图 11-9 所示,PAD_IO_2 与 PAD_IO_0 的连接方式相似。

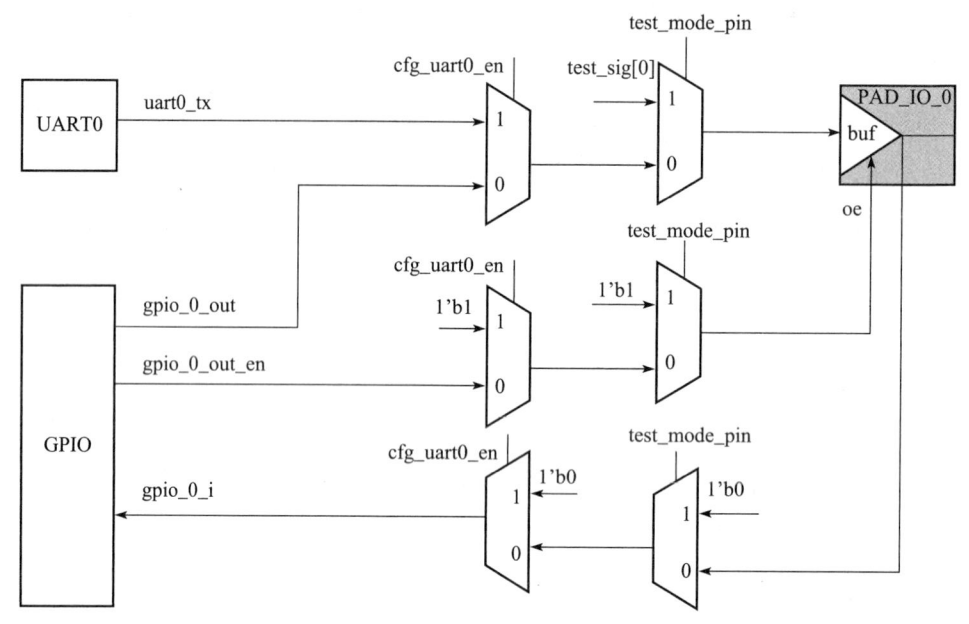

图 11-9　PAD_IO_0 的电路示意图

PAD_IO_1 的电路示意如图 11-10 所示，PAD_IO_3 与 PAD_IO_1 的连接方式相似。

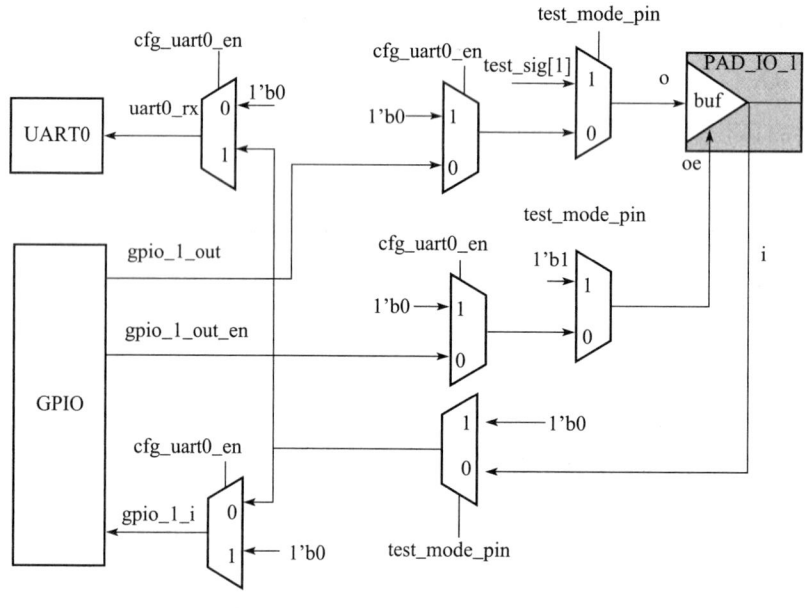

图 11-10　PAD_IO_1 的电路示意图

PAD_IO_4 的电路示意如图 11-11 所示，PAD_IO_5~7 与 PAD_IO_4 的连接方式相似。

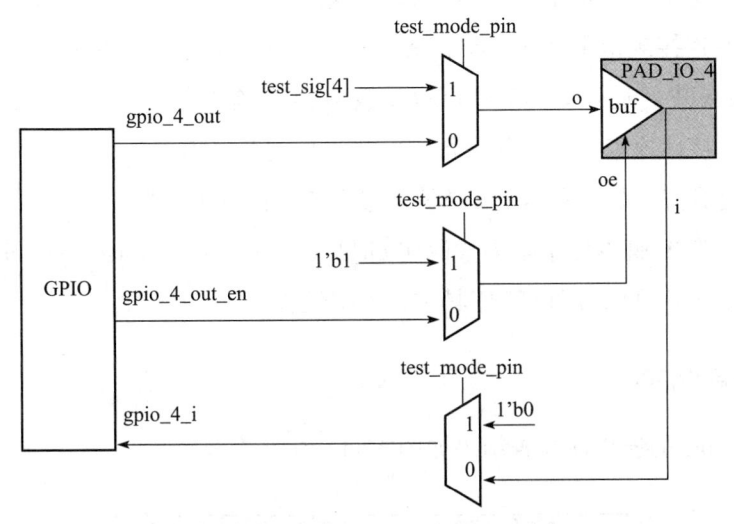

图 11-11 PAD_IO_4 的电路示意图

测试信号的输出电路示意如图 11-12 所示。当 test_mode_pin 为高电平时，表明是测试模式，此时通过配置寄存器选择 CPU、UART0 和 UART1 模块的内部信号，输出到引脚进行调试分析。

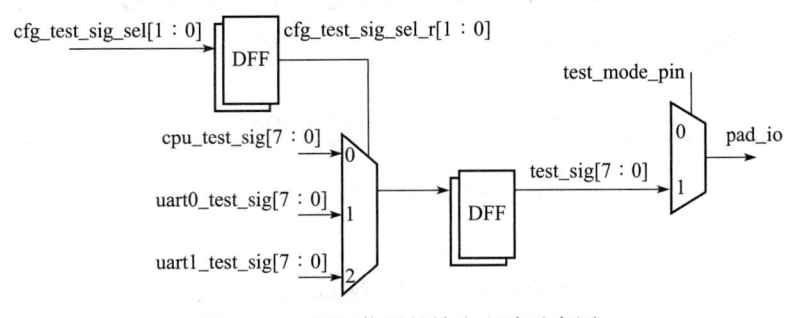

图 11-12 测试信号的输出电路示意图

11.4.3 表格形式的连接规范

本书以新思科技的连接性检查工具 CC 为例，展示如何进行连接性检查。

CC 工具的输入主要有 3 个：DUT、TCL 脚本和连接规范。连接规范可以采用表格或者 TCL 脚本的形式。

有了连接规范和电路图后，就可以编写满足 VC Formal CC 工具要求的检查项表格了，这里的连接规范采用了 csv 表格形式。该 csv 文件位于本书代码包 ch11_CC/cc_vcf/riscv.csv 中。通过 csv 文件可以实现连接性检查规范，在 csv 表格中，每一行代表一条连接性检查规范。其中每一行的连接规范可以包含多种元素，例如源端、目的端以及使能信号等，具体定义请读者参考工具的数据手册。

本设计的 TCL 脚本位于本书代码包 ch11_CC/cc_vcf/run_riscv_cc.tcl 中。在建立 TCL 脚本之后，就可以启动 CC 工具进行连接性检查了。

11.4.4 检查结果

RISC-V SoC 的连接性检查结果如图 11-13 所示。

status	name	source_expr
✗ 1	pad_to_gpio0	u_pinmux.PAD_IO_0
✓	cpu_dbg_0	cpu_dbg_out[0]
✓	gpio0_to_pad	u_gpio.gpio_o[0]

图 11-13　RISC-V SoC 的连接性检查结果

从图 11-13 中可以看到，有一项检查未通过，双击第一列的"✗"按钮，根据给出的波形，找到有缺陷的 RTL 代码，如代码 11-1 所示。

代码 11-1　有缺陷的 RTL 代码

```
`ifdef  CC_BUG_FIX
    assign  gpio_i[0] = ((!test_mode) && !cfg_uart0_en ) ?
pad_0_i : 1'b0;
`else
    assign  gpio_i[0] = ((!test_mode) && cfg_uart0_en ) ?
pad_0_i : 1'b0;        // 错误代码，应该是（! cfg_uart0_en）
`endif
```

不难发现，这里的 enable 条件与检查项不符合，应该是"！cfg_uart0_en"，在 RTL 代码中是"cfg_uart0_en"，没有取反。

该缺陷可以通过在 TCL 脚本中加入 CC_BUG_FIX 来修复。在加入 CC_BUG_FIX 宏定义后，重新运行代码包的 ch11_CC/cc_vcf/run_riscv_cc_bugfix.tcl，此时可发现检查均已通过。

11.5　本章小结

本章介绍了连接性检查的适用场景，并介绍了连接性检查的优势。然后给出了采用 TCL 脚本施加连接规范的示例。最后以 RISC-V SoC 作为实例，介绍了连接性检查的内容，并采用 csv 表格建立了连接规范，分析了最终的运行结果。

第 12 章

X 态传播检查

在芯片设计中，硬件描述语言给出了 4 种状态来表示实际电路的电平状态，即 1、0、X 和 Z，其中 X 表示一种不确定的状态，可以是 0，也可以是 1，Z 表示高阻态。

X 态的来源主要包括：

1）未初始化的寄存器。

2）多重驱动的信号。

3）未驱动的信号。

4）直接赋值为 X。

5）时序不满足。

6）除法运算中被 0 除。

有些 X 态可能导致功能异常，但有些 X 态对功能并没有影响。因此，需要对 X 态传播进行分析，评估其对于系统功能的影响。

12.1 什么是 X 态传播

首先请读者思考一个问题，对于代码 12-1 所示的 Verilog 代码，如果 a=0，b=1，sel=X，那么在动态仿真中，out 会输出什么？

代码 12-1 代码示例

```
always@(*)
  if(sel)
    out = a;
```

```
    else
        out = b;
```

从直觉上看，out 输出的是 X，但这个答案是错误的。因为根据 Verilog 的语法语义，当 sel=X 时，if(sel) 是不成立的，那么就会走 else 分支，使得 out 输出为 b 的值 1。显然，这和实际电路的行为不符，而且因为动态仿真工具和综合工具对 RTL 的行为解析不同，有可能引入缺陷。对于这个问题，有两个解决方法：

1）在 RTL 仿真阶段使用支持 X 态检查的仿真工具，例如 VCS 工具加 xprop 选项，这样在 RTL 仿真阶段就可以检查是否有 X 态传播影响了芯片功能。它支持 3 种模式，即 vmerge（遵循 Verilog/VHDL 协议规定对 X 态的处理）、tmerge（典型模式）和 xmerge（悲观传递 X 态）。

2）后仿真。在后仿真阶段，仿真器的行为偏悲观，一旦碰到 X 态，就会把它传播下去，且后仿真阶段的问题定位比前仿真要困难得多。

表 12-1 为不同阶段和不同模式下仿真工具输出的真值表。

表 12-1 真值表

a	b	sel	out vmerge	out tmerge	out xmerge	out 后仿真	实际硬件
0	0	X	0	0	X	X	0
0	1	X	1	X	X	X	0 或 1
1	0	X	0	X	X	X	0 或 1
1	1	X	1	1	X	X	1

图 12-1 所示为 VCS 默认不加 xprop 选项时的波形，可以看出当 sel=X 时，不同 a 和 b 的值输出的 out 信号的结果，它和表 12-1 中的 vmerge 列吻合，执行的是 else 分支，取 b 的值。

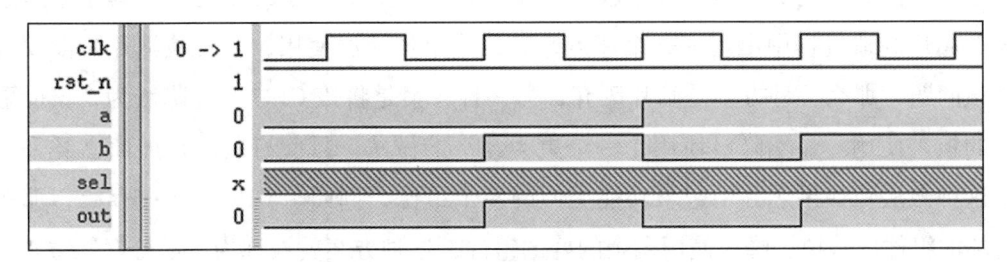

图 12-1 Verilog 仿真器普通模式的仿真结果

X 态的传播可能会影响芯片的正常工作，尤其是控制路径上的 X 态传播可能会引起芯片缺陷。所以在芯片设计时，通常会使用支持 X 态传播的仿真器或者后仿真来避免此类问题。

12.2　形式化 X 态传播检查工具的用途

12.1 节介绍了什么是 X 态传播，以及仿真工具是如何帮助寻找 RTL 中的 X 态相关问题的。那么是不是可以用形式化验证工具来代替仿真工具做 X 态传播的检查呢？答案是肯定的。形式化 X 态传播检查工具就可以用于这种情况。总体来说，它有以下两个典型应用场景：

1）检查设计中的 X 态信号的传播。

2）验证芯片的"部分好"特性。

第一种场景可能是寄存器没有复位值、信号未赋值等情况导致的。有些设计为了降低功耗，减少面积，对一些不需要复位的寄存器（例如流水线上的寄存器）没有给出复位值，只要保证使用该寄存器的时候不是 X 态就可以了。但是这样做也有可能引入缺陷，导致功能异常，这时就需要进行 X 态传播的检查。

对于第二种场景，众所周知，芯片在制造过程中可能出现故障，其原因主要包括：

1）Stuck-at 0（粘 0）、Stuck-at 1（粘 1）故障。

2）上升沿跳变过慢或下降沿跳变过慢。

3）信号短路。

芯片的良品率与芯片的容量、芯片的工艺等都有关系。在同种工艺下，通常芯片越大，良品率越低。不妨考虑这样一种情况，一款 8 核的 CPU 芯片，其中某一个核在芯片制造过程中出现了一个坏点，导致这个核无法使用，并且在筛片阶段发现了该问题，那么一种方案是筛片废弃，另一种方案是将该 CPU 芯片降级为 7 核或更少的核来使用。显然降级使用是一个更为经济的做法，目前有些芯片厂商已经采用了这种做法。如果芯片中包含功能类似的多个组件，例如多 CPU、多缓存等，那么将坏的组件屏蔽掉，降级使用剩余的好的组件，这种方案就被称为"部分好"方案。

"部分好"方案引入了一类问题：假如多核 CPU 中的一个核出现制造故障，不能再使用，那么也意味着这个核的输出不受控，需要看作 X 态，此时如何保证不会影响其他模块的正常使用？常用的做法是采用屏蔽逻辑，对 X 态进行屏蔽，确保 X 态不会影响其他正常功能。

那么，如何验证 X 态是否会对其他组件造成影响呢？在动态仿真环境中，可以通过更改仿真器的仿真模式，然后采用 force 等方式给相关信号注入 X 态，然后通过动态仿真验证是否会造成 X 态传播。在实际项目中，一方面修改仿真器的仿真模式会影响回归测试；另一方面涉及 X 态注入的信号可能比较多，而且可能出现关联多个时钟域、电源域的复杂场景，容易出现验证不完全的情况。

因此，形式化验证厂商提供了 X 态传播的形式化验证工具，通过设置注入 X 态的点和观察 X 态的点，形式化验证工具可自动创建断言并执行检查，确保不会出现和传播意外的 X 态。如果发现 X 态异常传播，形式化验证工具会给出波形用于调试。

形式化验证工具一般将 X 态分别视为 0 和 1，然后合并两个评估的结果。如果结果不一致，则认为出现了 X 态传播。反之，则认为没有出现 X 态传播。

X 态传播检查工具进行 X 态检查的优势包括：

1）穷尽的分析。

2）不需要写断言。

3）灵活地设置 X 态注入点和 X 态观察点。

4）提供简短的波形来分析 X 态传播的原因。

12.3 实例——RISC-V SoC 的 X 态传播检查

12.3.1 RISC-V SoC 的 X 态传播分析

12.2 节已经提到，为了提高芯片的良品率，厂商经常把有部分电路损坏的芯片降级使用，作为低端芯片卖出。为了介绍这部分内容，这里也为 RISC-V SoC 做了这样的特性：两路 UART 和一路 Timer 支持"部分好"功能，这 3 个模块中任意 1 个或多个有生产缺陷，但整个 RISC-V SoC 芯片仍可以作为正常芯片使用，需要用寄存器来配置哪些模块是好的，哪些是要被屏蔽掉的。实际芯片一般会在筛片过程中发现坏点的位置，然后给出配置，并把这种配置放入 efuse 等掉电不易失的模块中，芯片每次上电首先读取 efuse 信息并进行配置。本书的 RISC-V SoC 比较简单，没有 efuse，用寄存器配置来代替。

RISC-V SoC 的 X 态传播检查方案如图 12-2 所示，考虑到 Timer、UART0 和 UART1 模块的输出包括 wb_err、wb_ack 和 wb_rdata 等 Wishbone 总线信号，以及 Timer 输出的中断信号，因此如果相应模块有生产缺陷，需要被屏蔽，可以对上述信号进行 X 态注入。

Timer、UART0 和 UART1 模块输出的 Wishbone 总线信号经过 x_fence 模块的 X 态屏蔽逻辑后给到 wb_interconnect 模块，因此把 wb_interconnect 模块的相关输入作为 X 态观察点。同时 Timer 的中断给到了 CPU，因此也把 CPU 的中断输入作为 X 态观察点。

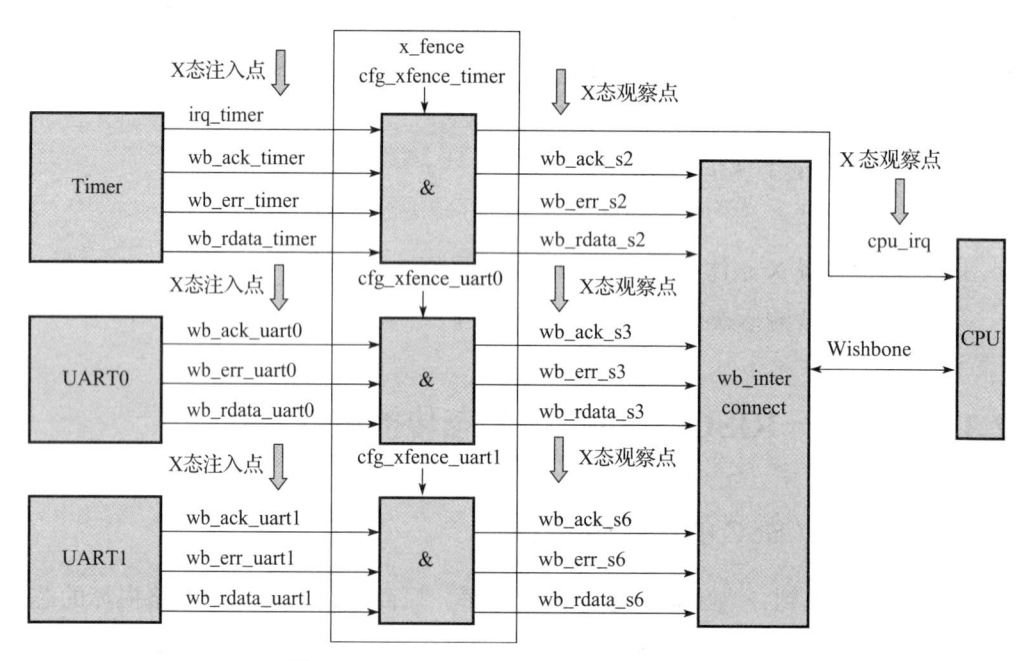

图 12-2　RISC-V SoC 的 X 态传播检查方案

从图 12-2 中可知，x_fence 模块包含了多个与门，当 cfg_xfence_uart0、cfg_xfence_uart1 和 cfg_xfence_timer 信号等配置为 0 时，X 态和 0 的与操作结果为 0，因此可以用于屏蔽 X 态传播。这里说明一下，一般认为用于阻止 X 态传播的 x_fence 模块是不能出现故障的，如果 x_fence 模块出现故障，那么芯片要作为废片处理。考虑到模块的规模很小，其出问题的概率也是极低的。

12.3.2　RISC-V SoC 的 X 态传播检查流程

本节采用新思科技的 FXP 工具作为形式化验证工具，进行 RISC-V SoC 的"部分好"特性验证。

X 态传播检查流程如图 12-3 所示。

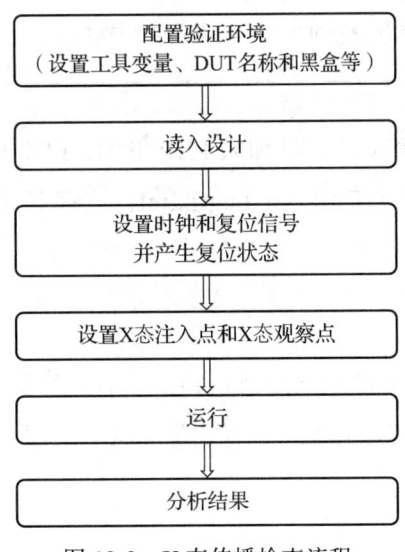

图 12-3　X 态传播检查流程

12.3.3　RISC-V SoC 的 TCL 脚本及运行结果

对于 Timer、UART0 和 UART1 模块的 3 个单位配置寄存器 cfg_xfence_timer、cfg_xfence_uart0 和 cfg_xfence_uart1，总共有 $2^3=8$ 种配置，这里需要测试在任意一种情况下，都不会有 X 态传播到观察点。FXP 工具的 TCL 脚本位于本书代码包

ch12_FXP/vcf_FXP/run.tcl。

运行结果如图 12-4 所示，cpu_irq 信号检查到 X 态传播。分析反例的波形，定位为存在 RTL 设计缺陷，如代码 12-2 所示，Timer 模块的输出信号 irq_timer_o 没有加屏蔽逻辑，导致 X 态传播给了 CPU。

status	depth	name
✗	0	neverX_cpu_irq_u_cpu_cpu_irq_9

图 12-4 cpu_irq 信号检查到 X 态传播

代码 12-2 x_fence 模块代码

```
`ifndef FXP_BUG_FIX
assign  irq_timer_o = irq_timer;      //Bug, no fence logic
`else
assign  irq_timer_o = cfg_xfence_timer & irq_timer;
`endif
```

修改 TCL 脚本，在读入设计时加入 FXP_BUG_FIX 宏定义，修改后的 TCL 脚本位于代码包 ch12_FXP/vcf_FXP/run_bugfix.tcl，该脚本可通过 X 态传播检查。

12.4 本章小结

本章首先介绍了 X 态传播的原理及危害，然后介绍了形式化 X 态传播检查工具的使用方法，并给出了实例，有助于读者加深对 X 态传播检查工具的理解。

第 13 章

事务级等价性检查

随着 5G、大数据、云计算、物联网、工业互联网、机器学习和人工智能的广泛运用，数字新经济时代已经来临，而芯片作为数字经济的基石，其市场也越来越大。芯片中的数据路径，尤其是 CPU、图形处理器（Graphics Processing Unit，GPU）、张量处理器（Tensor Processing Unit，TPU）等芯片中数据路径的复杂度和集成度进一步提高，验证这些数据路径也由此成为更大的挑战。由于传统的基于动态仿真的策略具有不完备性，使得不少数据路径相关缺陷被遗漏。作为模块级数据路径动态仿真的替代方案，形式化验证中的事务级等价性检查可以实现完备的验证，因此被越来越广泛地使用，使用者包括大企业和初创公司。

事务级等价性检查是一种验证参考模型和 RTL 实现是否等价的形式化验证方法。FPV 对电路类型是有一定要求的，且适合验证控制路径，而对于复杂的数据路径验证，FPV 往往面临状态空间爆炸和断言规则难以提取的问题。这些复杂的数据路径一般包括：

1）定点、浮点、超越函数等运算逻辑。

2）音视频编解码、图形压缩算法。

3）各种加解密算法。

4）DSP 领域的各种算法，如卷积、相关、滤波、离散傅里叶变换等。

然而对于这种复杂数据变换的设计，事务级等价性检查却可以有效应对。所以，FPV 和事务级等价性检查这两种形式化验证工具可以形成互补，构成了形式化验证的强有力组合。

对于事务级等价性检查、时序等价性检查和组合等价性检查，图 13-1 展示了三者在 IC 设计流程中使用的环节和各自的输入输出检查原理。

1）事务级等价性检查用于前端 RTL 设计编码完成后，它会比较参考模型和 RTL 实现的等价性，确保 RTL 行为和参考模型一致。参考模型可以是 C 语言，也可以是 RTL。由于 C 语言等参考模型没有时序概念，所以它是基于传输（Transaction）级的比较，即比较 RTL 的每一笔输出是否和参考模型的输出一致，相比 SEC，它是一种更为宽松的等价性验证。

2）时序等价性检查是比较两个 RTL 实现在输入一致的前提下，输出是否每一拍都相等，它可被用来验证 RTL 优化后和优化前的行为是否一致，并在各种关于功耗性能和面积时序（Power Performance and Area，PPA）的优化验证中被广泛使用。

3）组合等价性检查主要用于比较 RTL 实现和综合后的网表逻辑是否完全一致，它更侧重于流程验证，而不是逻辑功能验证。

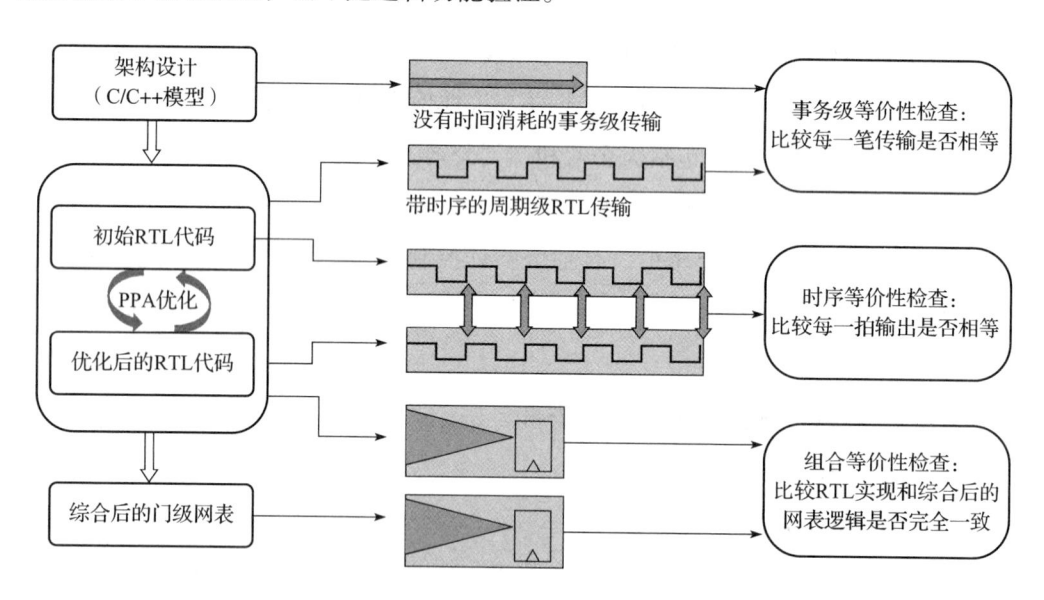

图 13-1　三种形式化等价性检查的对比

三大 EDA 厂商的三类等价性检查工具见表 13-1。

表 13-1　三大 EDA 厂商的三类等价性检查工具

形式化等价性检查类型	新思科技	楷登电子	西门子
事务级等价性检查	VC Formal DPV	C2RTL	Calypto SLEC
时序等价性检查	VC Formal SEQ	Sequential Equivalence Checking（SEC）	Questa SLEC
组合等价性检查	Formality	Conformal Equivalence Checker	FormalPro

13.1　为什么使用事务级等价性检查

对于数据路径，可以使用动态仿真验证，SV 语言引入了直接编程接口（Direct Programming Interface，DPI），在 SV 中直接调用 C/C++ 函数就可以实现。那么为什么要使用事务级等价性检查呢？原因有两个：

（1）完备性

完备性非常重要，越完备代表验证得越充分，遗漏边角场景的概率越小。形式化验证应用 TEC 可以实现对数据路径的全集验证。因为它实现了对合法输入全集的验证。这里举一个简单的 a+b=c 的例子，a、b 和 c 都是 32 位定点无符号整型数，输入的可能组合为 2^{64} 个，假如仿真器每秒仿真 2000 个周期，则需要 $2^{64}/2000s=292471208$ 年，这显然是不现实的。

（2）速度更快

比起动态验证，事务级等价性检查不仅在完备性上胜出，而且速度更快，在服务器资源投入产出比中有压倒性的优势。在一次实际项目中，32 位浮点加、16 位浮点加、32 位浮点除等 6 条浮点指令如果使用基于动态仿真策略的回归测试，总共有 7016 个测试用例，一轮回归测试的时间为 159h。而使用新思科技的事务级等价性检查工具 VC Formal DPV，其总验证时长可降低到 10.4h，时间可缩短到原来的约 1/15。

13.2　DPV 流程和示例

VC Formal DPV 和 VC Formal SEQ 的流程相似，有一部分命令甚至相同。其流程如图 13-2 所示。

图 13-2 DPV 流程

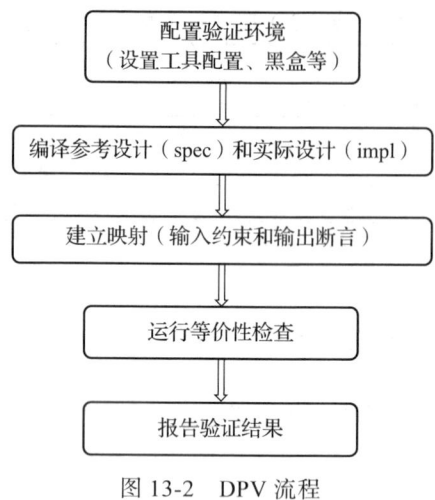

下面以第 9 章两拍计算 a+b=c 的示例来展示数据路径等价性验证的脚本流程以及验证过程，该设计的 RTL 原理图如图 13-3 所示。这里采用 VC Formal 的 DPV 来展示如何建立基于 DPV 的验证过程。

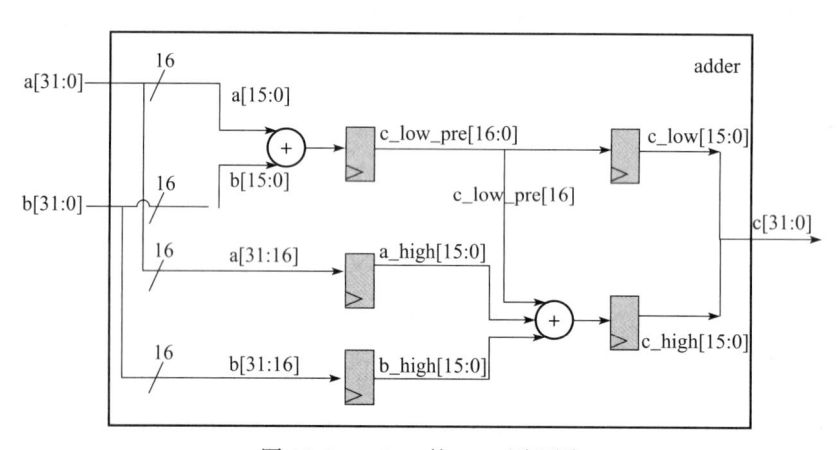

图 13-3　a+b=c 的 RTL 原理图

C 语言实现非常简单，就是 c=a+b，但是因为 C/C++ 的函数并没有显式声明哪些变量是输入、哪些变量是输出，所以必须使用 DPV 提供的库函数"寄存输入"和"寄存输出"来显式声明，同时调用成对函数来显式声明事务的开始和结束，读者可参考代码 ch13_DPV/adder/adder.cpp。

事务级等价性检查 219

本书代码包中的 ch13_DPV/adder/adder_dpv.tcl 展示了 DPV 的 TCL 脚本。其步骤依次是配置验证环境→编译参考设计和实际设计→建立映射→运行等价性检查→报告验证结果。这些步骤和图 13-2 一一对应。

13.3 DPV 实践

每一种形式化验证工具都有一些使用上的"陷阱"，用户需要仔细研读手册，且每个命令、每个选项都要正确使用。DPV 常见的工具使用问题包括复位极性错误、参考设计和实际设计拍数映射错误、漏掉断言子程序配置等。用户可以参考工具给出的例程和手册等修正这些工具使用方面的问题。

请读者运行 ch13_DPV/adder/adder_dpv.tcl，其运行时间不到 1s，关于输出信号 c 的断言就失败了。打开波形调试，如图 13-4 所示，参考设计的加法结果 c 为十六进制 809c_1a03，而实际设计的加法结果 c 为十六进制 809b_1a03，两者不匹配，进一步查看低 16 位向高 16 位的进位信号 c_low_carry，对应值为 1。分析原因是代码 ch13_DPV/adder/adder_retiming.v 中计算高 16 位加法结果的逻辑 "c_high<=a_high+b_high" 存在缺陷，没有加入该进位信号。

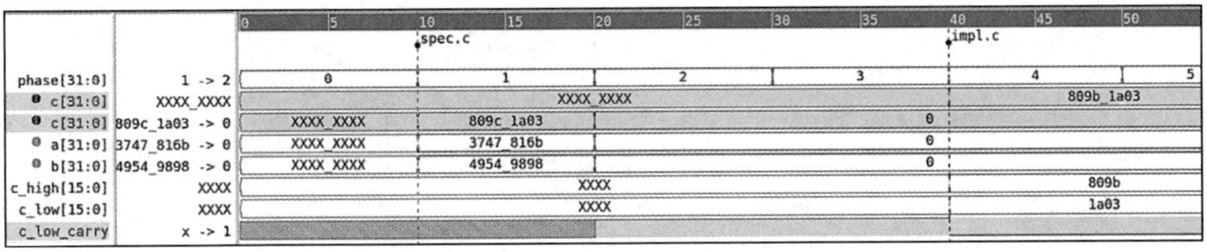

图 13-4 a+b=c 的 DPV 运行反例波形

将其改为 "c_high<=a_high+b_high+c_low_carry"，然后运行 ch13_DPV/adder/adder_dpv.tcl，会发现断言通过了。

虽然此例非常简单，但是仍然能看出 DPV 具备的优势如下：

1）速度极快，对于该例程，运行不到 1s 抓到缺陷，修正后运行不到 1s 全集证明。

2）不需要写测试用例，只需要 C 语言的模型和 RTL，不需要验证人员构建测试用例，不会遗漏边角情况。

在实际工程中，设计复杂度要远远高于上述例程，基于动态仿真的策略遗漏缺陷的最主要原因就是没有构建可以覆盖到某种边角情况的测试用例。而 DPV 则可以有效避免这一点，从而大大提高了验证效率。

13.4 本章小结

本章首先介绍了 TEC 的用途、在 IC 设计流程中的位置以及它相比动态仿真所具有的优势，然后通过一个 a+b=c 的示例演示了如何使用新思科技的 VC Formal DPV 工具，包括 C 语言代码和 TCL 脚本，最后用该示例展示了 DPV 不需要构建测试用例，在极短时间内可以有效捕捉 RTL 缺陷，大大提高了验证效率。

进阶篇

第 14 章

形式化验证关键技术——简化

本书第 8 ~ 13 章介绍了多种形式化验证工具，虽然它们针对不同的功能测试目标，但是流程大致相同，都是先写约束、断言（可能是人工编写或工具生成的）以及覆盖属性等，然后编写脚本读入设计并运行，最后针对结果进行分析迭代，理想流程如图 14-1 所示。

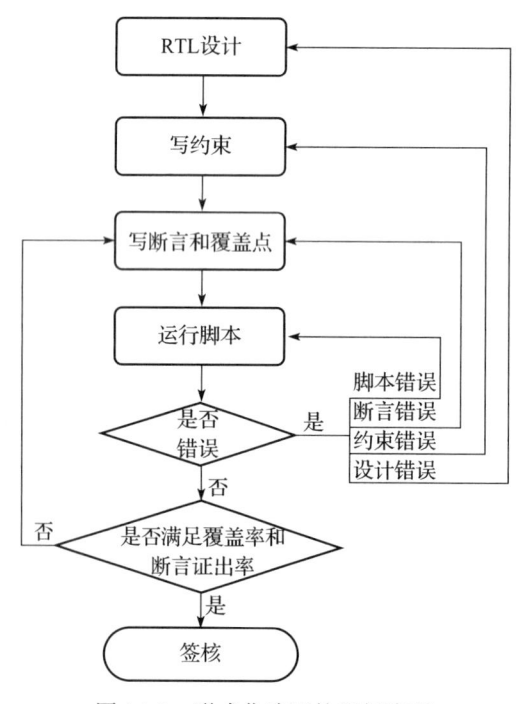

图 14-1 形式化验证的理想流程

然而，形式化验证中没有错误不代表一定都通过（Pass）了，很有可能是无法证出（Inconclusive）。图 14-2 所示为典型的形式化验证结果，其中的问号表示无法证出。

status	depth	name	vacuity	witness	type
?	31	soc.u_cpu.assert_SW2	✓5		assert
?	31	soc.u_cpu.assert_SW	✓5		assert
✓		soc.u_cpu.assert_SUB	✓5		assert
✓		soc.u_cpu.assert_SRLI	✓5		assert
✓		soc.u_cpu.assert_SRL	✓5		assert
✗11	11	soc.u_cpu.assert_SRAI_2	✓5		assert

图 14-2　形式化验证结果中部分断言无法证出

形式化验证工具会给出已经证明的深度，图 14-2 中第一行的证明深度为 31，代表在 31 拍以内，任意输入没有让当前的断言失败，但是 31 拍以上的情况是未知的。这里的无法证出是由于复杂度过高造成的。众所周知，相比于传统的基于"激励 – 响应"的验证方法学，形式化验证最主要的局限就是"状态空间爆炸"问题，通常来说，如果一个 FV 工程出现以下现象，可能意味着其复杂度过高：

1）显示内存不足（Low memory availability: system memory usage is ...）。

2）运行一段时间（如 1h）后，很多断言的状态是"无法证出"，并且证明深度难以增加。

此时就需要学习和使用形式化验证中的简化技术，把设计中的一些关键部件简化，从而减少复杂度，达到断言证明深度增加，甚至断言完全证出的效果。所以实际的形式化验证流程会增加一个环节——简化，如图 14-3 所示。本章即着重讨论简化技术。

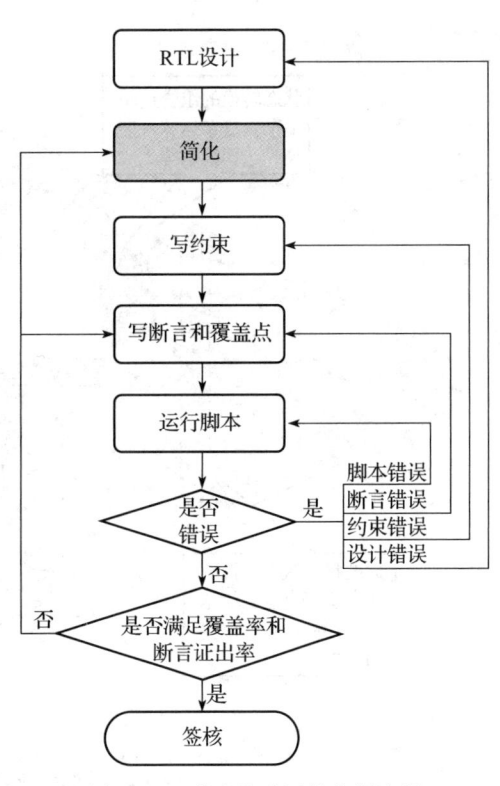

图 14-3　形式化验证的实际流程

14.1 形式化验证的复杂度问题

如图14-4所示，形式化验证工具从待测设计的初始状态开始，进行穷举式探索，复杂度会在以下5个方面引入：

1）初始状态：如果设计中含有大量未初始化的寄存器，会导致复杂度增加。

2）广度：如果设计中含有大块的存储器、大位宽的数据总线等，会导致复杂度激增。

3）深度：如果设计中含有需要很多周期才能达到的状态，例如高位宽的计数器、深度较大的FIFO达到满状态等，则需要的序列很长，导致复杂度激增。

4）状态转换需要的大量组合逻辑也是复杂度的来源。

5）复杂的断言会导致复杂度增加。

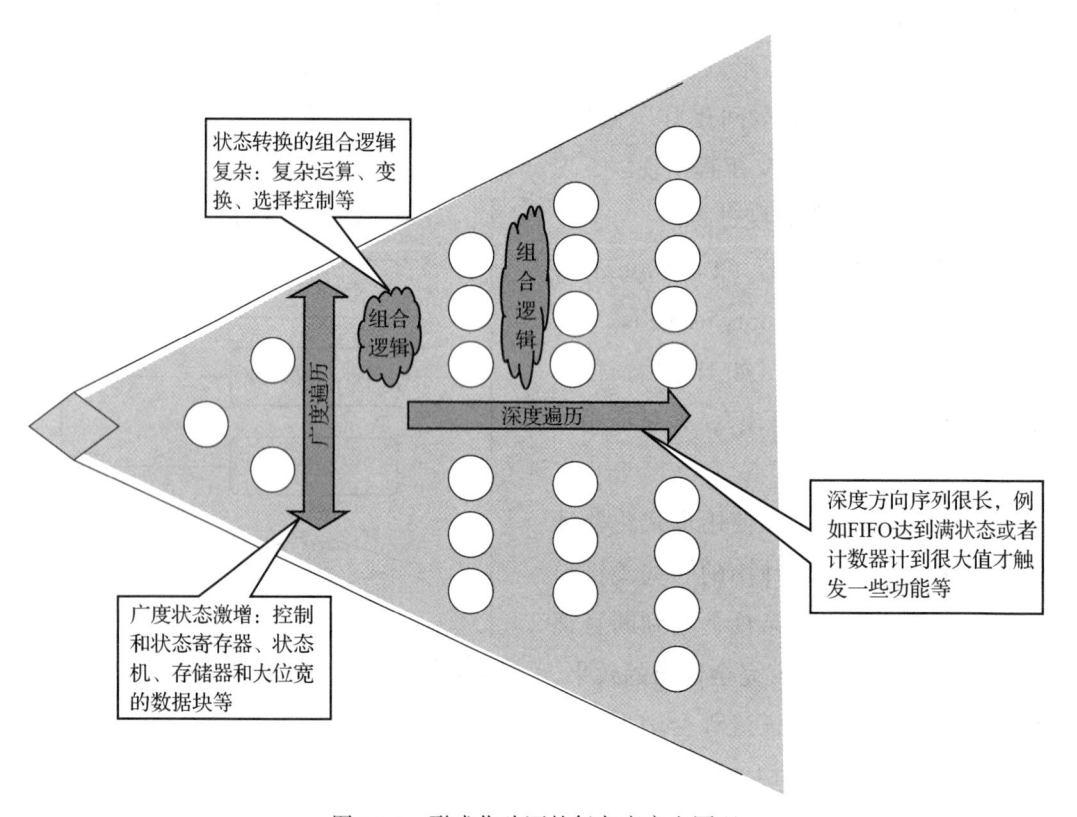

图 14-4 形式化验证的复杂度产生原理

通过上述分析，可以用图 14-5 来总结设计中复杂度的主要来源。

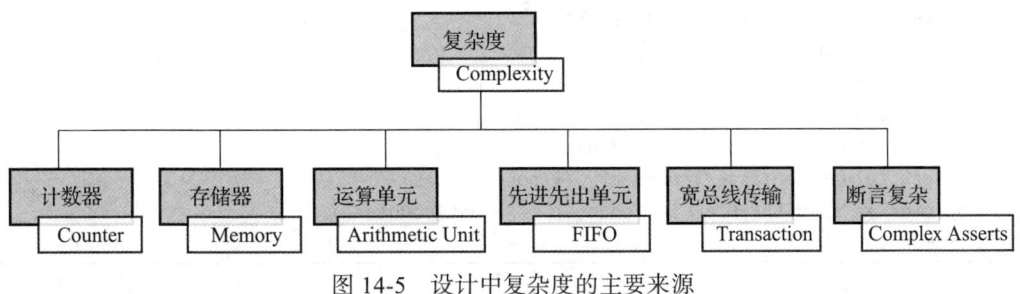

图 14-5 设计中复杂度的主要来源

以 RISC-V SoC 为例，根据 VC Formal 形式化验证工具给出的复杂度报告，该设计的复杂度来源主要包括 2 块存储器、4 个 FIFO 和多个高位宽加法器等。那么应该如何简化这些单元呢？14.2 节即给出了几种常用的简化策略。

14.2 复杂度简化策略

14.2.1 初始值简化

待测设计的初始状态是一个集合，因此可以通过操作寄存器的初始值来达到简化的目的。具体来说，初始值简化（Initial Value Abstraction，IVA）至少有两种应用场景：

1）把未初始化的寄存器初始化成固定值，减少初始化状态集合大小，从而减少复杂度。

2）把某些重要寄存器的初始值设置成接近工作状态的典型值，以达到"热启动"的效果。

对于情况 1），未初始化的寄存器，可以用形式化验证工具提供的命令将其初始值设置为 0 或 1。

对于情况 2），这里举个简单的例子，设有一个 32 位计数器，在计数到最大值 32'hFFFF_FFFF 后，值保持不变。这种计数器也被称为饱和型计数器，相关的 Verilog 代码如代码 14-1 所示。

代码 14-1 计数器饱和功能测试　ch14_abs/IVA/counter.sv

```
module counter(input clk, rst_n,output reg [31:0] counter);
always @(posedge clk or negedge rst_n)
    if(~rst_n)
        counter <=32'h0;
    else if(counter!=32'hFFFFFFFF)
        counter <= counter + 32'h1;
assert_satuartion:assert property (@(posedge clk)
counter == 32'hFFFF_FFFF |=> counter == $past(counter));
endmodule
```

断言 assert_satuartion 就是待测的饱和属性，而断言中 counter 等于 32'hFFFF_FFFF 的前置条件需要 32'hFFFF_FFFF 个周期才能达到，不具有现实可操作性。而如果能够从接近最大值的初始值开始，例如从 32'hFFFF_FFFD 开始，那么再计数两拍就可以测到最大值的场景。

这里使用 VC Formal 的强制初始化命令将计数器 counter 的初始值设置为 32'hFFFFFFFD。相关例程请读者参考 ch14_abs/IVA 目录。例程中加入了覆盖属性 counter_max，用于捕捉 counter == 32'hFFFF_FFFF 的场景，图 14-6 所示为该覆盖属性捕捉到的波形。

图 14-6　计数器初始值简化后的波形

14.2.2 合理的过约束

合理的过约束可以显著减少状态空间，加速形式化验证的进程，其主要可以分为以下 3 类：

1）对于不关心的功能，可以设置为常量。

①用于可测试性设计的相关信号，如 scan_mode、dft 相关信号，可以约束成 0。

②做 FPV 功能验证时，门控时钟相关功能可以关闭（时序等价性检查工具可以验证门控时钟功能）。

③调试信号，如 test_en、test_mux 信号，在验证正常功能时可以约束为 0。

2）通过指定范围来取合法状态空间的一个较小子集。

例如在 RISC-V SoC 中，TCL 脚本使用了约束，把通用寄存器从 32 个简化成 4 个，因此算术和逻辑运算指令相关的断言证明时间大大缩短。

3）通过过约束来简化序列长度。

例如在第 4 章实例中，为了证出定时器 Timer 的断言 assert_IRQ_distance_should_be_ge_reload_val（两次 IRQ 脉冲信号的间隔周期一定要大于或等于计数器 Reload 值），过约束两个 IRQ 之间的间隔小于 100，虽然这是过约束，但是对于 Reload 值被过约束成小于 4 的场景，这个过约束也是合理的。

14.2.3　断开设计中的某个信号

如果某个信号 A 会造成逻辑复杂度增加较多，或者信号 A 需要很多拍才能达到某个关键值，那么可以把它从设计中断开（Cutpoint），此时其输出值不再受前级逻辑影响，从而减少复杂度。对于这个断开的信号 A，由于它的行为已不受前级逻辑影响，如果不增加约束，那么它可以取任意值；如果增加约束，那么它可以在约束的范围内取值。

断开信号的方法在不同厂商的形式化验证工具中有所不同，其基本原理如图 14-7 所示。

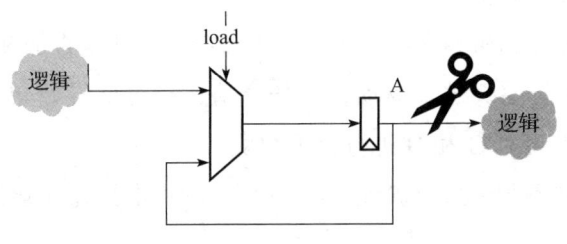

图 14-7　断开信号的基本原理

在图 14-7 中，设置相应命令断开信号后，A 点不再受前级逻辑影响，这里涉及两个问题：

1）前级逻辑无法传导到输出，那么 A 点之前的逻辑是否需要加断言来验证？

2）A 点不再受前级逻辑驱动，输出是任意值，是否需要对其施加约束？

对于这两个问题，验证人员需要根据具体情况应对。

例如，可以"断开"设计中的某个配置寄存器，把它约束成常量或者任意合法值并保持不变。在 RISC-V SoC 中，可以对 UART 的波特率寄存器做简化，方法就是"断开"信号 csr_uart_div，该信号用于时钟分配系数的配置，这个 32 位配置寄存器如果不断开，则复杂度太高，断言无法证明。被"断开"后，可以把它约束为常量 8，这个简化使得断言可以快速证出。

14.2.4　黑盒化

当需要验证的功能和某些单元无关的时候，可以把这些单元黑盒化。黑盒化在本质上和断开某个信号是相同的，只是断开某个信号是针对一个点，而黑盒化某个单元是针对该单元的所有输入输出信号。其原理如图 14-8 所示。

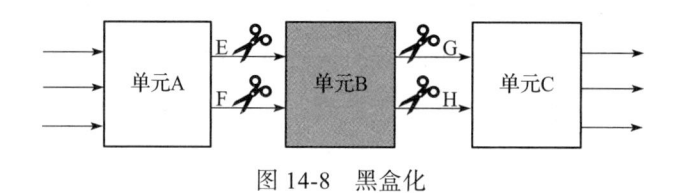

图 14-8　黑盒化

图 14-8 中包含 3 个单元 A、B 和 C，当单元 B 被黑盒化后，E、F、G 和 H 都会和它们原来的驱动断开，如同断开信号，此时可能导致：

1）单元 A 的输出 E 和 F 无法传导到后级，需要判断是否加断言。

2）G 和 H 不再受前级逻辑驱动，是任意值，有可能导致单元 C 的相关断言失败，此时需要判断是否对 G 和 H 进行合理约束。

这里给出一些在不同形式化验证 APP 使用过程中的黑盒化建议。

FPV：

1）成熟的 IP 或者购买的 IP 可以黑盒化。

2）如果单元的功能和要验证的断言无关，可以黑盒化。

时序等价性检查：

1）在进行时序优化之后的时序等价性检查时，对于没有修改的单元，可以把它们黑盒化。

2）在进行门控时钟验证时：

①与门控时钟无关的存储模块可以黑盒化。

②一些和时钟生成无关的、复杂度很高的计算模块可以黑盒化。

③一些仅使用常开时钟的单元可以黑盒化。

不可达检查：

1）存储单元可以黑盒化。

2）成熟的 IP 可以黑盒化。

连接性检查：

只要是检查路径不经过的单元全部可以黑盒化。

X 态传播检查：

1）成熟的 IP 可以黑盒化。

2）验证"部分好"功能时，被配置成有制造缺陷的单元可以黑盒化。

14.2.5　压缩设计单元大小

压缩设计单元大小是形式化验证中常用的简化策略。这种简化的前提是数据独立性。数据独立性是指断言**不依赖于特定值**，典型的设计就是数据传输和数据存储单元。例如一个用来存放传输数据的 FIFO 单元，其数据宽度是 128 位。FIFO 单元的读写信号、读写指针、空满标志等与数据宽度没有关系，和具体的数据也无关，此时就可以把数据宽度简化成 4，甚至是 1，以此减少形式化验证的状态空间。除了数据宽度之外，数据深度通常也是可以简化的。下面给出一个存储器的简化实例，以便展示简化存储器的数据宽度和深度对断言证出时间的影响。

本例中的待测设计是一个存储器，其部分代码如代码 14-2 所示。top 模块包含 DATA_WIDTH 和 ADDR_WIDTH 两个参数，内部例化一个双端口 RAM 模块 mem2p。通过 TCL 脚本 ch14_abs/mem/mem_fpv_vcf.tcl 实现存储器的地址宽度 ADDR_WIDTH 和数据宽度 DATA_WIDTH 的参数传递。所用断言是 check_rd2addr_different，该断言含义是如果对存储器的两个不同的地址单元写入不同数据，那么读取到的这两个单元的数据也应该不同。

代码 14-2　存储器部分代码　ch14_abs/mem/top.sv

```systemverilog
module top
#(parameter DATA_WIDTH=32,
  parameter ADDR_WIDTH=6,
  parameter MEM_DEPTH=2**ADDR_WIDTH )
( input clk,
  input rstb,
  input wr_en,
  input [ADDR_WIDTH-1:0] wr_addr,
  input [DATA_WIDTH-1:0] wr_data,
  input rd_en,
  input [ADDR_WIDTH-1:0] rd_addr,
  output wire [DATA_WIDTH-1:0] rd_data );
mem2p #( .ADDR_WIDTH(ADDR_WIDTH),
         .DATA_WIDTH(DATA_WIDTH) )
mem_2p(
  .QB(rd_data),
  .CLKA(clk),
  .CLKB(clk),
  .MEA(wr_en),
  .MEB(rd_en),
  .RSTA(rstb),
  .RSTB(rstb),
  .WEA(wr_en),
  .ADRA(wr_addr),
  .ADRB(rd_addr),
  .DA(wr_data));
…  // 省略变量定义等部分 Verilog 代码
property rd_data_not_same_if_write_different_addr;
@(posedge clk) disable iff (rstb == 0) ( rd_en_q1&&$past(rd_en_q1)&&(rd_addr_q1!=$past(rd_addr_q1))&&
wr_en_last&&(wr_addr_last==$past(rd_addr_q1)) &&
wr_en_q1_flag&&(wr_addr_q1==rd_addr_q1) &&
(wr_data_last != wr_data_q1)) |-> rd_data!=$past(rd_data) ;
endproperty

check_rd2addr_different: assert
  property(rd_data_not_same_if_write_different_addr);
endmodule
```

存储器的数据宽度和深度分别对应参数 DATA_WIDTH 和 ADDR_WIDTH，最初设计 DATA_WIDTH=32，ADDR_WIDTH=6，也就是数据宽度为 32 位，深度为

2^6=64 位，现以此为基准进行简化：在保持数据深度为 64 位的前提下，将数据宽度简化为 16、8、和 4；在保持数据宽度为 32 位的前提下，将数据深度简化为 32、16 和 8。然后分别运行。这里就体现出参数化设计的优势了，每次运行前只需修改 TCL 脚本 ch14_abs/mem/mem_fpv_vcf.tcl 中的两个参数即可，整个验证过程无需修改 RTL 代码。

不管是对存储器数据宽度还是深度做简化，都可对证明的速度产生指数级加快。简化越多，速度越快。简化最多（DATA_WIDTH=4，ADDR_WIDTH=3）的断言证明速度是简化最少（DATA_WIDTH=16，ADDR_WIDTH=6）的断言证明速度的 180 倍。

不同的机器得出的结果可能不同，不同的形式化验证工具效果更是有差异，但是不同简化方法之间的相对运行时间趋势是相同的。

因此，在形式化验证中，一定要尽可能早、尽可能多地进行简化处理。

14.2.6　分治法

在形式化验证中，分治有以下两种含义：

（1）分解设计场景

通过划分不同的功能场景或者状态空间，减少每一个部分的复杂度，从而达到降低整体运行时间或者增加收敛率的效果。

以 RISC-V SoC 为例，按照分解设计场景的思路，可以把测试指令分成两大类：无需访存的指令和需要访存的指令。

这样就把整个验证分成了两个子任务：验证无需访存指令的相关断言和验证需要访存指令的相关断言。在验证无需访存指令的相关断言时，可以把存储器和与访存指令相关的外设如 UART、Timer 等都黑盒化，这样就减小了设计的复杂度，促进断言收敛；同样的，在证明需要访存指令的相关断言时，约束指令操作码为访存指令，可减少状态空间，加速验证收敛。

（2）分解或者简化断言

对于无法在有限时间内证明的断言，首先应审视断言是否过于复杂、是否对形式化验证不友好，例如有跨越大时间窗的操作，或者使用了复杂的序列操作，又或者过多使用了局部变量等。

如果已经避免了上述情况,但是断言仍然复杂度很高,那么就要考虑简化分解断言。

一方面,可以给一个端到端的断言插入中间节点,从而把一个复杂度较高的断言拆解成两个甚至更多的简单断言。例如将 A → C 路径的断言加入中间节点 B,从而将断言分解为 A → B 和 B → C 两个断言。

另一方面,可以分解布尔表达式或者简单的序列操作,例如可以将如下断言:

assert_A: assert property (@(posedge clk) a&b |-> c&d);

分解成两条简单断言:

assert_A1: assert property (@(posedge clk) a&b |-> c);
assert_A2: assert property (@(posedge clk) a&b |-> d);

又例如可以将如下断言:

assert_S: assert property (@(posedge clk) req |-> ##3 pre_ack ##2 ack);

分解成两条简单断言:

assert_S1: assert property (@(posedge clk) req |-> ##3 pre_ack);
assert_S2: assert property (@(posedge clk) req |-> ##5 ack);

14.2.7 使用简化模型

按照功能是否和原始设计等价,可以把简化模型分成两类:

1)功能等价的简化模型,例如接口功能等价的存储器、FIFO 等。

2)简化的影子模型,例如只保留接口时序的 ALU、CPU 等简化模型。

功能等价的简化模型采用更为简单的实现方式来代替原有的设计。例如在工程实践中,存储器的底层代码通常由厂家提供,里面的逻辑层级会很多,典型的包括 4~9 个层级,同时也会包含大量的标准库单元、不利于形式化验证的语法(如 primitive 等)以及用于动态仿真打印信息的代码,这会增加形式化验证的复杂度。此外,在这 4~9 个层级中,某个单元可能会因为种种原因没有在编译列表里,此时形式化验证工具默认会黑盒化它，结果就是存储器功能不正常，写入和读出的数据不匹配，没有形式化验证经验的工程师常常要花费大量的时间调试。所以，对于这种情况，解决办法就是采用功能等价的简化模型来代替原来的设计。对于存储器来说，可以直接通过 RTL 实现数据的读写。

对于简化的影子模型，可以不必实现原有设计的全部功能，只保留必要的接口并且保证时序正确。并且可以根据特定的功能来添加一些辅助代码，这些辅助代码可以是使用断言语言写的约束，也可以是使用硬件描述语言模拟的行为。

14.2.8 使用符号变量、局部变量或者加辅助代码

数据传输单元的主要功能是传输数据，例如 CPU 系统中的总线单元、取指单元，网络系统中的交换机、路由器等都包含大量的数据传输单元。数据传输单元示意图如图 14-9 所示。

图 14-9 数据传输单元示意图

在验证这些数据传输单元的时候，经常需要验证的功能是当输入有效的时候（in_valid 为高电平），当前的输入数据（data_in）经过若干周期后，输出（out_valid）一定有效且输入数据出现在输出端（data_out）。

那么，是不是写出下面这样的一条断言就可以了？

```
ast_transport_liveness: assert property(
in_valid |-> s_eventually(out_valid&&(data_out==data_in)));
```

这显然是不行的，因为 data_out 和 data_in 在时序上根本不处于同一拍，所以一定要把 data_in "存起来"，然后在需要和 data_out 比较的时候再"拿出来"。那么如何解决这个问题呢？主要有 3 种方式：

（1）符号变量（Symbolic Variable）

在模块输入端口或者模块内部定义一个变量，但是没有任何逻辑电路去驱动它，

FPV 工具会自动考虑它的所有可能值对断言是否成立,这一技术叫作非确定性技术(Non-determinism),该变量就叫作自由变量(Free Variable)。顾名思义,如果对此变量不加任何约束,那么它的行为就是在任意周期为任意值。

在验证数据传输时,会约束自由变量在一定范围内随机取值并在整个形式化验证中保持不变,这时候即用它来表征传输的任意数据值,此时它称为**符号变量**(Symbolic Variable)。

(2)局部变量(Local Variable)

局部变量是定义在断言或者序列里面的动态变量,可帮助描述断言,这里给出一个使用局部变量描述的断言

```
ast_transport_liveness_local_var:
bit [7:0] loc_var;
ast_transport_liveness_loc_var: assert property(
    (in_valid, loc_var=in_data)  |-> ##3 (out_valid && (data_out ==
    loc_var)));
```

每当 in_valid 为高电平时,loc_var 会记录输入数据 in_data,在 3 拍之后,当 out_valid=1 时,检查 data_out 是否等于 3 拍前记录的 loc_var。这里的 loc_var 是动态产生的,并且每一笔传输序列都会生成自己的 loc_var,也就是说,局部变量实现了类似流水线的效果。

(3)加辅助代码(Helper RTL Code)

加辅助代码的方式就是用硬件描述语言来实现断言里需要的一些信号的电路。对于上述例子,如果发送端 in_valid 和 out_valid 是串行的,即 out_valid 有效之后新的 in_valid 才有效,那么实现起来很简单,就是把 data_in 在 in_valid 有效的时候锁存,在 out_valid 为高电平时判断是否与 data_out 相等即可。但如果它们流水起来,那么就需要 FIFO 之类的结构来实现了。

下面以 RISC-V SoC 中的子模块 UART 为例子,分别展示如何用 3 种不同的方式来实现这个断言。

当把 UART 配置成回环模式时,UART 的发送端信号会接到输入端,完成自发自收功能,如图 14-10 所示。

形式化验证关键技术——简化 235

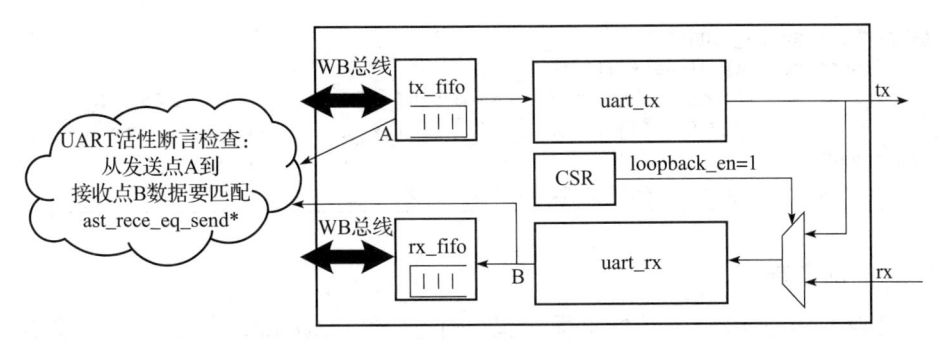

图 14-10 UART 数据传输检查

那么每向发送 FIFO 写一笔发送数据，一定可以在若干拍后的接收端收到这笔数据。关键问题是这个"若干拍"是多少拍。在这里已经把发送和接收的 FIFO 深度都简化为 2 了，同时将 UART 每位传输所需的时钟周期固定为 8（`CYCLES_PER_BIT=8），以简化设计。如果发送 FIFO 为空，发送一笔数据需要 1 位起始位、8 位数据位、1 位停止位，加起来一共 10 位，所以在写入后，接收 FIFO 最快可以在 `CYCLES_PER_BIT × 10 周期后收到，这里不妨留下一些余量，取 `CYCLES_PER_BIT × 9；如果发送 FIFO 满了，并且刚被读出一个去发送，此时再向发送 FIFO 写入一笔，那么几乎要等前两笔数据都传输完毕才能传输这一笔，所以写入后接收端 FIFO 需要 3 倍的时间（3 × `CYCLES_PER_BIT × 10）才能接收到，因为每笔之间还有空闲 IDLE 状态，所以留了些余量，变成 3 × `CYCLES_PER_BIT × 11。

下面分别用符号变量、局部变量和加辅助代码这 3 种方式来实现这个断言。

（1）符号变量

定义一个 8 位符号变量 sym_send_data，用于表征 UART 的传输数据，约束它初始化为 [0:255] 之间的任意值，并且在整个验证过程中保持不变。那么这个值就可以用来表征每一个传输的数据，当 UART 的发送 FIFO 被写入的值为该符号变量值时，经过 [`CYCLES_PER_BIT × 9：3 × `CYCLES_PER_BIT × 11] 周期范围后，一定能达到 UART 的接收 FIFO 入口，如代码 14-3 所示。

代码 14-3 符号变量方式实现 UART 断言 ch14_abs/uart_sym/uart.v

```
wire [7:0] sym_send_data;
assume_stable_send_data:   assume property( @(posedge clk)
    $stable(sym_send_data));
```

```
property rece_eq_send_sym;
    @(posedge clk) disable iff (~rst_n)
    (tx_wb_wr_fifo && (wb_dat_i[7:0]==sym_send_data)) |-> ##[`CYCLES_PER_BIT*9:
       3*`CYCLES_PER_BIT*11] rx_data_valid && (rx_data == sym_send_data) ;
endproperty
ast_rece_eq_send_sym: assert property(rece_eq_send_sym);
```

（2）局部变量

如代码 14-4 所示，在属性里面定义一个变量 sent_data，每当发送数据有效时（tx_wb_wr_fifo 为 1），用 sent_data 记录这个发送数据 wb_dat_i[7:0]，每当 UART 的接收单元接收到一个数据时，就把这个数据拿出来和接收到的数据 rx_data 比较。形式化验证工具可完成该变量的记录，开发者不用去写辅助代码。

代码 14-4　局部变量方式实现 UART 断言　　ch14_abs/uart_sym/uart.v

```
property rece_eq_send_localvar;
    bit [7:0] sent_data;
    @(posedge clk) disable iff (~rst_n)
    (tx_wb_wr_fifo ,      sent_data = wb_dat_i[7:0])  |-> ##[`CYCLES_PER_BIT*9:
       3*`CYCLES_PER_BIT*11] rx_data_valid && (rx_data == sent_data) ;
endproperty
ast_rece_eq_send_localvar:assert property(rece_eq_send_localvar);
```

（3）加辅助代码

发送 FIFO 深度被简化为 2，所以最多可以累积 3 笔数据等待发送，简单的一个寄存器无法记录当前这个发送数据，因此这里定义一个类似 FIFO 的结构来存放这个发送数据，如代码 14-5 所示，其深度为 4，宽度为 8，每当接收到 CPU 发过来的写数据 wb_dat_i[7:0] 就存入该 FIFO，写指针加 1。每当 UART 接收单元接收到数据，就从该 FIFO 里读走那笔最早写入的发送数据，读指针指向下一单元。

代码 14-5　加辅助代码方式实现 UART 断言　　ch14_abs/uart_sym/uart.v

```
reg [7:0] sent_data[0:3];
reg [1:0] rd_ptr,wr_ptr;
always@(posedge clk or negedge rst_n)
    if(!rst_n) begin
        rd_ptr<= 0;
    end else if( rx_data_valid ) begin
        rd_ptr<= rd_ptr+ 1'b1;
```

```
        end
    always@(posedge clk or negedge rst_n)
        if(!rst_n) begin
            wr_ptr<= 0;
        end else if(tx_wb_wr_fifo) begin
            wr_ptr <= wr_ptr+ 1'b1;
            sent_data[wr_ptr] <= wb_dat_i[7:0];
        end
    property rece_eq_send_helper;
        @(posedge clk) disable iff (~rst_n)
        tx_wb_wr_fifo   |-> ##[`CYCLES_PER_BIT*9: 3*`CYCLES_PER_BIT*11] rx_data_valid &&
            (rx_data == sent_data[rd_ptr]) ;
    endproperty
    ast_rece_eq_send_helper: assert property(receive_eq_send_helper);
```

很显然，第 3 种实现方式是耗费开发者精力最多的方式，其代码量也是最大的。

运行脚本 ch14_abs/uart_sym/uart_fpv_vcf.tcl，可以得到以上 3 种方式的运行结果，见表 14-1。

表 14-1 3 种方式的运行结果

方式	开发者投入精力	断言证出时长
符号变量	较少	较短
局部变量	最少	最短
加辅助代码	最多	最长

这里只是个例研究，对于不同的设计和断言，不同的形式化验证工具可能有不同的结果，不能以偏概全，在实际项目中，决定权还是在工程师自己手中。可以先使用容易实现的局部变量或者符号变量方式，如果断言无法收敛或者边界深度太低，可以再尝试加辅助代码的方式。

14.3 常见单元的简化示例

14.3.1 计数器的简化

1. 计数器的简化策略探讨

计数器（Counter）在 IC 设计中非常常见，它是造成复杂度增大的一个很重要的因素。例如网络包个数统计中常用的 32 位计数器，需要证明的深度很深，通常是难以证明的。此外，计数器往往和其他电路（如状态机等控制电路）耦合在一起，当整体设计的复杂度较大时，一个断言的边界深度往往只有几十拍，而计数值的关键值往往为几千甚至几万，因此这些关键值触发的事件场景往往无法覆盖，这就会导致漏掉一些关键场景，所以必须对计数器进行简化。

容易想到的一种简化方式是压缩设计单元大小，例如第 4 章定时器的例子，就是采用过约束将原始的 32 位计数器压缩成 2 位，约束其计数值范围为 0~3。但是对于有些设计，例如计数到 10000 才能触发某个事件，可能需要手动修改原始 RTL 设计，在 RTL 中把 10000 改成一个很小的值再验证。这种修改设计的方式带来了额外的投入，同时设计的行为改变有可能会忽视缺陷。

另外一种方式就是剪断，根据剪断之后加不加约束以及怎样加约束，可以细分为如下 3 种：

（1）剪断方式简化，不加约束

该方式直接把寄存器剪断，使其不受前级电路驱动，计数器的行为是在每一拍任意改变，这种行为可能会导致假错。

（2）剪断并加约束方式简化

为了防止剪断导致的假错，用户可以自己通过形式化验证工具提供的剪断命令和 SVA 语法来建模计数器的行为，例如建模计数器在 0 之后是 50，50 之后是 10000，这样做的好处是简化模型可以按照用户意愿书写，比较灵活，缺点是简化模型需要投入时间开发和调试。

（3）使用专用简化命令简化

用户还可以选择使用形式化验证工具提供的简化命令来简化，这样做的好处是节省开发的时间精力投入。形式化验证工具可以根据 RTL 提取一些关键值，关键值包括计数器的初始值、最大值以及 RTL 中与该计数器进行比较的值等。关键值模式的行为是工具首先断开用户指定的计数器，然后根据计数器的关键值划分几个区域，然后建模计数器的行为，使其在这几个区间取值。当然，如果工具提供的计数器行为无法满足需求，还是需要用户自己开发模型。

上述后两种方式在本质上都是建立计数器的模型，建立模型时可以手动写代码，也可以使用工具提供的命令。**如果工具提供的命令可以满足要求，则尽量使用工具提供的命令**，因为自己开发模型会耗费更多的时间。

2. 计数器简化的示例

下面举一个简单的例子来加深读者对计数器简化概念和简化做法的理解。代码 14-6 实现了一个简单计数器，每当计数器计到 10000 时，输出一拍高电平有效信号 send_typeA，每当计数到 20000 时，输出一拍高电平有效信号 send_typeB。

代码 14-6　简单计数器　ch14_abs/counter_abs/counter.sv

```
module counter(input clk, rst_n,
               output reg send_typeA,
               output reg send_typeB);
parameter integer unsigned MAX_COUNT=20000;
reg [31:0] counter;
always @(posedge clk or negedge rst_n)
  if(~rst_n)
        counter <='h0;
  else if(counter==MAX_COUNT)
        counter <= 'h0;
  else
        counter <= counter + 1;
always @(posedge clk or negedge rst_n)
  if(~rst_n)
        send_typeA<='h0;
  else if(counter==MAX_COUNT/2)
        send_typeA <= 1'b1;
  else if(send_typeA)
        send_typeA <= 1'b0;
always @(posedge clk or negedge rst_n)
  if(~rst_n)
        send_typeB<='h0;
  else if(counter==MAX_COUNT)
        send_typeB <= 1'b1;
  else if(send_typeB)
        send_typeB <= 1'b0;
assert_AB_never_same_time:assert property (@(posedge clk)
  (~(send_typeA&send_typeB)));
assert_send_typeA_is_pulse:assert property (@(posedge clk)
  (send_typeA |=> ~send_typeA));
assert_send_typeB:assert property (@(posedge clk)
  (counter==MAX_COUNT |=> send_typeB));
endmodule
```

代码14-6中的3条断言描述如下。

1）assert_AB_never_same_time：表示send_typeA和send_typeB不会同时成立。

2）assert_send_typeA_is_pulse：表示send_typeA是一拍有效的。

3）assert_send_typeB：表示当计数值达到20000时就输出有效的send_typeB。

下面采用VC Formal的FPV工具来展示如何简化计数器，以及不同简化方法的结果有何不同。代码ch14_abs/counter_abs/fpv.tcl为展示该例程的TCL脚本。

为了对比计数器简化和不简化的区别，以及不同的简化方案的区别，这里引入变量abs_mode，其取值为0～3，含义分别是：

1）0——不简化。

2）1——剪断方式简化，不加约束。

3）2——剪断并加约束方式简化。

4）3——使用专用简化命令简化。

同时，为了说明不同模式下计数器的行为，这里增加了两条计数器行为的覆盖断言，其中cov_stable_counter表示覆盖计数器前后两拍不变的情形；cov_counter_skip表示覆盖计数器值在1～5拍内从3跳变到30的情形。显然，如果不做简化，这些情形是不可能覆盖到的。运行的方式是修改ch14_abs/counter_abs/fpv.tcl中abs_mode的值为目标值，然后运行FPV。

1）abs_mode=0——不简化。

运行不简化的版本（abs_mode=0），如图14-11所示，断言assert_send_typeB的前置条件运行到20001拍才覆盖。在实际工程中，计数器都是和其他逻辑结合在一起的，如果是到20001拍才能覆盖的功能场景，有可能由于复杂度问题，在有限时间内根本测不到，所以必须对其进行简化。同时，关于计数器的两个覆盖点也和预期一样，均没有被覆盖到。

	status	depth	name	vacuity	witness	type
1	✓		counter.assert_AB_never_same_time			assert
2	✓		counter.assert_send_typeA_is_pulse	✓10002		assert
3	✓		counter.assert_send_typeB	✓20001		assert
4	✗		cov_counter_skip			cover
5	✗		cov_stable_counter			cover

图14-11　不简化

2）abs_mode=1——剪断方式简化，不加约束。

首先尝试剪断方式，让计数器自由跳变，设置 abs_mode=1，可以发现第二条断言 assert_send_typeA_is_pulse 在深度为 3 的时候出现了反例，如图 14-12 所示。通过波形可以看到，send_typeA 在第二拍成立后，第三拍却没有被清零，原因是计数器被剪断后，它可以为任意值，在达到 10000 后，计数器没有继续增加，导致图 14-12 中第 19 行的 "else if(send_typeA)" 清零没被执行，而是执行了第 18 行的 "send_typeA <= 1'b1"，从而使得 send_typeA 继续维持高电平，导致信号 send_typeA 是一拍有效的断言失败，由此可见，直接剪断计数器是很有可能带来假错的。此外，两个覆盖点也都覆盖到了，印证了计数器的行为完全不受约束。

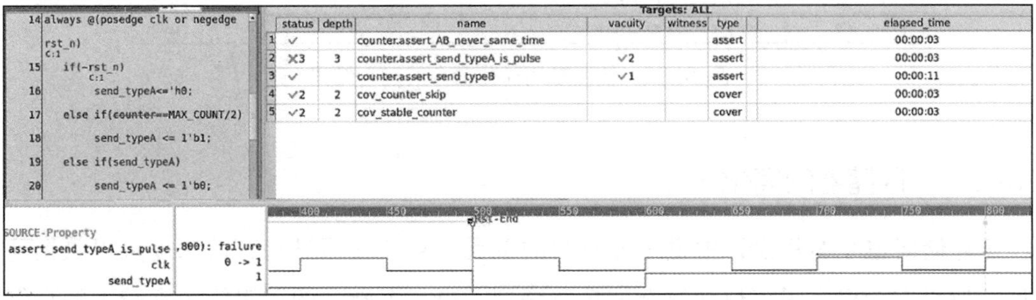

图 14-12 剪断方式的运行结果和假错分析

3）abs_mode=2——剪断并加约束方式简化。

下面尝试给计数器加约束来简化它的行为，设置 abs_mode=2，也就是说在剪断的基础上再加上约束来限制计数器的行为，加上的约束如下：

```
fv_assume assume_counter1 -expr " counter!='d20000 |=> counter > \$past(counter)"
fv_assume assume_counter2 -expr " counter=='d20000 |=> counter==0"
```

重新运行，第二条断言 assert_send_typeA_is_pulse 也通过了。同时覆盖属性 cov_stable_counter 没有被覆盖到，表示不存在连续 2 拍计数值不变的情况，这与预期一致。运行结果如图 14-13 所示。

4）abs_mode=3——使用专用简化命令简化。

剪断并加约束方式用了三条命令，如果使用专用简化命令来实现，则只需要一条命令，同时设置宽度大于或等于 32 的计数器进行简化，并使用关键值。运行结果如图 14-14 所示，其中 cov_stable_counter 覆盖属性可以覆盖到。

status	depth	name	vacuity	witness	type
1 ✓		counter.assert_AB_never_same_time			assert
2 ✓		counter.assert_send_typeA_is_pulse	✓2		assert
3 ✓		counter.assert_send_typeB	✓1		assert
4 ✓2	2	cov_counter_skip			cover
5 ✗		cov_stable_counter			cover

图 14-13　加上约束的运行结果

status	depth	name	vacuity	witness	type
1 ✓		counter.assert_AB_never_same_time			assert
2 ✓		counter.assert_send_typeA_is_pulse	✓8		assert
3 ✓		counter.assert_send_typeB	✓9		assert
4 ✓5	5	cov_counter_skip			cover
5 ✓3	3	cov_stable_counter			cover

图 14-14　使用专用简化命令的运行结果

14.3.2　存储器的简化

存储器也是芯片设计中复杂度较大的单元，它的数据量是存储深度乘以数据宽度，所以它会引入很多位和复杂的读写序列，当一个断言的逻辑锥包含较大的存储器时，往往很难收敛。此时需要使用简化策略来简化存储器，从而使得断言能够被证明或者增加有界证明的深度。

如果断言和具体存储器的行为无关，那么可以使用最简单的方法——黑盒化，这种简化方法非常普遍，例如验证和存储器无关的代码时，往往把存储器黑盒化。

如果断言和具体存储器的行为有关，那么就不能简单地用黑盒化处理了，因为黑盒化后存储器的逻辑会完全消失，对某一个地址写入数据，然后读取该地址时，输出数据可以是任意值，不符合预期。此时，一个最简单的做法是压缩存储器单元的大小，具体做法可参考 14.2.5 节。

但是，压缩存储器单元可能会漏掉一些场景，例如压缩前存在更深的深度和更宽的位宽等。为了更全面地验证，可以考虑使用存储器**简化模型**。例如重新写存储器模型，让其只支持几个关键地址（如最小、中间和最大地址）的读写，并约束读写地址只取这几个关键地址。另外可以建模存储器，只保存最后写入的几笔数据和地址，其余地址被读时就输出任意值。

14.4 本章小结

形式化验证容易受到复杂度的影响，导致断言无法被完全证明。要解决这一问题，简化设计显得尤为关键。本章 14.1 节从形式化验证的原理着手，介绍了复杂度的来源，14.2 节详细展示了简化设计的主要策略，14.3 节介绍了常见的计数器和存储器的简化方法。

这里需要再次强调，简化策略应当在项目初期便开始应用，而不是等到项目后期才应用，因为缺乏简化会直接影响验证的迭代效率。一些验证工程师投入大量的时间精力做形式化验证，但是收益却甚少，就是因为没有用好简化策略，将很多时间花在运行过程中，导致很多重要功能没有覆盖到，当然很难抓到缺陷。

第 15 章

形式化验证签核

15.1 形式化验证签核概述

众所周知，在芯片流片之前，动态仿真会进行签核过程，表明动态仿真达到了预期的要求。动态仿真的签核要求通常包括：

1）各个测试用例是否验证通过。

2）代码覆盖率是否满足需求。

3）功能覆盖率是否满足需求。

形式化验证和动态仿真有很大的不同，那么形式化验证可以签核吗？

实际上，形式化验证也可以签核。文献 [16] 成功实现了几个关键模块的签核，没有缺陷遗漏，并且建立了成熟的形式化验证签核流程。

但是，由于验证方式的不同，形式化验证签核与动态仿真签核的流程和方法有所不同。此外，受限于设计复杂度，形式化验证通常无法进行整芯片的签核，主要用于模块级的签核。

不同于动态仿真需要搭建复杂的 UVM 平台以及大量的测试用例进行签核，形式化验证的签核主要通过编写断言以及必要的约束，然后通过形式化验证工具实现。

既然动态仿真可以签核，并且有完善的签核流程，那么为什么还要采用形式化验证的签核呢？答案是与动态仿真签核相比，形式化验证签核有其自身的优势。

1）形式化验证签核可靠性更高：这一点是形式化验证的穷尽验证特点决定的。

形式化验证可以覆盖动态仿真难以覆盖的边角场景，从而发现其中的缺陷。相比动态仿真，形式化验证的可靠性更高，也可以节省大量的调试时间。

2）形式化验证签核更容易建立验证环境：形式化验证签核的验证环境不需要搭建复杂的 UVM 测试平台，只需要施加约束和断言即可，所以更容易建立验证环境。例如一些仲裁器、FIFO、总线桥等各类通用模块，整个芯片都会调用，这类模块如果分别搭建 UVM 测试平台进行签核，无疑是非常耗费时间的，采用形式化验证进行签核则更容易完成。

3）节省了设计工程师交付 RTL 之前进行初步仿真验证的时间。在传统的流程中，设计工程师交付 RTL 之前，一般会自己搭建一套用于可用性测试（Sanity Test）的动态仿真环境，对于初始化流程、典型功能场景和数据通路等进行初步验证，确认无误后再交付，以保证交付质量。这套动态仿真环境的搭建比较耗时，也无法发现深层次的缺陷，在 RTL 合入验证团队的验证环境之后一般就不再使用了。

如果使用形式化验证签核，那么设计工程师就无需搭建可用性测试的动态仿真环境，从而节省了时间。

4）形式化验证签核的速度可以更快。在形式化验证签核的过程中，设计工程师可以在 RTL 中加入嵌入式的断言，用于后续的形式化验证，相当于分担了一部分验证工作。设计工程师和验证工程师协同工作，有助于减少不必要的项目拖延。此外，验证工程师可以与 RTL 同步开发形式化验证环境，RTL 一写完就可以进行边角场景的验证。传统的动态仿真一般是 RTL 交付之后先进行可用性测试，测试无误后才进行边角场景的验证。

文献 [16] 中给出了相似复杂度的模块采用 FV 签核和动态仿真签核的对比，结果表明 FV 签核速度更快。

不同于以寻找缺陷为目标的形式化验证，以签核为目标的形式化验证可以完全代替动态仿真。

虽然形式化验证签核有诸多优势，但它也是复杂的，需要不断迭代。同时，它还需要专业的知识，需要解决复杂度问题，需要不断完善形式化验证的验证平台，并且衡量覆盖率指标，最终达到签核目标。

15.2 形式化验证签核的要素

形式化验证签核的要素如图 15-1 所示。

15.2.1 断言

类似于动态仿真会分析测试用例是否足够和准确，形式化验证也需要分析已有的断言是否足够和准确。在形式化验证签核过程中，经常要思考的问题是：是否已经写了足够的断言？断言是否准确？

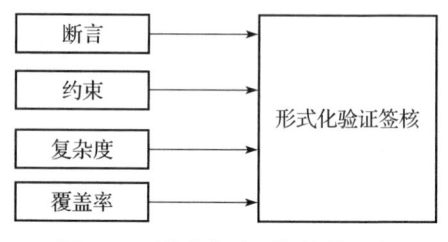

图 15-1 形式化验证签核的要素

那么，如何判断是否写了足够并且准确的断言呢？主要有以下方法：

1）通过文档的形式给出断言的描述，可以采用自然语言或者 SVA 等断言语言的方式描述断言，然后与相关人员进行评审。

2）通过代码覆盖率和功能覆盖率进行分析。

3）向 DUT 注入错误，检查注入的错误是否可以被已有断言发现。如果没有被发现，说明还需要补充断言或修改断言。

4）结合动态仿真的波形，分析断言的正确性。

15.2.2 约束

对于形式化验证来说，约束是至关重要的。约束的问题可以分为两类。

1）过约束：例如地址的正常范围是 0~127，那么如果约束为 0~63，就是过约束，会导致 64~127 的地址无法被检查，也就意味着可能有缺陷无法被发现。在实际工程应用中，过约束分为计划内过约束和计划外过约束两种。计划内过约束一般出于降低复杂度的考虑，采用过约束的方式，加速形式化验证的收敛。计划外过约束一般是由于约束错误，导致出现了不希望出现的过约束，这类过约束是需要避免的。

2）欠约束：例如地址的正常范围是 0~200，那么如果约束为 0~255，就是欠约束，会导致工具进行多余的地址验证，这些地址实际上是不可能出现的，可能导致断言报错，但实际上没有错误的情形。在实际工程应用中，如果正常的约束难以写出，或者欠约束对形式化验证的时间影响不大，也可以考虑使用欠约束。因为欠约束一旦被证明无误，那么也就意味着设计无误。

对于约束，最重要的是避免计划外的过约束。这种情形可能导致错失缺陷，是不允许出现的。

那么，如何保证约束的正确性呢？主要有以下方法：

1）将约束文档化，给出描述约束的列表，并与相关人员一起交叉检查。

2）不同负责人负责的模块之间的接口信号相关约束要重点检查。在芯片研发过程中，不同负责人负责不同的模块，由于不同负责人对设计的理解可能不一致，导致模块之间的接口是容易出现缺陷的地方，因此，这些接口的约束需要重点检查。

3）通过形式化验证的覆盖率分析保证约束的正确性。

4）避免出现约束冲突的情况。

5）可以把形式化验证的约束用于动态仿真，形式化验证的约束相当于动态仿真的断言，如果形式化验证的约束在动态仿真中报错，那么可以用动态仿真的结果来验证约束的正确性。

15.2.3 复杂度

复杂度问题是形式化验证中的重点和难点。在形式化验证的过程中，如果不降低复杂度，往往会导致收敛速度慢，甚至无法达到需要的证明深度，达不到签核标准，因此通常需要使用一些简化策略来处理复杂度。

一方面，简化策略会引入潜在风险，例如用简化模型替代真实的 RTL，需要保证简化模型的正确性。如果减少 SRAM 的深度或宽度，需要评估潜在的风险。因此，需要逐一判断这些处理复杂度的简化策略是否存在风险。

另一方面，如果能做到的降低复杂度的措施都做到了，但有些断言还是无法完全证明，只能给出有界证明，这种情况应该如何处理呢？

对于无法完全证明的情况，在形式化验证的前期迭代过程中，特别是在初期，建议运行 1~2h 就足够了，如果一次运行时间过长，那么会大大增加迭代时间，这个阶段如果发现运行时间过长，那么需要尽快考虑各类简化措施，减少运行时间。在项目后期，可以进行长时间的运行，例如 24~48h，甚至更长时间，视具体项目进度而定。

有些读者对于无法完全证明可能有误解，认为无法完全证明就意味着没有作用，实际上，无法完全证明也是有意义的。对于无法完全证明的断言，工具会给出已经完全证明的深度，在这个深度内，断言是被穷尽证明了的。在已经完全证明的深度内，形式化验证的范围通常比动态仿真要大得多。

此外，可以通过分析来确认有界证明的深度是否足够，如果足够，那么有界证明也是可以支撑形式化验证的签核的。文献［6］给出了确定有界证明深度的6种方法，包括对设计的延时分析、对微架构的分析、对感兴趣的边角场景的覆盖情况分析、对FV覆盖率的分析、对使用形式化验证已发现错误的分析和对使用动态仿真已发现错误的分析。

15.2.4 覆盖率

形式化验证工具可以提供各类覆盖率指标，这些覆盖率指标可以作为形式化验证签核的标准。

形式化验证的覆盖率方法学如图 15-2 所示。编写断言和约束后，开始运行形式化验证，并收集覆盖率，如果覆盖率结果满足指标要求，那么完成验证；反之，则需要编写断言和约束，重新收集覆盖率，直到覆盖率结果满足指标要求。

形式化验证的覆盖率提供了一种衡量形式化验证完成度的重要方法。有些读者可能会有疑问，既然形式化验证是穷尽的验证，那为什么需要分析覆盖率呢？主要有以下原因。

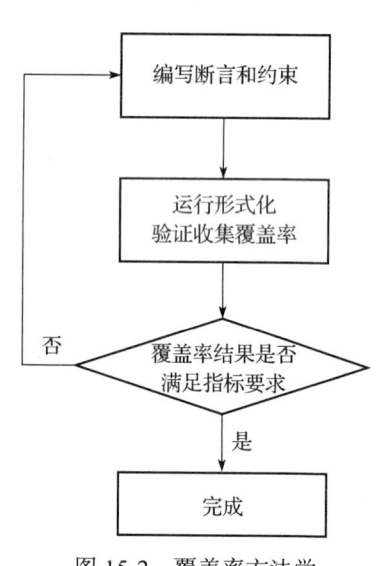

图 15-2 覆盖率方法学

1）过约束：如果给定的约束是过约束的，那么就会失去对一些正常可达的场景的验证，因此最后的验证结果需要分析是否可靠。

2）断言可能不足或不准确：如果断言不足，那么会错失缺陷。如果断言不准确，那么编写的断言与预期不符，也会错失缺陷。

3）复杂度导致只能给出有界深度验证：形式化验证常常会出现无法完全证明的情况，只能给出有限深度证明成功的结果。此时可以结合覆盖率来分析有界证明的深度是否足够。

在分析形式化验证的覆盖率之前，首先分析两个概念：**影响锥**（Core of Influence，COI）和**核心锥**（Formal Core，或称为 Proof Core）。

影响锥也可以称为**逻辑锥**，是指影响一个断言的所有相关逻辑，以本书介绍的定时器为例，定时器输出的中断信号 IRQ 是一个一拍有效信号，图 15-3 中的断言 assert_IRQ 描述了这个行为，那么该断言的**影响锥**是指图 15-3 中大三角形阴影下所有产生 IRQ 的相关逻辑。

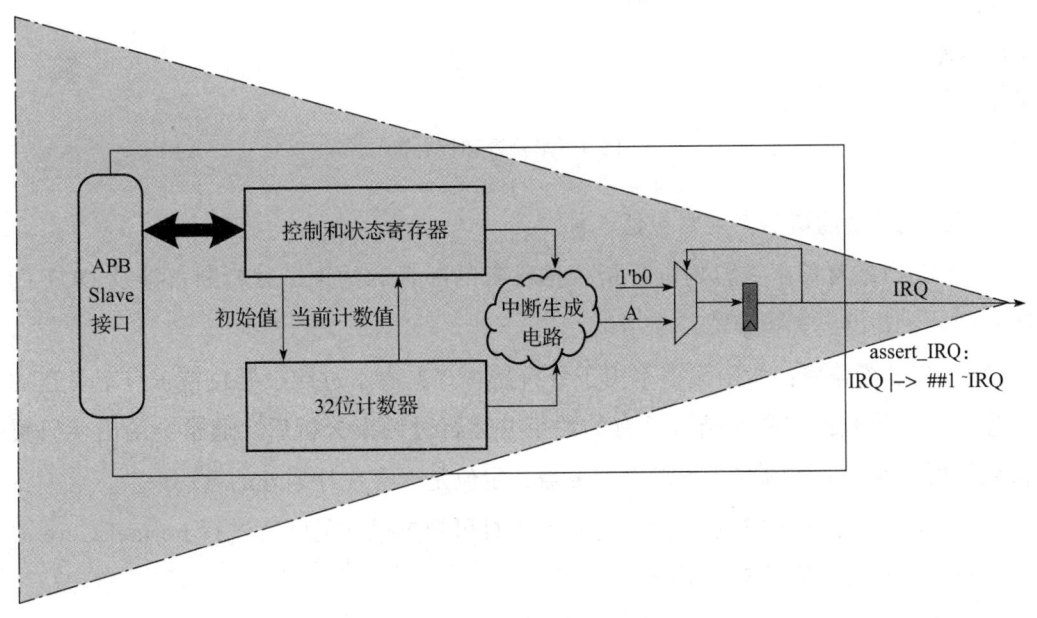

图 15-3 断言的影响锥

但是仔细思考一下这个断言即可发现，其实图 15-3 中 A 点及后面由选择器和寄存器组成的电路已经具备了这个属性，它和 A 点之前的逻辑完全无关。这种真正决定断言成立与否的逻辑电路叫作**核心锥**。因此，断言 assert_IRQ 的核心锥如图 15-4 中小三角形所示。这里也可以看出，核心锥是影响锥的子集，也真正体现了断言涉及哪些逻辑资源。

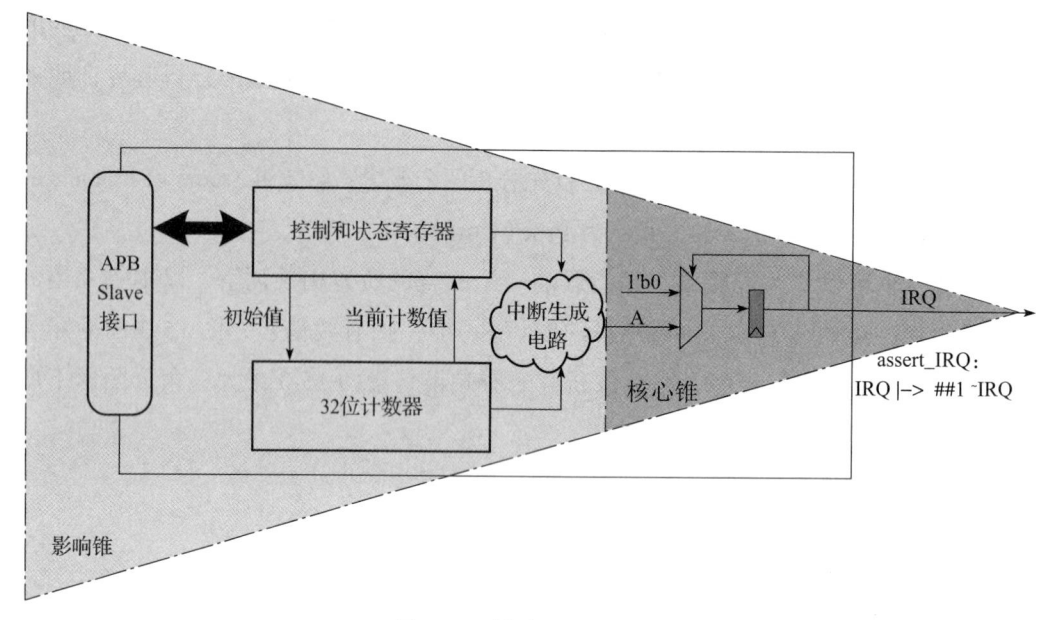

图 15-4 影响锥和核心锥

形式化验证的覆盖率主要包括 5 种。

1）影响锥覆盖率：影响锥分析根据已有的断言和约束，分析断言涉及 DUT 的哪些区域，并给出影响锥覆盖率结果。

2）激励覆盖率：激励覆盖率用于分析是否存在由于过约束导致覆盖点不可达的情形。形式化验证工具在结合已有的约束并运行过约束分析后，通常会给出代码覆盖率结果，通过分析哪些代码没有被覆盖，定位是否存在计划外的过约束。

3）Formal Core 覆盖率：形式化验证工具可根据已有的断言进行 Formal Core 覆盖率分析，并给出覆盖率分析结果。

在验证的早期阶段，可以用影响锥进行更快的分析，并填充覆盖漏洞，在验证的后期，则需要用 Formal Core 覆盖率分析哪些代码还没有被真正覆盖。

4）功能覆盖率：功能覆盖率是指对验证计划中所写的功能覆盖点的覆盖程度，功能覆盖一般通过 SVA 的 Cover Property 或者 System Verilog 语言的 Covergroup 这两种方式实现。

5）错误注入覆盖率：错误注入覆盖率也可以称为变异覆盖率（Mutation

Coverage），它采用向 RTL 代码进行错误注入的方式，从另一个角度验证断言的质量。如果断言足够，那么每一个被注入的错误都应该被断言发现；反之，如果注入的错误没有被发现，那么表明可能存在断言不足或者过约束的情形，需要进一步分析。

错误注入可以手动注入，也可以通过工具厂商的 APP 自动注入。

错误注入提供了一种额外的衡量方式，可进一步确认验证环境，避免缺陷逃逸。

有读者可能会问，既然已经有了之前的代码覆盖率和功能覆盖率，那么是否有必要进行错误注入分析呢？在动态仿真中，有些工程应用也会通过错误注入的方式确认是否存在验证漏洞，这是从另外一个角度确认验证的充分性。同样，形式化验证也可以通过这种方式确认验证的充分性。本书认为形式化验证更有必要进行错误注入分析。一方面，动态仿真一般有参考模型，可以通过参考模型验证，而形式化验证没有参考模型，它通过一条条的规则进行穷尽的验证。另一方面，类似动态仿真的覆盖率达到 100% 也不代表没有缺陷遗漏，Formal Core 覆盖率即使为 100%，也不代表没有缺陷遗漏。

15.3 形式化验证签核的流程

形式化验证签核的流程分 4 个阶段，如图 15-5 所示。

15.3.1 计划阶段

在计划阶段，需要选择哪些模块用于形式化验证的签核。

形式化验证主要分为两大类：一类以签核为目的，另一类以寻找设计缺陷为目的。

对 FPV 来说，以签核为目的需要花费更多的资源，分析覆盖率，补充断言，不断迭代，最终达到签核标准。而以寻找设计缺陷为目的则相对容易一些，只需要针对特定的场景加入约束和断言进行验证即可。

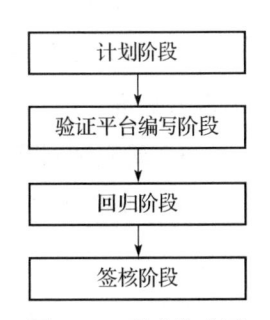

图 15-5　形式化验证签核的流程

如果存在以下情形，可以考虑以签核为目的：

1）存在不希望进行动态仿真的模块。例如一些小的通用模块，单独为这些模块搭建动态仿真环境需要人力和时间成本，出于进度和人力考虑，不准备进行单独的动态仿真。这时可以用形式化验证进行签核。

2）设计和接口规范等文档比较详细的模块。

3）设计本身比较复杂，设计师信心不足，担心动态仿真会让缺陷逃逸，希望进行形式化验证签核的模块。

4）过去有过类似模块的形式化验证签核成功经验的模块。

如果存在以下情形，可以考虑以寻找设计缺陷为目的：

1）动态仿真发现覆盖点难以被覆盖的场景，例如有大的计数器或者复杂的状态机等，可以考虑用形式化验证补充验证。

2）设计的 corner case 比较多，希望使用形式化验证。

3）针对特定的场景进行形式化验证，例如反压、死锁等场景。

好的形式化验证计划应该是可以预测的，并且是可以跟踪的。建议形式化验证人员与设计团队一起制定计划。

计划阶段的主要工作如下：

1）选择需要进行形式化验证签核的模块，综合考虑模块大小、设计的类型、项目资源以及项目进度等各方面因素。

2）规划和布局最适合的形式化验证方法。提出一份详细的形式化验证计划，明确验收标准。

3）研究和阅读类似模块的相关案例研究。

4）创建形式化验证的约束和断言列表，可以使用自然语言或 SVA 语言等来描述。

5）简化。复杂度对于迭代速度影响很大，因此需要规划简化的方案，预留简化模型编写等工作的时间。

15.3.2 验证平台编写阶段

该阶段用于创建形式化验证的验证平台，主要内容包括：

1）编写约束。

2）编写 TCL 脚本。

3）如果 RTL 中包含设计师已经预先编写的断言，那么首先运行这些断言，验证这些行为。这是一种非常有效的方法，可以减轻重新编写这些断言的负担。

4）编写并验证基本设计功能的属性。

5）编写必要的简化模型，用于简化策略。

6）完成形式化验证应用程序的运行和基本属性的调试。

7）编写复杂的属性，运行并回归。

15.3.3 回归阶段

该阶段根据形式化验证的测试环境，运行形式化验证工具，观察运行结果，其流程如图 15-6 所示。该阶段需要根据分析结果不断迭代，一方面断言、约束和 TCL 脚本等都需要不断改进，简化策略也可能会调整；另一方面 RTL 也会不断改动，包括缺陷修复和新功能引入等。

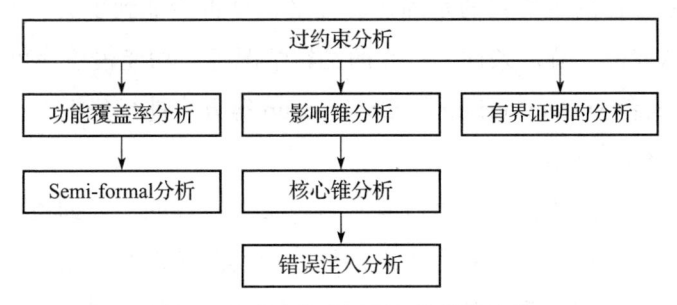

图 15-6　形式化验证回归阶段的流程

（1）过约束分析

过约束分析的作用是确认是否存在过约束。通过分析哪些代码不能被覆盖到以及哪些覆盖属性没有被覆盖到，可以分析是否存在过约束。这个过程需要排除设计自身导致不可达的情况，找出阻止合理行为的所有约束并修正。

（2）影响锥分析

这个过程需要根据已有的断言进行影响锥分析，分析哪些内部逻辑没有被覆盖到，分析是否需要补充新的断言。

（3）核心锥分析

经过影响锥的分析之后，可发现并解决验证漏洞，但由于核心锥更准确，因此需要进行核心锥的分析，从而发现更多的验证漏洞。由于核心锥是影响锥的子集，而且影响锥的运行时间比核心锥的运行时间要短，因此一般先进行影响锥分析，再进行核心锥分析。

（4）错误注入分析

对 DUT 的错误注入分析可以增强签核的信心，这是一种可选的方法。理论上说，如果 RTL 注入了错误，那么至少有一个断言会失败。因此，如果注入了 RTL 错误，却没有断言失败，那么表明需要补充新的断言。如果注入的 RTL 错误都被发现了，那么表明断言是比较完备的，可以增强签核的信心。

注入错误的方式可以选择手动注入或通过 EDA 工具自动注入，比如 vcf 的 FTA 工具即支持自动注入错误。

（5）功能覆盖率分析

功能覆盖率分析的主要目的是确认验证平台是否验证到了关注的功能点。例如边界条件、特殊取值、特定条件、特殊的翻转情况等。功能覆盖率可以通过 SVA 的 Cover Property 或者 SystemVerilog 的 Covergroup 等方式进行分析。

（6）有界证明的分析

对于形式化验证的签核，如果所有断言都被完全证明了，即所有可能的状态都遍历到了，那么可以认为这些断言没有问题。但实际情况是，由于设计的复杂度过高或者断言的复杂度过高等原因，导致证明深度每增加 1，速度会越来越慢，运行时间也会出现指数级的增长，最终无法给出完全证明的结论，只能给出有界的证明，即只能证明在深度 N 内是正确的，超过 N 则不确定是否正确。

对于有界证明的情形，只要分析认为有界证明的边界是足够的，那么有界证明对于签核而言就是完全可以接受的。本书 15.2 节给出了相关介绍，在此不再赘述。

（7）半形式化验证（Semi-formal）分析

Semi-formal 是一种介于动态仿真和形式化验证之间的技术，可以进行深度很大的验证，它对于某个深度并不进行全集遍历，而是只验证一部分，然后继续向更大的深度搜索，以期发现更多的设计缺陷。形式化验证工具会提供相应的选项来支持该模式。

15.3.4 签核阶段

在这个阶段，需要确认约束是否都是正确的，运行并回归各个形式化验证 APP，完成断言的验证，分析有没有"假成功"的场景，分析整体的各项覆盖率指标，分析对于有界证明的断言是否有足够的深度等，如果表 15-1 中的检查项都满足了，那么就可以签核了。

表 15-1 签核标准

检查项	描述
过约束分析	不存在计划外的过约束
影响锥覆盖率满足要求	理想的指标是 100%，视具体项目情况给出
核心锥覆盖率满足要求	理想的指标是 100%，视具体项目情况给出
功能覆盖率满足要求	理想的指标是 100%，视具体项目情况给出
所有断言都被完全证明或有界证明深度足够	有些断言被完全证明，对于不能被完全证明的断言，分析已证明的深度是否足够
注入的错误都能被现有断言捕捉	所有注入的错误应该都能被已有断言发现

15.4 形式化验证签核的挑战

形式化验证签核有其自身的优势，但同时也是一个复杂的过程，存在诸多挑战，主要包括：

1）缺乏专业的形式化验证知识。形式化验证的方法与传统的动态仿真的方法有很大区别，普及程度也远不及动态仿真的方法，因此形式化验证方面的专业资料相对较少，遇到问题可能需要较长的时间来分析定位。

2）由于过约束，导致期望的激励没有生成，缺陷没有被发现。

3）约束可能存在冲突，需要避免。

4）需要分析各类"假成功"的情形。

5）缺少应对复杂度的信心。形式化验证容易受到复杂度的影响，从而导致有些断言耗费很长时间也无法完全证明，从而丧失了信心。有时会觉得已经做了很多简化了，但还是无法证明。如何解决复杂度问题，也是形式化验证签核面临的重要挑战。

6）测试需求的映射。测试需求如何映射到形式化验证的测试平台是一个常见的问题。例如一些高层级的行为（反压、死锁等问题）。这些特性并没有在 RTL 中显示出来，如何映射这些测试需求需要额外的考虑。

7）有些断言只能给出有界证明，并且不知道多长时间后才可以完全证明。当形式化验证工具只能给出有界证明的，可以根据项目的实际情况规定一个时间范围，时间范围可以参考本书 15.2.3 节的描述，如果超出时间范围则建议终止运行，此时可以考虑如下工作：

① 与设计师讨论深度是否足够。

② 根据目前运行的结果查看覆盖率，分析哪些代码没有被覆盖。

③ 检查约束是否准确，是否存在欠约束的情况。欠约束会增加不必要的状态空间，增加形式化验证的收敛难度。

④ 考虑将约束分成多个组，每组独立运行形式化验证。例如访存的指令和不访存的指令分成两组独立验证。

⑤ 花费更多时间继续运行更深边界的形式化验证。

⑥ 考虑如何增加简化。例如单独验证其中的某个模块后，用简化模型替代该模块。

⑦ 优化断言。单个断言越简单越好。如果某个断言的证明深度不够，那么可以把它拆成多个断言，降低断言的复杂度。

⑧ 改变初始状态：对于复杂的问题，从初始状态开始可能导致难以收敛，可以根据仿真结果，直接从感兴趣的中间状态开始运行。

15.5　本章小结

本章首先介绍了形式化验证签核的方法和关键要素，接着详细说明了形式化验证签核的流程，最后介绍了形式化验证签核过程中面临的各种挑战。通过本章的学习，读者可以对形式化验证签核有更深的理解。

第 16 章

形式化验证加速

本书前 15 章介绍了形式化验证的概念、原理、方法和工具使用。通过阅读和实践配套的例程，相信读者已经初步掌握形式化验证了，那么怎样才能做得更高效呢？

在回答这个问题之前，首先要审视一下形式化验证各环节中都做了哪些事，以及哪些具体的事务拖慢了形式化验证的进度。形式化验证的过程为：研读规范→写验证计划→搭建形式化验证平台→调试迭代→签核。在这些环节中，前两步是很难加速的，因为理解设计是验证的基础，不管是做形式化验证还是动态验证均如此。

搭建形式化验证平台包括写约束、断言和脚本等，这个过程无疑是比较耗时的，不管是 Verilog 代码、SVA 代码还是 TCL 代码，只要是代码，就容易出错，几乎没有人能做到写完的代码功能直接正确，所以如何实现代码的复用就成了形式化验证加速的关键。关于代码复用，可以考虑复用 TCL 脚本、常见传输协议和通用模块的断言知识产权（Assertion Intellectual Property，AIP）等。另外，运行和调试迭代环节也是极其耗时的，这一阶段要应对各种拖慢进度的事情，例如问题调试、断言假错、约束不全、断言证不出等，前三者难以加速，但对于断言证不出，可以考虑简化策略，详见本书第 14 章。

此外，使用 FV 工具的并行化命令和算法引擎选择命令等方式可以最大化利用资源，减少形式化验证的运行时间。图 16-1 所示为加速形式化验证的方法。

加速形式化验证

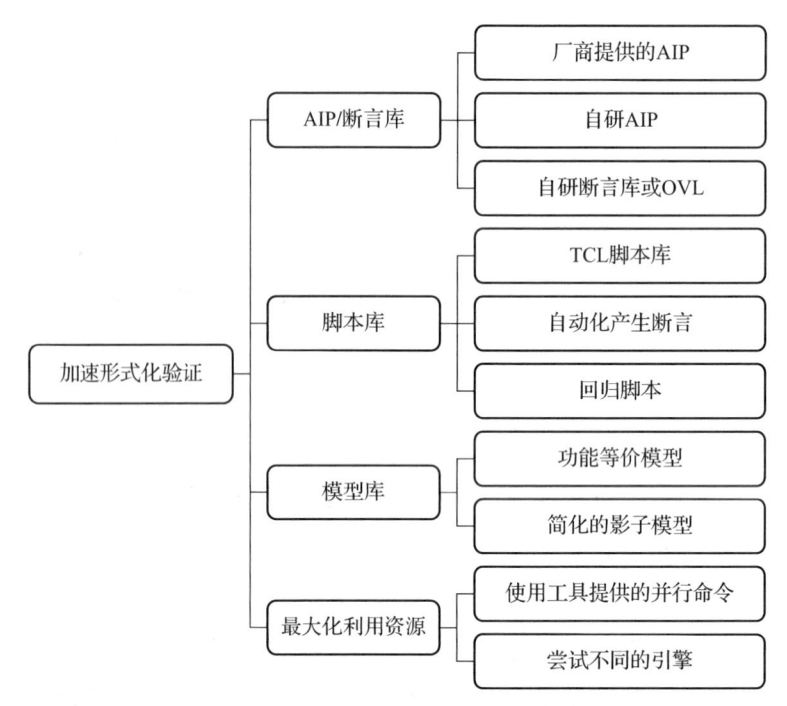

```
加速形式化验证 ─┬─ AIP/断言库 ─┬─ 厂商提供的AIP
              │              ├─ 自研AIP
              │              └─ 自研断言库或OVL
              ├─ 脚本库 ─┬─ TCL脚本库
              │        ├─ 自动化产生断言
              │        └─ 回归脚本
              ├─ 模型库 ─┬─ 功能等价模型
              │        └─ 简化的影子模型
              └─ 最大化利用资源 ─┬─ 使用工具提供的并行命令
                              └─ 尝试不同的引擎
```

图 16-1　加速形式化验证的方法

16.1　复用 AIP 或断言库

为什么一个集成数亿门的 SoC 可以在短短一年甚至数月间就完成前端开发？这里面的关键就是 IP（Intellectual Property）复用技术。芯片设计中应用最广泛的 IP 通常是软 IP，其内部包含具有特定电路功能的硬件描述语言程序，这些 IP 通常是被充分验证的，例如 ARM 的 CPU、DDR 控制器、PCIE 控制器和 UART 控制器等。因此，SoC 的设计就变得像"搭积木"，省去了大量的设计和验证投入，大大提高了开发芯片的效率。

形式化验证也可以借鉴类似的思路，只要把常规的总线协议、常用电路模块等形式化验证组件提前开发好，在进行形式化验证时调用这些组件，就可以免去烦琐的调试工作，大大提高形式化验证的效率。人们把这些经过充分验证的用于形式化验证的组件叫作 AIP。AIP 的作用类似动态仿真的 VIP，只不过 AIP 中包含的是断言和约束。

常见的 AIP 包括：

1）AXI、AHB 和 APB 等 AMBA 总线协议。

2）Valid-Ready 协议。

3）FIFO 单元。

4）仲裁器单元。

对于 ARM 的 AXI、AHB 和 APB 等总线协议，大多数形式化验证工具厂商都会提供成熟的 AIP 供用户调用。而对于其他传输协议或者基本电路单元的验证组件，如果形式化验证工具厂商不提供 AIP，那么形式化验证工程师可以自行开发，本书以 Valid-Ready 协议为例，介绍开发相应 AIP 的思路，并提供示例。

16.1.1 使用 EDA 厂商提供的 AIP

形式化验证工具厂商针对通用的场景，特别是针对常用的 AXI、AHB 和 APB 等总线协议，提供了各类断言和约束。使用这些 AIP，可以节省研究总线协议并编写相关断言和约束的时间，从而大大加速相关设计的形式化验证。

AIP 包含了总线协议的相关断言和约束，用户使用 AIP 时就不需要再编写断言和约束了，只需要调用 AIP 并给出配置参数即可。配置参数包括总线位宽、突发长度等诸多配置，不同总线协议的配置参数也有所不同。详细的配置参数需要查看工具的用户手册。

由于 AIP 是完备的协议验证，因此比动态仿真的随机化验证更有价值，更容易发现动态仿真错过的一些缺陷。

以 AXI 总线为例，熟悉 AXI 总线的读者一定知道，AXI 协议是非常复杂的，包含 AXI 主设备（AXI Master）和 AXI 从设备（AXI Slave）两大类，AXI 总线的数据位宽可配置，突发长度可配置，同时还有乱序和交织等特性，如果从零开始开发一个 AXI 主设备或 AXI 从设备的 AIP，无疑是非常耗时的，而且难以完善地覆盖 AXI 总线协议。因此，形式化验证工具厂商提供了相关 AIP，可以通过 bind 的方式调用，这些 AIP 通常包括一些可配置的参数，例如数据位宽、地址位宽等，调用时需要给出实际需要的参数。值得注意的是，这些 AIP 通常都是加密的。

AIP 作为 AXI 主设备的应用如图 16-2 所示，AIP 的输出采用 assume 约束，输出合法的激励。AIP 的输入采用 assert 断言，验证 DUT 是否产生了违反协议的输出。可见，AIP 通过约束注入合法的激励，同时通过断言检查总线协议。

AIP 作为 AXI 从设备的应用如图 16-3 所示，AIP 的输出采用 assume 约束，输出合法的激励。AIP 的输入采用 assert 断言，验证 DUT 是否产生了违反协议的输出。

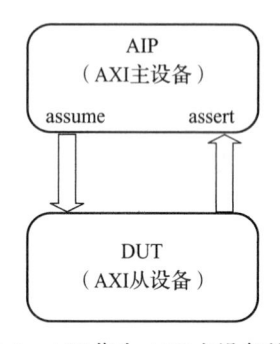

图 16-2　AIP 作为 AXI 主设备的应用

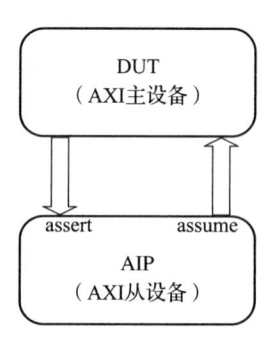

图 16-3　AIP 作为 AXI 从设备的应用

对于 AIP 的使用，形式化验证工具厂商一般会提供参考例程，读者可以通过厂商提供的用户手册，找到例程的位置并运行。

16.1.2　自研 AIP——Valid-Ready 协议

Valid-Ready 协议是最常见的传输协议之一，如图 16-4 所示，发送方准备好数据后置位 valid 信号，同时把要传输的数据 data 赋值为有效数据。接收方准备好后将标志信号 ready 置位。在时钟沿同时出现 valid 和 ready 置位，则完成一次数据传输。

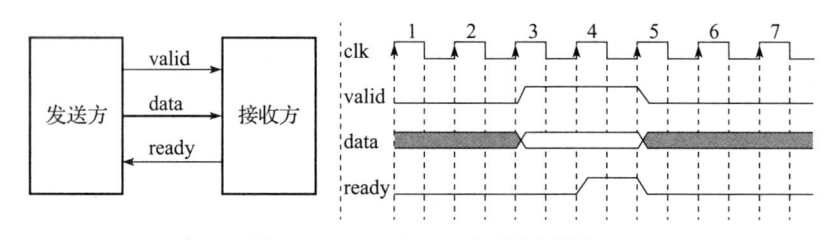

图 16-4　Valid-Ready 协议示意图

协议的自然语言描述为：

1）valid 信号和对应的传输数据信号 data 必须在 ready 有效之前保持稳定。

2）每一笔 valid 对应的传输一定有 ready 响应。

根据上述自然语言描述的第 1 条，很容易写出 Valid-Ready 协议的断言：

assert_aip_valid_keep: assert property (@(posedge clk) disable iff (!rst_n)
valid&~ready |-> ##1 valid   );

另外一种写法是：

assert_aip_valid_keep: assert property (@(posedge clk) disable iff (!rst_n)
valid |-> ##1 $past(ready) | valid   );

这两种写法等价，不过更推荐第一种写法，因为更容易理解。关于 Valid-Ready 协议的断言 AIP 文件如代码 16-1 所示。该代码中参数 DATA_WIDTH、MAX_DELAY 和宏定义 COVER_EN 都很好理解，分别表示数据位宽、响应 ready 的最大延迟和是否使能覆盖属性。而参数 AIP_IS_MASTER 则有些费解，它表示基于 Valid-Ready 协议的 AIP 扮演的是发送方（主设备）还是接收方（从设备）。如果是发送方，则要约束 valid 和 data 信号的行为，并判断从设备发来的 ready 是否正确；如果是接收方，则要约束 ready 信号的行为，及时给出响应，并判断 valid 和 data 信号的行为是否正确。

代码 16-1 基于 Valid-Ready 协议的例程　ch16_aip/valid_ready/aip_vld_rdy.sv

```
module aip_vld_rdy
#(
parameter DATA_WIDTH=8,      // data 位宽
parameter MAX_DELAY=3,       // valid=1 后 MAX_DELAY 拍之内必须看到 ready 为高电平
parameter AIP_IS_MASTER=1    // 1:AIP 是主设备
                             // 0:AIP 是从设备
)(
input clk,
input rst_n,
input valid,
input ready,
input [DATA_WIDTH-1:0] data
);

generate
if(AIP_IS_MASTER) begin      //aip is master
```

```
    assume_valid_keep: assume property (@(posedge clk) disable iff (!rst_n)
    valid&~ready |-> ##1 valid);

    assume_data_keep: assume property (@(posedge clk) disable iff (!rst_n)
    valid&~ready |-> ##1 $stable(data) );

    assert_max_delay: assert property (@(posedge clk) disable iff (!rst_n)
    valid |-> (##[0:MAX_DELAY] ready));
end else begin //aip is slave
    assert_valid_keep: assert property (@(posedge clk) disable iff (!rst_n)
    valid&~ready |-> ##1 valid );

    assert_data_keep: assert property (@(posedge clk) disable iff (!rst_n)
    valid&~ready |-> ##1 $stable(data) );

    assert_max_delay: assume property (@(posedge clk) disable iff (!rst_n)
    valid |-> (##[0:MAX_DELAY] ready) );
end
endgenerate

`ifdef COVER_EN
cover_valid_ready_:   cover property (@(posedge clk)  valid & ready );
cover_valid_no_ready: cover property (@(posedge clk)  valid & ~ready );
cover_no_valid_ready: cover property (@(posedge clk)  ~valid & ready );
`endif
endmodule
```

下面通过一个简单的示例来说明基于 Valid-Ready 协议的 AIP 是如何使用的。现在有一个从设备 dut_vld_rdy_slave，它的行为是接收到 valid 信号 2 拍后发出 ready 信号，如代码 16-2 所示。

代码 16-2　从设备　ch16_aip/valid_ready/dut_vld_rdy_slave.sv

```
module dut_vld_rdy_slave
#(
parameter DATA_WIDTH=8    //Width of data
)(
input clk,
input rst_n,
input valid,
output reg ready,
input [DATA_WIDTH-1:0] data
```

```
    );

    reg [DATA_WIDTH-1:0] data_r;
    reg  valid_r1;
    reg  valid_r2;

    always @(posedge clk or negedge rst_n)
        if(!rst_n) ready <= 1'b0;
        else if(valid_r2) ready <= 1'b1;
        else ready <= 1'b0;

    always @(posedge clk or negedge rst_n)
        if(!rst_n) data_r <= 1'b0;
        else if(valid) data_r <= data;

    always @(posedge clk or negedge rst_n)
        if(!rst_n) begin
          valid_r1 <= 1'b0;
          valid_r2 <= 1'b0;
        end
        else begin
          valid_r1 <= valid;
          valid_r2 <= valid_r1;
        end

endmodule
```

对于这个 dut_vld_rdy_slave 模块，这里使用已经开发好的基于 Valid-Ready 协议的 AIP 模块 aip_vld_rdy 来验证，只要把该 AIP 模块绑定到待测设计 dut_vld_rdy_slave 的顶层便可，如代码 16-3 所示。

代码 16-3　绑定 AIP 模块到待测设计的顶层　ch16_aip/valid_ready/tb.sv

```
bind dut_vld_rdy_slave aip_vld_rdy
#(.DATA_WIDTH (8),
.MAX_DELAY(2),
.AIP_MASTER(1)
 )
u_aip_vld_rdy
(
.clk(clk),
.rst_n(rst_n),
```

```
.valid(valid),
.ready(ready),
.data(data)
);
```

运行 FPV 脚本 ch16_aip/valid_ready/run.tcl，发现有断言错误，展示的波形如图 16-5 所示，可以看到当 valid 为 1 后，第 3 拍才出现 ready，与要求的 2 拍不符。

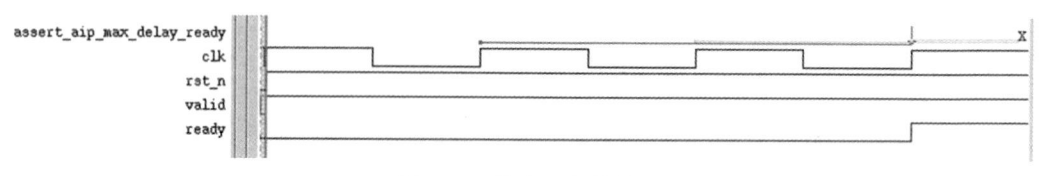

图 16-5 脚本运行结果

观察波形和代码，很容易分析出来是待测设计 dut_vld_rdy_slave 对 valid 信号多打了 1 拍，运行 FPV 脚本 ch16_aip/valid_ready/run_bugfix.tcl，即可验证通过。

16.1.3 断言库

在实际工程中，可以将常用的断言封装成包含参数的断言库，设计师则通过参数传递的方式调用断言。这种方式可以节省编写断言的时间。

代码 16-4 所示为断言及调用的示例。断言 assert_rose 的作用是：在时钟的上升沿，如果使能断言的检查，那么当前置条件 ante_seq 成立时，在 dly_num 周期之后，一定会检测到 cons_seq 信号的上升沿。该断言包含了 clk、disable_cond、ante_seq、dly_num 和 cons_seq 这 5 个参数，设计师将对应的信号作为参数传递即可完成调用。

代码 16-4　断言及调用的示例

```
property assert_rose(clk, disable_cond, ante_seq, dly_num, cons_seq);
  @(posedge clk) disable iff (disable_cond)
    $rose(ante_seq) |-> ##dly_num $rose(cons_seq);
Endproperty

ast_vld_out: assert property (assert_rose(clk_100M,!rst_n,vld_in,3,vld_out));
```

16.2 开发自动化脚本

形式化验证的各种 APP，都可以通过开发自动化脚本来提高验证效率，自动化脚本的类型主要包括：

1）自动转换文件格式。例如连接性检查的连接规范包含很多信号组，可以使用脚本自动化产生工具能接受的连接规范。

2）自动产生并运行某个 APP 的 TCL 脚本。

3）自动化回归测试脚本。自动化回归测试脚本适合所有 FV 的 APP，其功能类比动态仿真验证的回归测试脚本。

4）自动化收集和报告验证结果。

下面以 UNR 为例，介绍如何开发自动化脚本，这里以讲思路为主，虽然实际工程中会比较复杂，但是整体的开发思路是类似的。第 10 章中分别对 Timer、UART0 和 UART1 进行了子模块级的不可达检查，使用了 3 个脚本实现，那么是否可以用一个脚本就完成 3 个模块的 UNR 运行呢？通过对比这 3 个 TCL 脚本，可以发现 UNR 脚本有 5 个关键输入：

1）子模块名称。

2）时钟信号。

3）复位信号。

4）覆盖率库文件。

5）文件编译列表。

有了这 5 个关键输入，就可以产生某个子模块 UNR 的 TCL 脚本了。然后再对每一个需要运行 UNR 的子模块调用该脚本，就可以自动化批量完成运行 UNR 的任务。本书使用 Python 编写实现该任务的脚本 ch10_UNR/run_unr_python/run_unr.py，该脚本包含 3 部分。

1）配置各个子模块的 5 个关键输入：使用 Python 语言的字典变量 block_dict 实现。

2）生成各个子模块 UNR 的 TCL 脚本并运行子程序：子程序 generate_and_run_blk_unr_tcl 可根据输入的子模块名称建立该子模块的 UNR 运行目录和 TCL 脚本文

件，建立完毕后会自动调用 VC Formal 运行该子模块的 UNR 分析。

3）调用每一个需要产生 UNR 的子模块：采用 Python for 循环遍历字典变量 block_dict 中 3 个子模块名称，调用子程序实现自动化产生 3 个 UNR 的 TCL 脚本并自动运行 UNR 得到结果。

这样一来，只需要运行命令"run_unr.py all"便可以得到 3 个子模块的不可达文件。这样做的好处有：

1）批量产生不可达检查，减少了人工干预，提高了效率。

2）减少了脚本维护投入，因为原来需要维护 3 个子模块的脚本（timer_unr.tcl、uart0_unr.tcl、uart1_unr.tcl），现在只需要维护一个脚本 run_unr.py，版本更新时也只需要修改这一个文件。

3）提高团队效率。因为之前需要由每个子模块的负责人来运行各自的 UNR 脚本，现在只需要一个人来维护这个 run_unr.py 就可以了。

16.3 最大化利用机器资源

在进行形式化验证时，应该尽可能最大化利用机器资源，因为这几乎是提高形式化验证质量的一种"免费"方式——几乎不耗费额外的时间精力，就可以运行到更大的深度或者得到更高的收敛率。有 3 种最大化利用机器资源的方式。

16.3.1 使用形式化验证工具提供的拆分任务的命令

形式化验证工具都会提供相应的命令，但在使用过程中可能会碰到以下问题：

1）请求的内存或者 CPU 核数过大，但是任务实际使用的内存和 CPU 核数却很小，任务有可能被杀掉。

2）请求的内存过小，而提交的任务却过大，导致内存和 CPU 资源不足，任务也可能被杀掉。

16.3.2 使用形式化验证工具提供的 AI 加速命令

另外一种加速的方式是 AI 加速，它的原理是把每一次运行的中间结果存入一个目录,然后在此基础上迭代,下一次运行时可以使用上一次运行的部分结果。VC Formal 的回归模式加速(Regression Mode Acceleration,RMA)特性支持该功能。

16.3.3　选择引擎

形式化验证工具通常包括多种算法引擎,不同的引擎适用于不同的场景,有的适合于复杂的断言,有的适合于很多简单的断言,有的需要消耗较少的机器内存,有的需要消耗更多的存储器资源,还有的包含了 Semi-formal 方式。

对于相同的断言,不同引擎的运行时间差别也比较大,因此最大限度地提高引擎性能,对提高形式化验证的效率也是非常重要的。

通常来说,形式化验证工具默认由工具自动选择算法引擎,从而使工程师能够专注于验证。但工程师也可以手动选择引擎,以获得更优的结果。

16.4　本章小结

本章探讨了如何进行形式化验证加速。首先,本章从形式化验证的操作步骤入手,探讨了各种形式化验证加速策略。其次,本章详细介绍了如何使用厂商提供的 AIP 以及如何自研 AIP。然后,本章介绍了通过开发自动化脚本来加速形式化验证的技术,并以一个批量运行 UNR 分析的示例向读者展示了如何开发形式化验证的脚本。最后,本章说明了有哪些具体的方法可以最大限度地利用机器资源。

第 17 章

形式化验证的道与术

17.1 形式化验证的道、法、术、器

阅读了本书前 16 章的内容，读者心中对形式化验证有没有感悟呢？学习了那么多有关形式化验证的理论、工具和语言使用，解决了那么多问题，是否具备了做好形式化验证的信心呢？理论、工具和语言的具体问题会随着时间推移不断变化，但是解决问题的思想和方法论却是不变的。这些思想和方法论就是形式化验证的道与术，它们可以长期发挥作用，指导形式化验证工作的开展。

类比《道德经》里的道、法、术、器"，这里对形式化验证的道、法、术、器做如下解读。

道是强烈的目标，是坚定的信念，也是做好形式化验证需要具备的心态。

法是做好形式化验证的方法和策略。对于形式化验证来说，就是规划好哪些场景使用形式化验证，哪些模块使用形式化验证，哪些阶段使用形式化验证等。

术是具体执行层面的行为和技巧，可以千变万化。对于形式化验证来说，就是如何写出正确的约束和高质量的断言，如何定位问题等。

器指的是工具，对于形式化验证来说，就是具体使用哪种形式化验证工具，使用的形式化验证工具支持哪些命令，命令的先后顺序要求是什么，工具的运行结果如何查看等。

图 17-1 所示为形式化验证的道、法、术、器的金字塔图。

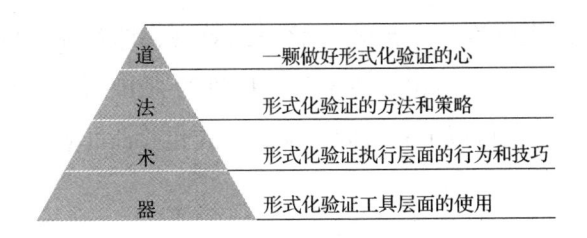

图 17-1 形式化验证的道、法、术、器的金字塔图

（金字塔：道—一颗做好形式化验证的心；法—形式化验证的方法和策略；术—形式化验证执行层面的行为和技巧；器—形式化验证工具层面的使用）

17.1.1 道

道是思想，也是坚定的目标。对于形式化验证来说，一个最重要的目标是找到设计缺陷。形式化验证可以实现穷尽的验证，让缺陷无所遁形，这一点是传统的验证方法学无法达到的。因此，相关从业者需要有坚定的信念，采用形式化验证的方法，利用形式化验证的优势，尽可能地找到设计缺陷。

17.1.2 法

法是做好形式化验证的方法和策略。形式化验证由于受到状态空间爆炸等限制，有其自身的局限性。想要做好形式化验证，难度也是比较高的。同时，形式化验证也需要人力、财力和物力的支持。因此，需要评估资源和进度，合理选择进行形式化验证的范围，规划使用何种类型的形式化验证等。

17.1.3 术

术是具体执行层面的行为和技巧。对于形式化验证来说，就是如何写出正确的约束、如何写出高质量的断言以及如何提高形式化验证的效率等。

形式化验证的难点之一就是理解设计，如果不理解设计，就无法写出高质量的断言和约束，因此需要研读待测设计的相关架构文档、微架构文档以及总线规范文档等，为后续写出正确的断言和约束打好坚实的基础。对于已经有完善的文档描述的模块，通过文档精读就可以明确约束，但对于文档描述不清晰的模块，需要寻求架构师、设计师等的帮助，同时也可以结合动态仿真的波形，更好地理解设计，为写出正确的约束做好准备。

此外，简化可以大幅度提高形式化验证的效率，即对无关的模块进行黑盒化，对需要简化的部分进行适当简化。使用厂商提供的 AIP、使用自研的 AIP 以及利用成熟的断言库等方式，也可以节省时间，提高形式化验证的效率。

17.1.4 器

器指工具，只有熟悉工具的使用，才能更好地进行形式化验证。形式化验证是通过相关厂商提供的 APP 完成的。使用什么工具、如何更好地使用工具决定了形式化验证的效果。

17.2 形式化验证与动态仿真融合

形式化验证和动态仿真有各自的优缺点，那么能否将这两种技术融合呢？本节将介绍如何融合形式化验证和动态仿真。

形式化验证有助于发现深层次的错误，但是形式化验证的运行时间并不是根据设计规模呈线性增长的，当设计规模扩大 2 倍，形式化验证的运行时间可能需要增加 10 倍，甚至无法完全证出。因此通常将形式化验证用于模块级验证，而面对更高的子系统级或芯片级验证，工程师更倾向于使用动态仿真。

动态仿真可以很好地与设计规模相匹配，但对于边角场景，动态仿真有时难以覆盖，可能导致流片后才发现设计缺陷。此外，在覆盖率达到 90% 之后，动态仿真的覆盖率提升难度明显增大，而且越接近 100%，提升难度越大，尤其是对于翻转覆盖率和条件覆盖率，有时甚至最终也无法覆盖。对于无法覆盖的测试点，需要决策是否放弃覆盖，但放弃覆盖会引入潜在的风险，即没有覆盖的测试点可能存在设计缺陷。

可以考虑采用"互斥"和"互补"的方式融合形式化验证和动态仿真。"互斥"是指不同的设计模块可以分别采用形式化验证或动态仿真进行验证。"互补"是指结合形式化验证和动态仿真的特点，互相补充，进行更为充分的验证。

17.2.1 区分形式化验证和动态仿真的模块

可以根据实际设计来分析哪些模块用形式化验证，哪些模块用动态仿真，并规划清晰的边界。经过形式化验证签核的模块，可以作为成熟的通用模块或者成熟 IP 使用，在动态仿真中，可以不再关注覆盖率指标，并且只需关注模块接口的行为，无需关注内部的行为，以便提高效率，降低设计风险。

如果一些模块有明确的接口规范，并且设计规模和设计类型适合形式化验证，那么可以考虑采用形式化验证进行完备的验证。例如项目中有很多通用的模块（仲裁器、FIFO、独热码转二进制码、总线桥、用于调试功能的通用模块等）时，这些模块可以提供给整个设计团队调用，但如果用动态仿真分别搭建 UVM 平台去验证这些模块，将是非常耗时的，而且不一定能够完备验证。这时可以用形式化验证方法去验证，形式化验证平台的搭建更为简单，验证更为完备，而且不需要复杂的 UVM 知识，甚至设计工程师也可以进行形式化验证，这无疑可以加快项目的进度。

17.2.2 合理规划形式化验证的应用程序

形式化验证有多种 APP，每种 APP 都有自己的应用场景，相比动态仿真，这些 APP 有各自的优势。针对不同场景选择合理的 APP，可以有很好的投资回报率。

以 FPV 为例，FPV 是形式化验证中最复杂，耗费成本最高，同时也是收益最高的一种方式。很多动态仿真难以发现的缺陷可以通过 FPV 发现，但受到设计规模的限制，FPV 还无法替代动态仿真，可以根据具体设计，规划哪些模块需要进行 FPV，并制定 FPV 的验证计划。

本书也介绍了连接性检查、不可达检查、时序等价性检查、X 态传播检查和 DPV 的应用场景及使用方法，这些 APP 相比动态仿真都有自身的优势，可以针对具体需求来规划使用哪种 APP。

17.2.3 复用断言和约束

动态仿真和形式化验证都支持断言和约束。因此断言和约束是可以复用的，从而减少了重复写断言的麻烦。

一方面，用于动态仿真的断言可以用于形式化验证。值得注意的是，断言在动态仿真和形式化验证中的应用是有区别的。动态仿真的断言检查是基于动态仿真给出的激励进行的，并不能进行穷尽的验证；形式化验证的断言检查会在给定约束下对 DUT 进行穷尽的验证。

另一方面，用于形式化验证的断言也可以用于动态仿真。如果形式化验证时断言通过，那么在动态仿真中也应该通过，如果在动态仿真中断言失败了，那么动态仿真可能有激励错误或者断言编写错误。

在动态仿真中，通常会使用约束（例如 SVA 的 Assume Property）来检查动态仿真的结果是否与约束冲突，如果有冲突，表明动态仿真的激励不正确，或者约束不正确。这类约束也可以用于形式化验证中，但与动态仿真不同的是，在形式化验证中，约束被认为总是成立的，形式化验证工具在约束成立的前提下，进行形式化验证的断言检查。形式化验证可能存在"过约束"，可以通过动态仿真的回归测试验证是否存在"过约束"。

17.2.4 动态仿真和形式化验证融合，加速覆盖率收敛

1. 使用不可达检查加速覆盖率收敛

可以使用不可达检查和动态仿真覆盖率结合的方式加速覆盖率收敛，这是典型的形式化验证和动态仿真融合的案例。这一点在本书第 10 章已有介绍，在此不再赘述。

2. 动态仿真无法覆盖，形式化验证补充

在动态仿真中，有时会遇到难以覆盖的情况，如代码 17-1 所示，如果 a、b、c 和 d 为真的条件都比较复杂，而且并不相关，那么 a、b、c 和 d 同时为真的情况可能难以通过动态仿真覆盖。

代码 17-1　代码示例

```
always @(posedge clk or negedge rst_n)  begin
    if(!rst_n) begin
      dout <= 1'b0;
    end
    else if( a && b && c && d) begin
      dout < ~din;
    end
    else ……
end
```

为了解决这一问题，如果只依靠动态仿真，那么主要有以下解决方法：

1）运行更长时间的动态仿真，查看是否能够覆盖。动态仿真通常采用随机化的测试用例，运行更长时间有可能覆盖。但由于动态仿真的随机性，也有可能不会覆盖。

2）构建新的动态仿真测试用例来覆盖此类情况。这样做会增加额外的成本，而且有些场景通过分析会发现动态仿真难以覆盖。

3）采用人工代码审查的方式，如果判定 a、b、c 和 d 同时为真的场景没有设计缺陷，那么可以屏蔽此处的覆盖率，但这样做会引入潜在的风险，因为人工代码审查的结论可能是不准确的。

可以看出，如果只依靠动态仿真，那么由于其随机特性，无法保证能够覆盖，人工代码审查无疑会引入风险。这时，可以采用形式化验证，对动态仿真难以覆盖的覆盖点通过形式化验证的方法覆盖，从而提高整体覆盖率。

3. 形式化验证和动态仿真覆盖率融合

覆盖率是芯片最终签核的重要指标。动态仿真会产生覆盖率结果，形式化验证也可以产生覆盖率结果。一方面，形式化验证的覆盖率和动态仿真的覆盖率可以分别独立统计，并列呈现，有助于加速覆盖率收敛。另一方面，整合形式化验证和动态仿真的覆盖率结果，可以为管理者提供统一的验证状态视图，有助于完善验证计划，加快签核流程，增强流片信心。

4. 形式化验证和动态仿真覆盖率融合的局限性

由于形式化验证和动态仿真采用了不同的语法和语义，因此融合形式化验证和动态仿真的覆盖率有可能掩盖覆盖率收集的漏洞，这也为融合形式化验证和动态仿真的覆盖率带来了局限性。

形式化验证和动态仿真的覆盖率的差异见表 17-1。

表 17-1 形式化验证和动态仿真的覆盖率的差异

形式化验证的覆盖率	动态仿真的覆盖率
基于属性	基于向量
只有与断言有关的逻辑才会被覆盖	覆盖点可能与测试用例无关
常使用简化，会影响覆盖率	不需要简化
约束被认为总是成立，影响覆盖率	动态仿真的约束不影响覆盖率

代码 17-2 所示为示例代码,假设动态仿真的覆盖率收集完成后,发现只有加粗部分的覆盖率没有完成,即没有覆盖 a、b 同时为 1 的场景,这时如果加入代码中形式化验证的断言 assert_p1,那么形式化验证的覆盖率会覆盖到,但这只是根据 RTL 自身写出的断言,并没有实际意义,因此这种情况下合并了覆盖率可能会错失发现缺陷的机会。

为了解决这个问题,一种方法是基于验证计划编写断言,避免根据 RTL 自身写出断言;另一种方法是对同一模块分别进行两种方法的覆盖率收集,专注于提高每种方法的覆盖率,并且在项目后期才混合两种覆盖率,作为验证计划的一部分进行规划,同时验证团队需要知道哪些覆盖率来自形式化验证,哪些来自动态仿真。

代码 17-2　覆盖率融合代码示例

```
always @(posedge clk or negedge rst_n)  begin
  if(!rst_n) begin
    dout <= 1'b0;
  end
  else if( a && b) begin
    dout <= 1'b1;
  end
  else if(c && d) begin
    dout <= 1'b0;
  end
end

assert_p1: assert property (@(posedge clk)
           disable iff (!rst_n) a&&b |=> (dout==1));
```

17.2.5　回片后的调试

芯片在硅片上实现后,如果发现了缺陷,那么就需要进行回片后的调试,也称为 Post Silicon Debug。由于回片后分析手段的缺乏,这类问题往往是难以定位的。这时人们首先想到的是对问题采用动态仿真复现,在一些场合中,这种方式是适用的,但由于动态仿真的随机性,可能长时间内无法复现问题,这也意味着无法定位错误的根本原因,这无疑会带来巨大的损失。同时,即使动态仿真定位了问题,通过设计的改动修复了缺陷,但设计的改动是否引起了其他问题?这种"牵一发而动全身"的情况在 RTL 设计中并不少见，那么有没有办法解决呢？

实际上，这种情况可以通过形式化验证解决。一方面，回片测试发现的问题通常可以定位到子模块上，或者怀疑某些特性出了问题，结合一些已有的定位信息，例如配置信息、统计信息等，可以缩小到适合用形式化验证的范围；另一方面，通过改动设计修复了缺陷之后，采用形式化验证可以尽可能规避衍生问题，保证修复缺陷的改动不影响其他场景。

17.3 如何解决形式化验证遇到的问题

在形式化验证的过程中，不可避免会遇到各种各样的问题。解决问题的方法分两大类：一类是自己解决，包括研读设计文档、研读工具的用户手册、遇到问题时分析工具的日志文件（Log 文件）和调试等；另一类是求助，包括求助资深的形式化验证工程师、求助设计工程师以及工具厂商的应用工程师（Application Engineer，AE）等，如图 17-2 所示。

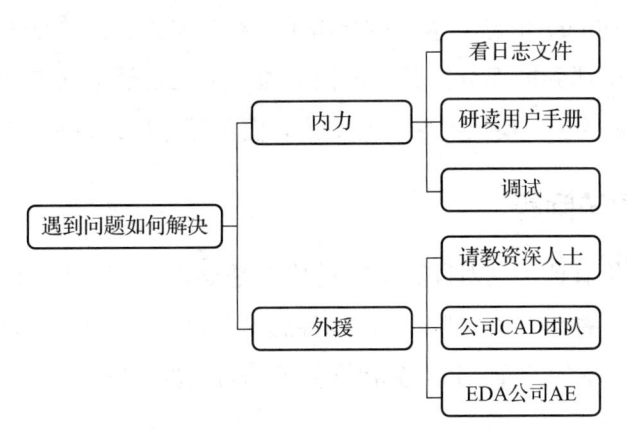

图 17-2　形式化验证遇到问题如何解决

17.3.1 不理解设计

充分理解设计是形式化验证的难点之一。FPV 等形式化验证方法是类似白盒的，需要对设计有深入的理解才能写出更好的断言。如果不了解设计，就会觉得无从下手，不知道如何写断言。因此，需要仔细研读各类设计文档，包括架构文档、微架构文档、协议规范文档以及初始化文档等，加强对设计的理解。如果已有动态仿真的验证环境，则可以通过分析动态仿真的波形，达到更好的理解设计的目的。遇到不理解的地方，可以与设计团队或架构团队讨论。此外，如果之前有过类似的设计，可以进行参考。同时，如果模块内部已经存在断言，也可以通过分析已有断言的意图，达到更好地理解设计的目的。

17.3.2 工具使用问题

熟练使用工具，也是形式化验证的难点之一。工具使用得好，可以达到事半功倍的效果，但如果工具使用得不好，则只能事倍功半了。

建议在使用形式化验证工具之前，通读工具厂商提供的用户手册，明确工具适合使用的场景，明确各类 TCL 命令的使用方法等。不同厂商的用户手册和 TCL 命令各不相同，这也增加了工具的使用难度。

工具的使用需要结合实践逐步熟练，在工具运行后要多看日志文件，重点关注给出的警告（Warning）信息。本书也给出了一些工具的使用方法和使用场景，展示了工具使用过程中遇到的部分问题及解决方法，但无法涵盖所有问题。在工程应用中会遇到形形色色的工具使用问题，希望读者们仔细分析，耐心解决。

17.3.3 断言语法问题

FPV 等形式化验证工具对断言语言的要求是很高的，但不同的断言语言有各自的语法规范，同一种语言不同版本的规范也会有差异。因此，需要研读断言语言的规范，明确不同版本的差异，以此解决遇到的断言语法问题。

17.3.4 不确定断言是否生效

形式化验证并不如动态仿真直观，因此形式化验证存在一个问题：已经成功证明通过的断言，是"真成功"还是"假成功"？

这个问题一般可以通过增加覆盖属性来解决。如果预期场景没有覆盖到，那么需要进一步分析原因。

17.3.5 运行结果与预期不一致

在形式化验证运行后，往往会出现与预期不一致的情况，其原因是多种多样的，如信号名错误、复位极性错误、信号层次错误、RTL设计缺陷、脚本问题和断言问题等都有可能导致运行结果与预期不一致。

查看工具运行后给出的日志文件是解决此类问题的一个重要手段。应重点关注日志文件中的警告信息。此外，这类问题也可以通过增加覆盖点来分析，如果覆盖点覆盖到了，那么分析是如何覆盖到的，如果没有，那么需要进一步分析原因。

17.3.6 无法完全证明

形式化验证受到自身的局限性，经常会出现无法完全证明的情况。形式化验证会给出已经证明的深度，相当于周期数，随着时间的增加，深度也会不断增加，但有些断言仍无法完全证明。这里给出一些解决方法：

1）简化设计。

2）简化断言。

3）分析已经证明的深度是否满足要求。

4）增加运行时间。

17.4 形式化验证的三重境界

这里借用《人间词话》中描述的人生三重境界，描述一下形式化验证的三重境界（见图17-3）。

1）昨夜西风凋碧树，独上高楼，望尽天涯路。

在这一阶段中，对形式化验证理解不深，遇到问题束手无策，难免有些迷茫，只能自己看手册，自学形式化验证工具，独立分析和解决问题，挑战新任务、新工具和新模块。

2）衣带渐宽终不悔，为伊消得人憔悴。

继第一阶段的迷茫之后，在这个阶段有了一些方法和目标，同时也必然会遇到许多困难，需要找AE、试验脚本以及请教专家，还要看专著看论文，穷尽自己所知的方法，废寝忘食地解决问题，不放弃自己的目标，勇往直前。

3）众里寻他千百度，蓦然回首，那人却在灯火阑珊处。

这个阶段完成了一个或多个形式化验证测试平台的搭建，发现了一些缺陷，有些甚至是动态仿真未发现的缺陷，因此有了成就感，遇到问题有信心解决了。

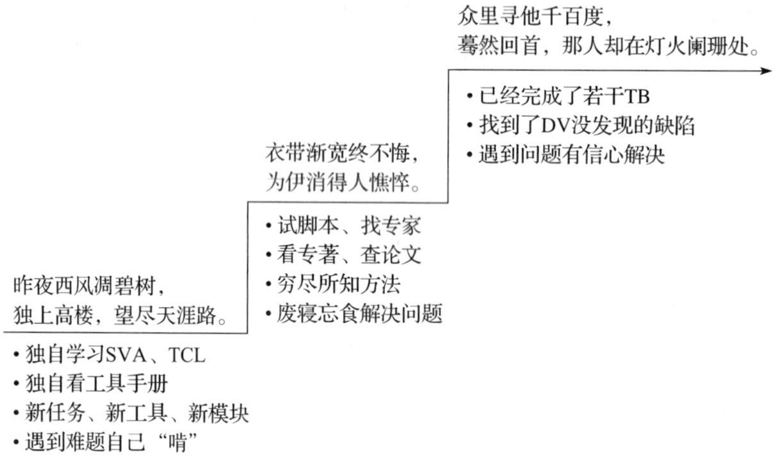

众里寻他千百度，
蓦然回首，那人却在灯火阑珊处。
- 已经完成了若干TB
- 找到了DV没发现的缺陷
- 遇到问题有信心解决

衣带渐宽终不悔，
为伊消得人憔悴。
- 试脚本、找专家
- 看专著、查论文
- 穷尽所知方法
- 废寝忘食解决问题

昨夜西风凋碧树，
独上高楼，望尽天涯路。
- 独自学习SVA、TCL
- 独自看工具手册
- 新任务、新工具、新模块
- 遇到难题自己"啃"

图 17-3　形式化验证的三重境界

17.5　本章小结

近年来，形式化验证快速发展，普及程度越来越高，形式化验证工具的性能也不断提高，应用的场景不断增加。越来越多的公司开始使用形式化验证，目前也已经出现了专职的形式化验证工程师。形式化验证在某些领域已经可以取代动态仿真，并开始有了系统级的应用。

虽然动态仿真在芯片验证方面仍然发挥着重要的作用，但对于模块级的签核而言，形式化验证签核已经逐渐增加，很多场景仅通过形式化验证即可签核。通过简化，形式化验证可以处理的设计规模变得更大，在回片后的调试中，形式化验证也发挥着越来越重要的作用。

各种形式化验证应用程序的出现，增加了形式化验证的应用场景，提高了验证效率，对覆盖率的收集使形式化验证得到了衡量的标准。不同的应用程序在不同的场景中发挥了重要的作用：FPV 可以发现动态仿真难以发现的缺陷；DPV 在数据路径的验证中发挥着动态仿真难以比拟的作用；UNR 可以加速覆盖率的收敛；SEQ 在功耗优化、时序优化方面发挥着重要作用，其他的形式化验证也都有各自的适用场景。形式化验证方法的 ROI 不断得到证明，形式化验证可以实现更高的生产率，验证的质量也可以更高。

目前，形式化验证方法已经开始处理一些系统级任务，架构级的形式化验证（Architecture Formal）也已经开始应用，例如 cache 一致性的系统级场景，这在以前是没有的。随着技术的不断发展，形式化验证将处理更多的系统级任务。

此外，形式化验证不仅在芯片设计中被应用，在基于 FPGA 的设计中也逐步被采纳。FPGA 本质上也是数字设计，且如今 FPGA 的容量越来越大，设计复杂度越来越高，也需要形式化验证来保证设计的正确性。

附录

代码包的目录及说明

本书的形式化验证应用例程均采用新思科技 VC Formal 2023.12-SP1 版本运行，由于设备配置和工具版本不同，运行的反例波形结果可能有所不同，因此本书展示的反例波形与读者自行运行的结果可能会有差异，覆盖属性等波形也有类似问题，请读者知悉。

本书代码包 fv_examples 所含目录及说明如下：

目录	章节	说明
ch02——	第 2 章	Arbiter 例程。
ch04——	第 4 章	Timer 例程。
ch05_SVA——	第 5 章	各种 SVA 语法点例程。
ch06_TCL——	第 6 章	TCL 语法点例程。
ch08_FPV——	第 8 章	FPV 应用例程。
ch09_SEQ——	第 9 章	SEQ 应用例程。
ch10_UNR——	第 10 章	UNR 应用例程。
ch11_CC——	第 11 章	CC 应用例程。
ch12_FXP——	第 11 章	FXP 应用例程。
ch13_DPV——	第 11 章	DPV 应用例程。
ch14_abs——	第 14 章	形式化验证简化技术应用例程。
ch16_aip——	第 16 章	自研 AIP 例程。
rtl_riscv_soc——		RISC-V SoC 设计源代码。
sim_riscv_soc——		RISC-V SoC 动态仿真验证环境。

技术术语表

英文全称	英文缩写	中文说明
Assertion Based Design	ABD	基于断言的设计
Application Engineer	AE	应用工程师
Automatically Extracted Property	AEP	自动属性提取
Advanced High-Performance Bus	AHB	高级高性能总线
Assertion Intellectual Property	AIP	断言知识产权
Arithmetic Logic Unit	ALU	算术逻辑单元
Advanced Peripheral Bus	APB	外围总线
Application	App	应用程序
Application Specific Integrated Circuit	ASIC	专用集成电路
Advanced Verification Methodology	AVM	高级验证方法学
Advanced Extensible Interface	AXI	先进可扩展总线
Binary Decision Diagram	BDD	二叉决策图
Binary Decision Tree	BDT	二叉决策树
Bus Interface Unit	BIU	总线接口单元
Bootloader	BL	引导加载程序
Bounded Model Checking	BMC	有界模型检查
Behavioral Property Synthesis	BPS	行为级断言合成
Connectivity Check	CC	连接性检查
Clock Domain Crossing	CDC	跨时钟域检查
Combination Equivalence Check	CEC	组合等价性检查
Counter Example	CEX	反例
Clock-Gating	CG	门控时钟
Configurable Logic Block	CLB	可配置逻辑模块
Conjunctive Normal Form	CNF	合取范式
Cone of Influence	COI	影响锥

（续）

英文全称	英文缩写	中文说明
Connectivity Verification	CONN	连接性验证
Design Coverage Verification	COV	设计覆盖率验证
Central Processing Unit	CPU	中央处理器
Control and Status Register	CSR	控制和状态寄存器
Computation Tree Logic	CTL	计算树逻辑
Design Acceleration	DA	待测设计加速
Design for Test	DFT	可测性设计
Direct Memory Access	DMA	直接存储器存取
Direct Programming Interface	DPI	直接编程语言接口
Davis-Putnam-Logemann-Loveland	DPLL	戴维斯－普特南－洛格曼－洛夫兰算法
Data Path Verification	DPV	数据路径验证
Design under Test	DUT	待测设计
Equivalent Checking	EC	等价性验证
Error Checking and Correction	ECC	错误检查和纠正
Engineering Change Order	ECO	工程变更命令
Electronic Design Automation	EDA	电子设计自动化
Emulator	EMU	硬件加速器
End of Packet	EOP	帧结束符
e Reusable Methodology	eRM	e 可重用方法学
Embedded Software Acceleration	ESA	嵌入式软件加速
Formal Coverage Analysis	FCA	形式化覆盖率分析
First-in First-out	FIFO	先进先出
Field Programmable Gate Array	FPGA	现场可编程门阵列
Formal Property Verification	FPV	断言验证
Formal Register Verification	FRV	形式化寄存器验证
Formal Security Verification	FSV	形式化保密验证
Formal Safety Verification	FSV	形式化安全验证
Formal Testbench Analyzer	FTA	形式化验证平台分析
Functional Safety Verification	FuSa	功能安全验证
Formal Verification	FV	形式化验证
Formal X-Propagation Verification	FXP	形式化 X 态传播验证
General Purpose Input/Output Port	GPIO	通用输入输出端口
Graphics Processing Unit	GPU	图形处理器
Graphical User Interface	GUI	图形用户界面
Higher Order Logic	HOL	高阶逻辑
Hardware Verification Language	HVL	硬件验证语言

（续）

英文全称	英文缩写	中文说明
Integrated Circuit	IC	集成电路
In Circuit Emulation	ICE	在线仿真模式
Institute of Electrical and Electronics Engineers	IEEE	电气与电子工程师协会
Input Output Block	IOB	输入输出模块
Intellectual Property	IP	知识产权
Instruction Set Architecture	ISA	指令集架构
Initial Value Abstraction	IVA	初值简化
Logic Equivalence Check	LEC	逻辑等价性检查
Low-Power Verification	LPV	形式化低功耗验证
Linear Temporal Logic	LTL	线性时间逻辑
Joint Photographic Experts Group	JPEG	联合图像专家组
Model Checking	MC	模型检查
Moving Picture Experts Group	MPEG	动态图像专家组
Ordered Binary Decision Diagram	OBDD	有序二叉决策图
Open Verification Library	OVL	开放式验证库
Open Verification Methodology	OVM	开放验证方法学
Program Counter	PC	程序指令计数器
Partial Good	PG	部分好
Power Performance and Area	PPA	功耗、性能和面积
Property Specification Language	PSL	属性规范语言
Register Abstraction Layer	RAL	寄存器抽象层
Read as Zero/Write Ignore	RAZ/WI	读为0/写忽略
Reset Domain Crossing	RDC	跨复位域检查
RW	Read/Write	读写
Reduced Instruction Set Computer-Five	RISC-V	第五代精简指令集计算机
Regression Mode Acceleration	RMA	回归模式加速
Read Only	RO	只读
Reduced Ordered Binary Decision Diagram，ROBDD	ROBDD	精简有序二叉决策图
Return on Investment	ROI	投资回报率
Read-Only Memory	ROM	只读存储器
Register Transaction Level	RTL	寄存器传输级
Reference Verification Methodology	RVM	参考验证方法学
Boolean Satisfiability Problem	SAT	布尔可满足性问题
Sequential Equivalence Check	SEC	时序等价性检查
Sequential Equivalence Checking	SEQ	时序等价性检查
Sequential Logic Equivalence Checking	SLEC	时序逻辑等价性检查

（续）

英文全称	英文缩写	中文说明
System on Chip	SoC	片上系统
Start of Packet	SOP	帧开始符
Serial Peripheral Interface	SPI	串行外设总线
Security Path Verification	SPV	保密路径验证
Static Random-Access Memory	SRAM	静态随机存取存储器
Simulation Testbench Acceleration	STA	仿真平台加速
SystemVerilog Assertion	SVA	SystemVerilog 断言
Testbench	TB	验证平台
Transaction Based Acceleration	TBA	事务级加速
Tool Command Language	TCL	工具命令语言
Transactional Equivalence Checking	TEC	事务级等价性检查
Transaction Level Model	TLM	事务级建模
Tape Out	TO	流片
Tensor Processing Unit	TPU	张量处理器
Universal Asynchronous Receiver/Transmitter	UART	通用异步收发传输器
Uniplexed Information and Computering System	UNIX	复杂的信息与计算机系统
Unreachablility	UNR	不可达检查
Universal Reuse Methodology	URM	通用可重用验证方法学
Universal Verification Methodology	UVM	通用验证方法学
Very-High-Speed Integrated Circuit Hardware Description Language	VHDL	超高速集成电路硬件描述语言
Verification Methodology Manual	VM	验证方法指南
Verification Methodology Manual	VMM	验证方法学手册
Write Only	WO	只写
X-Propagation Verification	XPROP	X 态传播检查

参考文献

[1] FOSTER H D. 2022 Wilson Research Group IC/ASIC functional verification trends [EB/OL]. [2022-11-16]. https://verificationacademy.com/seminars/2022-functional-verification-study.

[2] MAAS J R. End to End Formal Verification Strategies for IP Verification [C/OL]// Design and Verification Conference and Exhibition. 2017 [2023-12-29]. https://dvcon-proceedings.org/wp-content/uploads/end-to-end-formal-verification-strategies-for-ip-verification.pdf.

[3] PEVERELLE S. Maximizing Formal ROI through Accelerated IP Verification Sign off [C/OL]// Design and Verification Conference and Exhibition. 2022 [2023-12-29]. https://dvcon-proceedings.org/wp-content/uploads/Maximizing-Formal-ROI-through-Accelerated-IP-Verification-Sign-off.pdf.

[4] PRICE D. Pentium FDIV Flaw-Lessons Learned [J]. IEEE Micro, 1995,15 (2): 86–88.

[5] 陈钢，于林宇，裘宗燕，等. 基于逻辑的形式化验证方法：进展及应用 [J]. 北京大学学报（自然科学版），2016, 52(2): 363-373. DOI:10.13209/j.0479-8023.2015.131.

[6] KIM N D. Sign-off with Bounded Formal Verification Proofs [C/OL]// Design and Verification Conference and Exhibition. 2014 [2024-12-31]. https://dvcon-proceedings.org/wp-content/uploads/sign-off-with-bounded-formal-verification-proofs.pdf.

[7] SELIGMAN E, KUMAR M, SCHUBERT T. Formal Verification: An Essential Toolkit For Modern VLSI Design [M]. Burlington: Morgan Kaufmann, 2015.

[8] PARIKH B. Accelerating Error Handling Verification of Complex Systems: A Formal Approach [C/OL]//Design and Verification Conference and Exhibition. 2022 [2023-12-29]. https://dvcon-proceedings.org/wp-content/uploads/Accelerating-Error-Handling-Verification-of-Complex-Systems-A-Formal-Approach-2.pdf.

[9] KIRANKUMAR V M A. RTL2RTL Formal Equivalence: Boosting the Design Confidence [C/OL]// Design and Verification Conference and Exhibition. 2014 [2023-12-29]. https://dvcon-proceedings.org/wp-content/uploads/rtl2rtl-formal-equivalence-boosting-the-design-confidence-

poster.pdf.

[10] JAIN P. A Recipe for swift Tape-out of Derivative SoCs: A Comprehensive Validation Approach using Formal-based Sequential Equivalence and Connectivity Checking [C/OL]// Design and Verification Conference and Exhibition. 2022 [2023-12-29]. https://dvcon-proceedings.org/wp-content/uploads/A-Recipe-for-swift-Tape-out-of-Derivative-SoCs-A-Comprehensive-Validation-Approach-using-Formal-based-Sequential-Equivalence-and-Connectivity-Checking.pptx.

[11] CLARKE E M, HENZINGER T A, VEITH H. Handbook of Model Checking [M]. Berlin: Springer, 2017.

[12] VC Formal [EB/OL]. [2023-12-29]. https://www.synopsys.com/verification/static-and-formal-verification/vc-formal.html.

[13] Jasper FPV App [EB/OL]. [2023-12-29]. https://www.cadence.com/en_US/home/tools/system-design-and-verification/formal-and-static-verification/jasper-gold-verification-platform/formal-property-verification-app.html.

[14] Questa Formal Verification Apps [EB/OL]. [2023-12-29]. https://eda.sw.siemens.com/en-US/ic/questa/formal-verification.

[15] FENG X S. Innovative Uses of SystemVerilog Bind Statements within Formal Verification [C/OL]// Design and Verification Conference and Exhibition. 2022[2023-12-29]. https://dvcon-proceedings.org/wp-content/uploads/Innovative-Uses-of-SystemVerilog-Bind-Statements-within-Formal-Verification-1.pdf.

[16] LI A, CHEN H, YU J K, et al. A Coverage-Driven Formal Methodology for Verification Sign-off [C/OL]// Design and Verification Conference and Exhibition. 2019[2023-12-29]. https://dvcon-proceedings.org/wp-content/uploads/a-coverage-driven-formal-methodology-for-verification-sign-off.pdf.

[17] KIRANKUMAR V M A. Bringing Data Path Formal to Designers' Footsteps [C/OL]// Design and Verification Conference and Exhibition. 2019[2023-12-29]. https://dvcon-proceedings.org/wp-content/uploads/bringing-datapath-formal-to-designers-footsteps.pdf.

[18] MITTAL V. Embracing Datapath Verification with Jasper C2RTL App [C/OL]// Design and Verification Conference and Exhibition. 2022[2023-12-29]. https://dvcon-proceedings.org/wp-content/uploads/Embracing-Datapath-Verification-with-Jasper-C2RTL-App.pptx.

[19] BAO M Q. Transaction Equivalence Formal Check (DPV) in Video Algorithm/FPU/AI Area [C/OL]// Design and Verification Conference and Exhibition. 2021[2023-12-29]. https://dvcon-proceedings.org/wp-content/uploads/no-009-transaction-equivalence-formal-check-dpv-in-video-algorithm-fpu-ai-area.pdf.